# 奈米科技最前線

## 材料、光電、生醫、教育四大領域，台灣奈米科技研究新勢力

the frontiers of
nanotechnology
in taiwan

中央研究院物理研究所
行政院國家科學委員會
奈米國家型科技計畫——策劃

李名揚、黃奕瀠、王心瑩——採訪撰稿

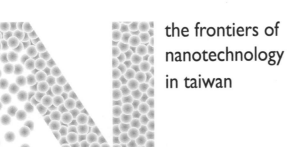

# 目錄

前言

# 打造台灣奈米科技研究的最前線

奈米國家型科技計畫前任總主持人、東華大學校長、美國國家科學院海外院士 **吳茂昆院士**

「奈米」其實不是很難懂的名詞，它和「米」（1公尺）、「毫米」（$10^{-3}$公尺）、「微米」（$10^{-6}$公尺）一樣，都是描述長度的單位。奈米是$10^{-9}$公尺，等於十億分之一公尺，大約是頭髮寬度的十萬分之一，或者十個氫原子並排而成的長度，一個DNA分子的寬度也是二點五奈米左右。

簡單來說，「奈米科學」可以說是二十世紀的科學集成。整個二十世紀的科學發展，包括物理、化學、生物等領域，都致力於了解微小尺度的現象。二十世紀初期開始，科學家發覺古典力學已愈來愈不足以描述微觀系統的現象，於是以物理學打頭陣，發展出量子力學，探討電子、質子、中子等次原子尺度的現象。幾位最偉大的科學家，愛因斯坦、波爾、海森堡、薛丁格、庖立、費米等人，打下了量子力學的基礎，成為現代科學發展的源頭。正是有量子力學的基礎，讓科學家對物質的性質有了新的認識與深入了解，後來才能設計出半導體這種新的元件，締造今日的電腦時代。

## 奈米科技的獨立與突破

不過自從電晶體於一九四七年發明出來以後，對理論物理學家而言，半導體基礎理論的發展已大致完成，因此十多年後的一九五九年，美國物理學家費曼（Richard P. Feynman）在美國物理學會年會發表一篇流傳後世的演講〈這下面的空間還大得很呢！〉（There's Plenty of Room at the Bottom），提出應該跳脫次原子的微觀世界，轉而將研究焦點放在操控分子和原子的層次，也就是今日我們所說的奈米層次。他舉的有趣例子包括把整部《大英百科全書》抄寫在大頭針的針尖上、發展更好的電子顯微技術以便直接觀看原子與分子，甚至製造出超微型機器來操縱這些分子等，種種預言讓他得到「奈米科學之父」的美名。因此早自一九五〇到六〇年代開始，科學界就已談論到奈米層次的研究了，只不過當時沒有以「奈米科技」這個名詞來稱呼，每個科學領域對此也各有不同稱呼，例如有「介觀現象」（mesoscopic phenomena）這樣的稱法等。

一般所稱的奈米結構，大小約在一到一百奈米之間，在這個微觀尺度，量子現象的效應非常明顯，物質的表現與巨觀尺度的狀態非常不一樣，例如表現出不同的光電特性、磁性等，而且由於表面積與體積的比值變得很大，使得化學反應或催化效率變得很好。早在一九六〇年代，科學家就已經意識到這種現象，但是沒有好的技術能夠操控這個層級的分子，理論架構也不完整，無法清楚解釋奈米層級分子所表現出來的現象。理論上，一個原子的性質很容易了解，兩個到十個也都還好，但是到了一百個原子所表現的整體性質就不容易了解了。

到了一九八〇年代，穿透式電子顯微鏡技術逐漸發展成熟，解析度逐漸可以達到單一原子的尺度；一九八一年出現的掃描穿隧顯微鏡，以及同類型的原子力顯微鏡等，讓各種顯微技術與儀器百花齊放，科學家終於能夠操控原子和分子層級的物質了。另一方面，八〇年代末期先有大型電腦建置，九〇年代初又有個人電腦逐漸成熟，奈米科學的相關理論計算也同步發展，促成了奈米科學與技術的蓬勃發展。這是基礎科學與應用技術相應相成、同步發展的最佳案例：新的技術漸漸成型，不但帶動新的科學發展，也會再回過頭刺激新的技術持續開發。

藉由這些新技術，一九九〇年代後，科學家終於可以掌握由少數原子所組成的原子團材料，有系統地研究、描述其物理與化學特性，所謂「奈米科技」的概念也漸漸成型。到了這時，科學家終於很篤定地知道，要探討物質的性質與特性，最主要是能掌握物質在奈米層級的基本構件（building block）特性。這就像如果要蓋一棟房子，即使不清楚砂子與鋼的基本成分，重要的是了解磚頭、鋼筋等材料的結構特性。以生物學為例，生物體內的蛋白質、DNA等分子的大小剛好落在奈米尺度內，如果能掌握這些奈米層級的生物分子特性，就能對生物體的運作與表現有更深入的理解。

事實上，自然界就存在許多奈米現象，例如蓮葉出淤泥而不染的「蓮葉效應」，是因為蓮葉表面有許多奈米大小的極微細纖毛，這些纖毛屬於疏水性，水珠不能附著，因此讓蓮葉具有自我潔淨的現象；這種現象目前已廣泛運用於馬桶或塗料，讓表面不易附著髒汙。類似這樣的原理，都是有了電子顯微技術

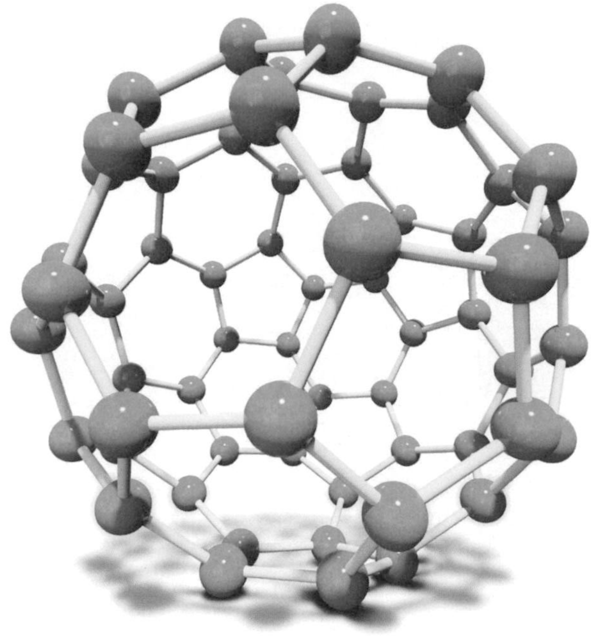

碳六十（俗稱巴克球）的分子模型，每個綠色小圓球都是一個碳原子，共有六十個碳原子，以五邊形和六邊形組合成球狀。碳六十分子在奈米科技領域有廣泛應用，是奈米科技的代表性分子之一。圖片來源：iStockphoto.com/maggio07

後，科學家才能夠掌握箇中梗概，也讓我們對這個尺度的世界有了不同的觀看角度。

因為「奈米」是物質的基本構件，因此「奈米科技」涵蓋的領域非常廣泛，從物理學、化學和生物學的基礎科學研究，一直延伸到相關的應用科技發展，包括研發新式材料、儀器與技術，應用於最熱門的光電、能源、生物醫學等領域，一方面拓展人類知識疆域，同時也可以發展造福下一世代的嶄新生活方式。

## 奈米國家型科技計畫的緣起

「奈米科技」（Nanotechnology）這個名詞出現於一九七四年，首先由時任日本東京理科大學機械系教授的谷口紀男提出，以之描述「極精密的操作」。至八〇年代，物理、材料、化學等領域科學家也開始有新發現，例如發現奈米金環和金粒子有特殊的電磁特性、二氧化鈦的奈米顆粒可以改善陶瓷材料的脆性、金屬奈米薄膜的電阻會隨磁場改變、發現碳六十分子和奈米碳管等等，開啟了全新的科學視界。

一九九〇年代末期，許多國家都意識到這一股席捲科學與技術領域的全新研究風潮，開始推動相關的研究計畫。真正產生巨大影響的，該算是美國於二〇〇〇年的大動作，當時有幾位美國科學界的重量級人物，包括諾貝爾化學獎得主史莫利（Richard E. Smalley，碳六十分子的發現人之一）、美國國家科學基金會主席蘭恩（Neal Lane）等人，共同草擬提案建議美國總統柯林頓，應該將奈米科學訂為二十一世紀最主要的發展項目之一。於是柯林頓政府向國會提出「國家奈米科技先導計畫」（National Nanotechnology Initiative, NNI），大力推動奈米科技，組織了許多大型的研究團隊。

這項計畫在全球科學界造成深遠影響，包括日本、歐盟、韓國與中國與台灣都跟上這個趨勢。在台灣，早自一九九五年左右，國內科學界便希望整合物理與化學兩大奈米相關領域，但是直到一九九九年才有了突破性發展。那年二月，當時國科會自然處處長王瑜和化學學門召集人牟中原參加第一屆海峽兩岸物理與材料科學研討會，王瑜很驚訝地發現，大陸的奈米研究已經做得相當多，但台灣還沒有整合性的研究計畫，當場台大化學系的王瑜和牟中原兩位教授就知道，這絕對是未來最重要的發展趨勢，於是下午立刻找來國科會物理學門召集人、中研院原分所的王玉麟教授，決定推動跨領域的研究計畫。

剛開始，自然處處長王瑜先通過三個中型的奈米材料計畫，鼓勵一些原本做

奈米碳管，另一種全由碳原子組成的奈米結構，每一個小球都是一個碳原子，先組成六邊形蜂窩狀結構，再形成管狀構造。奈米碳管有特殊的電學與力學性質，可應用於許多新材料的開發。圖片來源：iStockphoto.com/Andrey Prokhorov

基礎研究的科學家跨足奈米領域。我原本便參與國科會團隊的討論，二〇〇〇年擔任國科會副主委時很自然地深入參與推動，當時的國科會主委是翁政義教授。隨後先是工程處增加支持兩個研究計畫，成為「跨處」計畫，漸漸地大家認為可以參與的領域實在很多，於是演變為跨領域的國家型計畫，最後更加入工研院和其他單位，成為更大型的科技計畫。

當時除了主管科學研究的國科會，經濟部也從這個計畫看到一些機會。繼半導體產業之後，台灣在一九九〇年代後期由工研院發展次微米計畫，並設立世界先進等公司。然而電子領域的產業界已相當強大，例如台積電、聯電等公司的研發能力和技術已經遠超過學、研機構的能量，用國家的力量來發展半導體相關的尖端科技產業已不再有利基和競爭力。當時經濟部也看見奈米技術所帶來的機會，便決定加強工研院的參與，加深學術研究與產業界之間的連結。因此，奈米計畫除了由國科會編列新的經費，另有一大部分是來自經濟部，使得奈米應用技術得以與基礎科學研究同步發展。

二〇〇一年討論奈米國家型計畫的推動方式時，基礎學術研究部分有個比較重大的議題：進行方式究竟應該採用「由上而下」（top down），也就是如同日本和韓國的方式，由國家設置一個大的核心設施？還是該採行「由下而上」（bottom up），即把資源廣泛發送出去，由各個學校的實驗室各自發展？行政院有些科技顧問認為應該設置國家核心設施，資源較能集中。但經由參與成員深入討論之後，體認奈米科技的多元、多樣特質，應朝向廣泛、多元、強調跨領域的靈活性發展，這樣的架構並不適合用一個中心實驗室把所有可能的發展方向全部納入，而是應該鼓勵各地區、各學校的許多科學家百花齊放、各自發展，國科會只設置計畫辦公室，扮演統合和分配資源及訊息的角色。

以韓國的發展經驗做比較，韓國設置了大型的核心研究設施，只能把研究能量集中於一、兩個領域，幾乎集中於微電子、光電等領域，其他領域相形之下就受到忽略了，例如奈米產業對傳統產業的影響，在韓國就沒有明顯的績效，而更重要的奈米生物醫學的發展，在韓國也相對沉寂。台灣並不適合採用韓國模式，因為我們不容易產生像三星之類的大企業，也不容易把幾個公司融合在一起變成大企業。

至於工研院，透過奈米國家型科技計畫，將原本的經費重新活用，把研究範圍拉大、聚焦，以新的科技為傳統產業提供新的協助，幾年來有相當豐碩的成果。後來衛生署、環保署、勞委會等單位也受到說服，陸續加入這項計畫，研究奈米技術對環境、健康及安全的影響。教育部也從計畫執行的第一年就參與K12人才培育計畫，協助各級學校的教育訓練工作，讓奈米知識廣泛拓展到各個年齡層。

接著，為了說服政府同意提撥經費支持，我們特地舉辦一場說明會，向當時的陳水扁總統報告奈米科技的主要概念。幸運的是，陳總統相當重視科學研究，同時相信科學家的判斷，決定放手讓國科會主政推動，由國科會的委員會討論經費額度，各部會也全面支持，因此行政院同意以平均每年挹注約三十億台幣的經費推動此項國家型科技計畫。二〇〇三年「奈米國家型科技計畫」正式展開時，因為我是計畫推動的主要規劃人之一，且已於二〇〇二年初離開國科會副主委之職，很自然地就獲任命為計畫的總主持人。

## 對台灣尖端科學研究產生的重要影響

國家型計畫第一階段的研究範圍比較廣泛，包括五大分項，分別是基礎科學研究、材料、能源環境、生物技術，以及操控、功能元件與特殊儀器等尖端技術；第二期則將焦點集中，著重於奈米前瞻研究，應用範圍限定於生醫農學、電子光電、能源環境、材料與傳統產業、儀器設備等。我們規劃的奈米國家型計畫有別於過去的計畫，過去通常一期的執行時間是三或四年，我們建議以六年為一期，並以執行兩期十二年為限。我的認知是，如果十二年還做不出一些成績，顯示計畫執行失敗。另一方面，若十二年後確實有些成績，可以產業化的部分就應該將技術轉移出去，交給產業界接手；至於基礎性的技術或研究，則以一般科研計畫的補助方式繼續進行。

奈米計畫涵括的研究陣容非常龐大，是台灣以「國家型計畫」這種形式推動科技發展以來，動員領域最廣泛、規模最為龐大的一個計畫，令人印象深刻。在申請計畫方面，基本上是採用國科會的運作架構，但我鼓勵研究團隊把規模擴大一點，特別鼓勵跨領域的整合型計畫，在眾多競爭者之中選擇最優秀的團隊。團隊經費最多可以申請到每年一千五百萬元，以三年為一期，這在台灣學術界是相當大筆的研究經費，讓研究團隊具備與國外研究者一較高下的基本競爭力，而且我們也讓經費運用、聘雇人員等方面多一點彈性，因此吸引了許多最優秀的學者和專家來申請、參與。

奈米計畫另一個重要效益，是協助建立了公平、同儕審查的制度典範。奈米計畫從一開始便設定國際評審制度，每個研究團隊的計畫申請書都經過國外專家的評審，評選出真正優秀的研究團隊與學者，這是促成國家型計畫水準向上提升的主要原因。奈米計畫完全公平的審查制度，讓不少相對年輕的學者，有機會獲得比較優厚的經費補助，得以在短時間內發展其創新研究。

舉例來說，透過奈米計畫大放異彩的幾位科學家，像是清大的江安世和果尚志、台大的孫啟光、中研院的王玉麟等人，他們獲得奈米計畫補助當時，都是四十歲上下正值盛年的科學家，腦子裡有許多精彩的研究想法，經由奈米計畫的補助，讓這些科學家有機會實現夢想，將看似遙遠的研究構想付諸實現，獲致非常豐碩的成果。如今他們都已成為台灣學界的代表性人物。奈米計畫所帶來的影響，不僅豐富了台灣的學術研究成果和產業競爭力，更是整個學界經費補助制度和效益的一面鏡子，值得由此深入省思、檢討。

奈米計畫剛開始執行時，每個領域都選了五、六個團隊，所以一開始總共有二、三十個團隊；經過一期六年，至今十年之後，從現在的名單可以看出，獲選的都是非常優秀的研究團隊。也有一些團隊是二〇〇〇年以前就已開始做相關研究，早已奠定了卓越的研究基礎，剛好趁此機會獲得比較多的資源挹注，例如中研院物理所鄭天佐院士在電子顯微技術方面、現任中研院物理所所長李定國與原分所前任副所長魏金明在凝態物理演算與理論方面的發展，都受到國際間的重視。

學術界也公認奈米國家型計畫執行得很好，由數字可清楚看出，第一期六年結束時，有四十幾位奈米計畫支持的科學家獲得「國科會傑出研究獎」，他們也是許多獎項的常勝軍，包括連續多年的行政院科技獎、有庠科技獎、東元獎等，都可以找到奈米計畫科學家的身影。

透過這樣公平公正的評選機制，好的研究題目與人才自然就能凸顯出來。令人印象最深刻的是生物醫學方面，這是很重要的一塊領域，清華大學的江安世教授就是一個很好的例子，他是全世界解出果蠅全腦神經圖譜的第一人，也在腦神經功能研究方面達到全球頂尖的成果。以江安世的研究領域來說，美國和歐盟都是傾全國的資源大力挹注，如果台灣沒有奈米國家型計畫，江安世很可能沒有足夠的經費，也就不能在這麼短的時間就做出這麼好的成果，與國外一流的研究者一爭高下。生物醫學領域還有其他研究課題，例如清華大學宋信文教授發展的口服胰島素；或者新式檢測方法，如中研院原分所的王玉麟特聘研究員發展的拉曼光譜檢測法；或是可以協助快速診斷疾病的生醫影像處理，例如台灣大學電機系孫啟光教授的奈米超音波等，都令人深深期待未來的可能發展與應用。

另外在光電、能源材料方面也有許多驚喜，在新的太陽能和ＬＥＤ架構設計等方面有獨特的創新，例如清華大學的果尚志教授、交通大學的韋光華教授等人的成果，與全球學術界最尖端的發展完全同步，有些甚至領先國際。而在原子、分子操控技術和原子力顯微技術等方面，中研院物理所的張嘉升研究員也有創新的發展。

## 建立學術界與產業界之間的合作橋梁

過去，台灣的科學研究似乎都距離產業化相當遙遠，奈米國家型計畫則是從規劃之初就言明，希望第一期六年結束時，可以看到一些產業化的可能性，因此很多參與計畫的學者會積極思考未來的應用潛力，審查計畫時也將這部分考量在內。也因此，到了計畫的第二期，我們把目標領域集中為能源、光電、醫學、儀器技術發展等，這些都是前景很清楚的應用領域，希望學術研究的同時能夠思考產業化的機會。

奈米國家型計畫另一個重要目標，即整合產、學、研三方力量，建立學術界與產業界之間的奈米技術平台，一方面推動學術研究成果的專利申請，另一方面將研究成果轉化為產業的競爭力。透過奈米計畫，確實出現了學術界成果直接移轉給產業界開發創新產品的案例，例如王玉麟等人發展的拉曼光譜技術，讓奈米微粒很有規則地排列，可以將光譜訊號放大至百萬倍，研發出創新的探石墨烯也是全由碳原子組成的奈米結構，每一個小球都是一個碳原子，組成六邊形蜂窩狀結構的平面構造，是目前最薄也最堅硬的奈米材料，而且電阻率極低，可望做成新一代電子元件，是當前最熱門的奈米材料之一。圖片來源：iStockphoto.com/nobeastsofierce

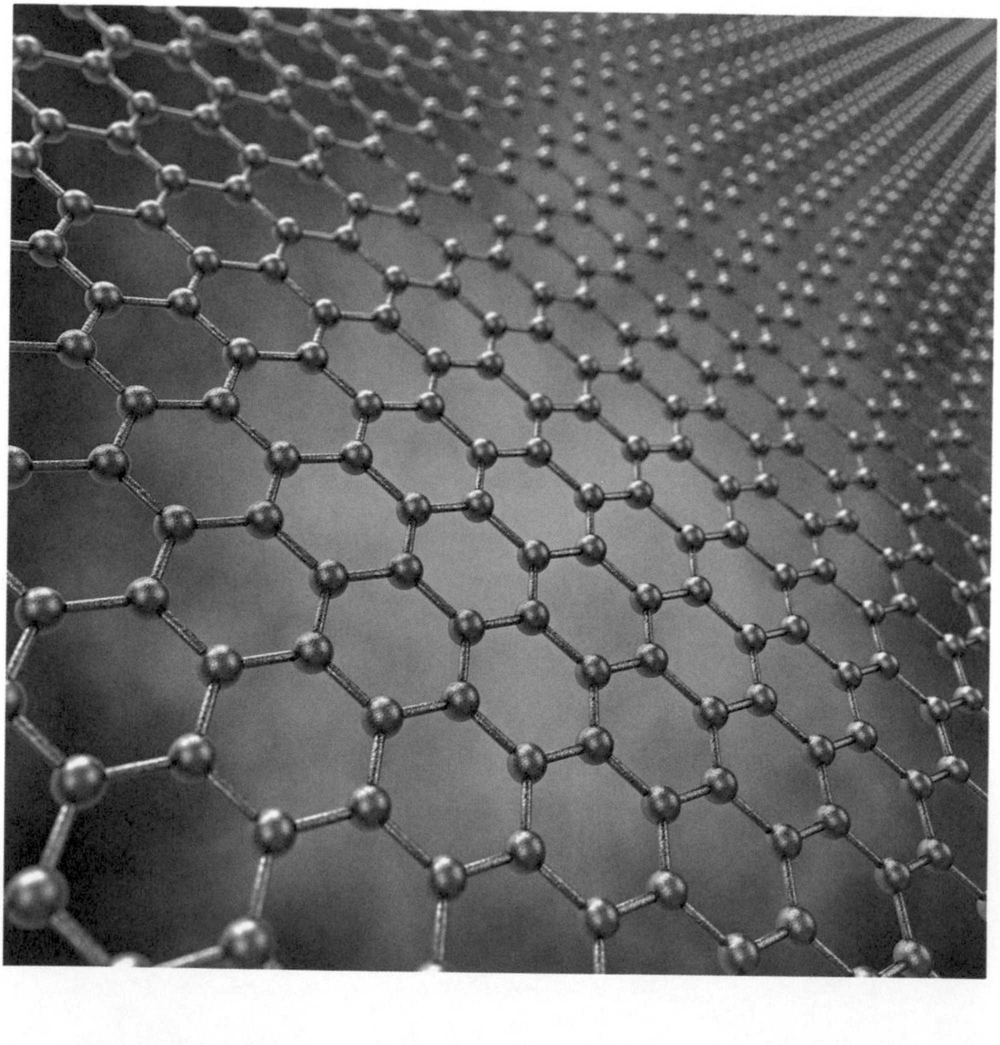

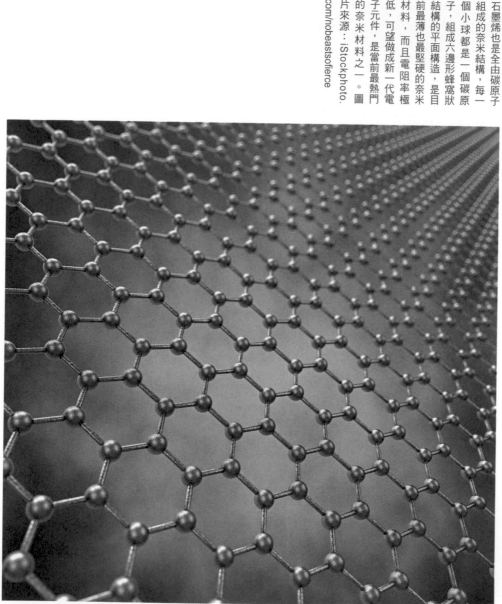

測技術，可以偵測細菌種類而應用於生醫檢測，目前已有儀器檢測公司將此項技術做進一步推展；宋信文教授的口服胰島素研究，也有製藥公司表示極高的興趣；江安世的果蠅神經系統研究，他發展的技術包含很多獨家專利，像是細胞膜透明化的技術，相關溶液的配方非常有價值；此外，江安世的計畫所發展的神經資訊編碼和資料庫技術，預料可產生非常巨大的影響力。

另一方面，過去幾年，工研院非常努力將新的奈米技術推廣給國內的相關產業，例如奈米科技在塗料、陶瓷材料、紡織品等方面的應用等。而在創新產品的開發方面，工研院也大有斬獲，發展的產品連續多年在國際上獲獎，例如在美國著名科技雜誌《研發雜誌》（*R&D Magazine*）舉辦的「研發一百獎項」（R&D 100 Awards）評比中大放光彩。

## 尖端科學知識向下紮根，培養未來世代的研究人才

奈米國家型科技計畫的第三大特色，是在全力發展頂尖科學研究與產業化之餘，同步進行跨領域的人才培育，一方面協助大學和研究單位培育跨領域的尖端研究人才，並讓受過相關訓練的人才投入技術交流、建立智慧財產權、技術轉移、產學合作等方面工作；另一方面則是向下紮根，進行「K12教育計畫」，讓奈米科技知識融入小學、國中到高中這十二年的課業內容，使學生從小便接觸到科技研究的最前線，預先培養下一世代的科技人才。

奈米計畫的跨領域特性，促使許多研究者跨出更大的步伐、眼界更寬廣。舉例來說，果尚志原本是學物理的，但他的研究很有應用性，甚至到化學領域發表論文。陳貴賢原本學電機，最後轉而做尖端材料研究，實驗室裡像八國聯軍，有物理、化學、材料、化工等各領域學生；張煥正在大學時代念農化系，後來轉做物理化學研究，他做的螢光奈米鑽石則可以應用在生醫領域；孫啟光也是從電機系出發，但現在做的幾乎是基礎物理研究，而其獨創的奈米超音波將應用於生醫診斷。這些研究者受到奈米計畫的資助，終於能將原本看似難以實現的研究想法付諸實行，開創出寬廣的研究新天地，對許多學生造成很大的影響，這也是人才培育計畫的工作目標。

此外，在奈米計畫的規劃討論初期，有不少人提起，未來的十五到二十年會是奈米科技最為蓬勃發展的時候，那麼十年後的研究人才在哪裡呢？其實是現在的中小學生，因此如果能讓奈米知識向下紮根，未來的人才銜接會更順暢，這便是推動「奈米科技K 12教育發展計畫」的初衷。

奈米科技的特別之處在於其相關的範圍與面向比較廣泛，可以說幾乎所有科學領域都包含在內，橫跨生命科學、物理、化學等等，因此容易吸引到一些科學老師的興趣和參與。我們的做法是找到一些中小學種子教師，先請大學的研究團隊開關一些討論會，利用週末的時間為種子教師上課，讓老師們可以很快建立基礎概念，認識奈米科技的知識、特點和應用；回到自己學校後，這些種子教師把學到的科學新知轉化為學生能夠理解的語言，自行製作教材、設計實驗或遊戲，向小朋友講解奈米科技的趣味與厲害，多年來累積的教材非常可觀。我們也應用網路平台傳遞、建構知識和教案，設立資料庫收集相關教育資訊、專業名詞和圖書資源等，幫助老師們不斷進修、改進教學方式。

K12計畫的珍貴之處在於這完全是台灣獨創，其他國家從來沒有這種搭配尖端科技研究的大眾教育計畫，後來也有很多國家開始學習我們的做法。美國向來有不少科學教育課程，例如美國國家科學基金會制定的一些教材，但對象主要以大學為主，沒有像我們的K12計畫全面推展至中小學。過去台灣也有一些針對科學資優生舉辦的精英式訓練營隊，例如吳健雄科學營等，不過這次的K12計畫更希望將科學知識普及到全部小朋友，採取平民式的訓練，所以特別在中南部和東部得到很大的迴響，因為這些地區教育資源較少，能夠有推廣尖端科技知識的機會，地方上的老師們都很熱切參與。

## 從過去的精彩發展，期待未來的更大遠景

今天，我們可以很驕傲地說，台灣在奈米科技領域的發展一點都不輸別人！我們推動的重點、選擇的題目、補助的團隊與做出來的成果，與國外相比一點都不遜色。因此，所有參與推動及執行計畫的成員都認為，有必要將其中的過程做個記錄，因而催生了這本書。當然，我們並不認為以目前的成績就可以自滿，其實還有許多需要再學習、再進步、再修正的空間。

巴克球已成為深入人類生活的科學符號。此為樹立於美國紐約麥迪遜廣場的巴克球雕塑，由藝術家維拉里爾（Leo Villareal）創作，以一百八十支LED燈管組成大小兩個巴克球，號稱有一千多萬種色彩變化。圖片來源：iStockphoto.com/magnez2

大家都清楚，奈米科技未來的發展，最重要的是與生物醫學的關聯，奈米科學將來在這方面一定會有很大的發展，涵蓋的層面也會更廣，包括對生物現象做更深入的了解。然而目前我們也發現，生物學界參與奈米科技研究的情形不夠積極，生命科學界帶動的題目還不夠多，這當然是因為生物學與其他領域的合作、整合與對話還不夠密切。從這個角度來講，怎麼樣讓生命科學界與物理、化學乃至工程方面的研究互相激盪、結合，絕對是亟待改進的課題。這也是出版本書的另一個主要目的。

我還是要再強調，奈米科技是跨領域、跨學科的科學與技術發展研究，有無限寬廣的空間。講奈米，其實背後的基本觀念是物理、化學、生物；所以從事奈米科技的研發，一定要掌握這些基礎科學知識，才真的能進入創新變革的應用和發展，所以基礎研究還是最重要的一環。因此，我也希望能將現正蓬勃發展的奈米科技新知，納入到中、小學的課程內容中，建立更有價值、更有效的課程綱要，讓孩子們的科學教育更加有趣，學習效果必然更為彰顯。並期望學生學習科學能從基礎著手，掌握正確概念，朝著自己的興趣邁進。希望本書所推介的科研成功案例能夠落實上述的理想。

最後，本書的完成是許多人共同努力的成果，我要在此感謝當年協助規劃奈米國家型科技計畫的指導小組，以及學術諮詢小組的所有成員，而本書的規劃諮詢委員以及接受訪談的學者、專家，更是催生此一紀錄的主要推手。此外，沒有奈米國家型計畫推動辦公室及橋接計畫辦公室的所有人員的協助，這本書是不可能完成的，其中錢恩才花了一年時間進行採訪、記錄，曾煥基先生的資料整理，以及李名揚、黃奕瀠和王心瑩的精心撰寫，使得這本書得以順利推出。當然，要感謝行政院許多部會，尤其是國家科學委員會提供的經費補助，是這本書背後最大的推動力。

第一章

# 材料儀器

## 奈米科學的基礎與應用

尖端電子顯微技術與表面物理科學的領航人——張嘉升

蜂巢狀的奈米金粒子和香菇狀的奈米線，推展奈米材料結構最極限——陳力俊

開創奈米超音波領域，推展分子醫學影像的獨門利器——孫啟光

全世界第一位做出螢光奈米鑽石的科學家——張煥正

從晶圓拋光到牙齒演化，奈米機械摩擦與量測的第一把交椅——鄭友仁

# 尖端電子顯微技術與表面物理科學的領航人

中央研究院物理研究所研究員 **張嘉升**

撰文／王心瑩

剛走進中研院物理所大廳便遇到張嘉升博士，他熱絡地招呼一同搭電梯上樓。電梯內有一張新近張貼的公告，寫著「恭賀中研院物理所張嘉升博士獲選為二〇一二年美國物理學會會士」，張嘉升靦腆地笑了笑，只說「研究做久了都會得到啦」。

其實張嘉升謙虛了。美國物理學會宣布他為會士的賀文中寫道：「表彰其於表面科學和奈米科技研究方面的長期貢獻，以及對於掃描式探針顯微鏡的創新發展，結合了超高真空的穿透式電子顯微鏡和掃描穿隧電子顯微鏡系統，進行奈米尺度的原位觀察與測量。」

早在一九八〇年代攻讀博士期間，張嘉升便專攻表面物理，後來新興的奈米科學有很大部分就是討論物質的表面積和界面性質，而做這方面研究又需要很好的表面觀察工具，恰好各種掃描探針式顯微術於八〇年代如雨後春筍般萌發，可以說張嘉升一路以來見證了這類顯微術的成熟，以及奈米科學逐漸成為一個獨立學門的風起雲湧。

「現在最熱門的產業，當然是電子業了！」坐定後，張嘉升談起研究歷程，不時熱切地格格大笑，一掃剛才的靦腆。「半導體剛開始發展的時候，晶體做得很大，表面只占整塊東西的一點點而已，並不是很關鍵。不過現在電子元件愈做愈小了，深入了解微小結構的物理性質就變得十分重要。所以我主要研究金屬和半導體晶體，從了解晶體表面的物理性質出發，試著製作極度微小的結構，也研究它們的各種物理性質。」

而要觀察物質的極微小表面結構和各種現象，就要了解原子在表面上的行為和表現，因此必須想辦法發展顯微技術，直接看到原子和分子。時至今日，只要是研究微小結構的實驗室，無論是物理、化學、材料或生物學，幾乎人手一台光學或電子顯微鏡。顯微鏡的解析度是由光的波長來決定，可見光的波長介於四百到七百奈米之間，所以光學顯微鏡的解析度最多只有三到四百奈米；電子顯微鏡的光源則是電子束，如果把能量加到二十萬伏特，電子的波長就非常短，大約只有零點零零三奈米，而原子大小約為零點二奈米，因此要用電子顯微鏡才能看到原子層級。

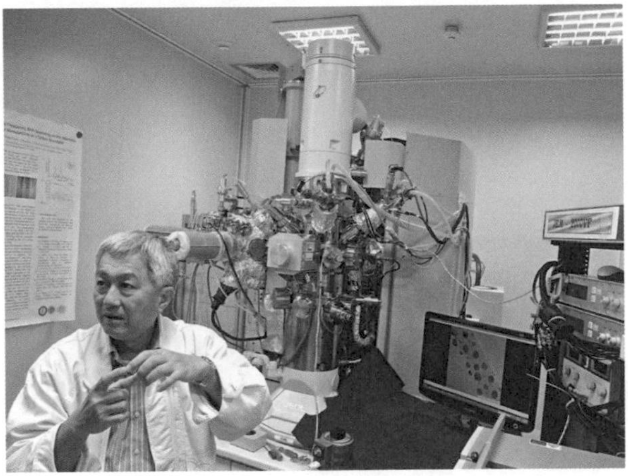

張嘉升解說穿透式電子顯微鏡（TEM）的運作原理，右側電腦螢幕顯示利用顯微鏡觀測奈米顆粒在奈米碳管上成長的實況。

具有原子分辨率的顯微技術主要有三大類，一是場離子顯微鏡，二是穿透式電子顯微鏡，第三則是掃描穿隧顯微鏡和原子力顯微鏡這一類。

## 首先達到奈米等級解析度的場離子顯微鏡

電子顯微鏡從一九三〇年代就開始發展，但是第一種可以看到原子層級的顯微鏡，並不是電子顯微鏡，而是一九五〇到六〇年代發展出來的「場離子顯微鏡」（field ion microscope, FIM），是在做成針尖的樣本上施加高電場，利用電場使吸附在針尖表面的惰性氣體原子游離出去而成像，藉以觀察樣本的表面。當年把張嘉升找回台灣的鄭天佐院士是這方面的佼佼者，而鄭天佐的指導教授，美國賓州州立大學（Penn State）物理學家穆勒（Erwin Wilhelm Müller），正是場離子顯微鏡的發明人。

要談場離子顯微鏡之前，必須先談它的前身，場發射顯微鏡（field emission microscope, FEM）。場發射顯微鏡的原理是這樣的，觀察時把樣品做成針尖狀，由於針尖的曲率非常大，一旦加上幾千甚至上萬伏特的負電壓，會在針尖產生非常大的電場，於是樣本裡面帶負電的電子會被趕出來，加速飛向螢光屏，而調整樣品與螢光屏的距離，便可以改變放大的倍數。針尖上的樣品做得非常小，微觀之下其實是晶格狀，有很多個晶格面，而每一面的電子被趕出來的臨界電場不一樣，最後收集這些電子打在螢光屏上的資料，便可反推回去建構出樣品的晶格面。場發射顯微鏡剛於五〇年代發展出來時，大約可以看到十到二十奈米寬度的晶格面，已經是奈米等級了。

不過一個晶格面是由好幾個原子堆積而成，所以看到的還不是一個原子。既然看到的訊號代表的是一個晶格面，上面的原子一定排列得很規則，那麼能不能透過這個特性看到一個原子？其實晶格面與面之間的邊緣稜角處，理論上也像尖端，電場一定很強，於是穆勒又想到一個聰明的方法，他讓針尖冷卻，吸附一些惰性氣體原子，例如氦、氖等等，然後加上極大的正電壓，使惰性氣體原子游離出去而帶正電，於是會加速飛向螢光屏；如果電場調整得好，只讓晶格面與面之間邊緣處吸附的氦飛出去，最後累積的訊號正好可以描繪出針尖晶格面邊界的原子分布模式，這就是場離子顯微鏡。

不過場離子顯微鏡有其限制，張嘉升說，缺點是要施加很大的電場，只能觀察鎢之類熔點很高的材料，所以很多樣本不能用這種方式觀察。

## 可以看見原子的穿透式電子顯微鏡

到了一九八〇年代，穿透式電子顯微鏡（transmission electron microscope, TEM）終於發展成熟，開始達到原子解析度了。穿透式電子顯微鏡的原理是將電子束加到很高的能量，大約二十到三十萬伏特，讓電子束很容易聚焦；光學顯微鏡是以透鏡使光聚焦，電子顯微鏡則是以電磁場讓電子束聚焦，所以電磁場的調制也可稱為「電磁透鏡」，使電子束極度聚焦後射穿樣品。電子束射穿樣品時，有些電子沒有打到原子、直直射穿，有些則比較靠近原子核，這裡的電子密度比較高，會造成散射，於是產生相差；最後以電磁物鏡收集所有電子，讓它們射向屏幕，再用接收到的訊號重新建構原子的排列情形。

用一般人比較熟悉的話來說，場離子顯微鏡比較像是投影式的顯微鏡，是透過距離的放大，讓樣品的細微結構投射在遠處的屏幕上，顯現出對應的影像；穿透式電子顯微鏡則像光學顯微鏡，只是用電子取代可見光作為光源，而且也以類似原理的物鏡收取穿透樣品的電子束而成像。

## 模仿觸覺的掃描穿隧顯微鏡

第三種則是掃描穿隧顯微鏡（scanning tunneling microscope, STM）。張嘉升說：「電子顯微鏡早在一九三一年就發明出來，掃描穿隧顯微鏡則是一九八一年發明，五年後的一九八六年，諾貝爾物理獎就頒給這兩種顯微鏡的發明人，五年內快速得獎，你就知道掃描穿隧顯微鏡有多重要了。」這兩種電子顯微鏡的發明時間剛好相隔五十年，樹立了顯微技術的兩大里程碑。

掃描穿隧顯微鏡是一種全新的概念，顯像原理與光學顯微鏡完全不同。基本上，光學和電子顯微鏡都像是模仿我們的視覺，以透鏡突破眼睛的限制、以高能量電子束突破繞射的限制；掃描穿隧顯微鏡則是模仿我們的觸覺，用很細很尖的探針，以很近的距離，與物體表面的原子進行非常局部的交互作用。

量子力學告訴我們，電子可以表現出波動的形式，所以原子表面的電子分布其實像雲霧一般，很難界定真正的位置，這是海森堡不確定原理告訴我們的。假設兩個尖端都只有一個原子，彼此靠得很近時，即使兩個原子的實體還沒有接觸到，彼此的電子雲已經重疊，這時很難說某個電子究竟屬於哪個原子。

要解釋這個微妙的穿隧現象時，張嘉升做了很妙的比喻：「有點像是拿一顆球丟向牆壁，球沒辦法穿過牆壁跑到隔壁房間，但球撞到牆壁的聲音可以穿透過去。這實在很微妙，不容易解釋，看似有一個障壁，卻又有某種程度的穿透。所以電子會不會跑到對方那邊去，與距離很有關係，多壓近一點就跑過去，退一點點又過不去，所以就這個向度來說，靈敏度是非常非常高的。」

掃描穿隧顯微鏡便應用這樣的原理，探針以很近很近的距離在物體表面掃描，偵測非常局部的穿隧效應所造成的電流。在微觀狀態下，探針的表面一定不會很平滑，可以想像總有一個特別凸出來的原子，會與樣品的原子產生穿隧效應，這種因電子雲重疊而產生的電流訊號非常微小，大約只有幾個奈安培（nano amp），甚至小到皮安培（pico amp），只要把電流訊號維持在這個大小，就等於控制住針尖和樣品之間的距離，維持這樣的距離來掃描物體表面，這就是掃描穿隧顯微鏡的原理。

這種顯微術後來擴展成掃描探針式顯微術，重點在於針尖的功能性；針尖和樣品表面的微小交互作用可以是電性的、磁性的、光的、熱的，只要能夠偵測到就好，於是探針就像手指一般，讓這些交互作用維持固定大小，沿著樣品的表面來回掃描，就能測出樣品的局部特性。

張嘉升於一九八八年拿到美國亞利桑那州立大學物理系博士，當時正是掃描穿隧顯微鏡發展得如火如荼的年代。「它出現以後，我們做表面物理的人立刻意識到，這樣等於直接看到表面的狀況，絕對是表面物理的突破性發展，所以我的指導教授對我說，拿到博士學位之後留下來做這個。」在當時的美國學術界，還沒有實際成果是拿不到研究經費的，張嘉升必須先以手工打造顯微鏡的基礎部分，再以這樣的先期成果申請經費。「我們那時候是自己車出各種零件，不像現在可以直接買到各種儀器和配備。」

於是在三年的博士後研究期間，張嘉升自行組裝掃描穿隧顯微鏡，直到得知台灣也想發展這種技術。「鄭天佐院士原本在美國做場離子顯微鏡，一九九〇年左右回到台灣，準備開始發展掃描穿隧顯微鏡，是當時最新的技術。那時候鄭天佐才五十多歲，已經是國際知名的學者，吳大猷院長希望借重他的能力，在中研院發展掃描穿隧顯微鏡，所以急著找他回來建立一個團隊。鄭天佐知道我在博士後時期就是做這個，所以把我找回來進入中研院物理所。」

那時是一九九一年，張嘉升三十五歲。與他年紀相當的許多中研院研究員，不少人都是那時候回台灣的，這批菁英在國外學到嶄新的觀念與技術，剛好台灣開始致力推動科學研究，因此他們一畢業就回台灣，為今日蓬勃發展的奈米科學打下良好根基。

張嘉升說：「很多人都說，二〇〇〇年左右奈米科技興起，就是和掃描穿隧顯微術的成熟大有關係，因為終於把原本受限的顯微技術拓展開來了，不只可以看到微小結構，也可以測量到很多定量的結果。當然後來穿透式電子顯微鏡也可以辨別元素成分，但沒辦法像掃描探針式顯微術發展得如此多樣化、功能化，研究這麼多元的樣品特性。」例如現在非常熱門的各種奈米材料，包括奈米粒子、奈米碳管等，過去都是做出一大批，但測到的是綜合結果，不是單一個的性質。如今有了掃描探針式顯微術這項利器，終於可以測出單一粒子或碳管的各種性質，能夠回答一些很基本的問題，做起奈米研究才有把握。這是很大的突破。

而掃描探針式顯微術最厲害的地方，在於只要更換探針的形式，就出現新的顯微技術，像是原子力顯微術、近場顯微術、磁力顯微術、溫度顯微術等等百花齊放，其實原理都一樣，只是換個感測器的形式。

以原子力顯微鏡（atomic force microscope, AFM）為例，利用兩個物體靠得夠近時，彼此產生的原子力來控制探針與物體之間的距離，這類原子力像是長程的凡德瓦力，或者短程的電子排斥力，這是因為庖立不相容原理而產生的。舉例來說，讓探針與物體之間的電磁斥力保持固定，則如同手指一般的針尖感測器就會隨著表面而高高低低，把表面形貌描繪出來，這就是原子力顯微鏡的原理。原子力固然是很局部的作用力，但在接觸過程中，附近很多效應都會造成影響和干擾，所以這項技術最關鍵之處是針尖愈尖愈好，盡量把反應範圍侷限得很小，屏除多餘的交互作用。同理，磁力顯微術、溫度顯微術也是控制探針與樣本間的磁力和溫度，收集到不同的資訊。

## 應用三種電子顯微技術的基礎研究

在張嘉升的實驗室裡，三種功能強大的電子顯微鏡各司其職，一方面觀察特定主題，同時也持續研發、改進顯微鏡的效能。目前他最常用的工具是超高真空的掃描穿隧顯微鏡，要做表面物理的研究，通常要處於真空狀態，以免表面在空氣中黏附很多雜質。「早期在一九七〇到八〇年代，表面物理的發展關乎好的真空技術，而真空技術的發展又是來自當時最火紅的太空科學，三者環環相扣！這一點實在很有趣。」張嘉升興味盎然地說。

在當今的奈米科技領域，薄膜是非常重要的一項技術，無論是觸控面板、電池、平面顯示器、生醫檢測器等等，無一不與薄膜有關。張嘉升有一項研究主題是在半導體上鍍一層很薄的金屬膜，薄到只有幾個原子層，在這麼薄的環境下，電子的波動範圍等於被限制在兩個邊界之間，一邊是薄膜與半導體的界面，另一個邊界是真空，電子只在這個範圍內形成駐波。很有趣的是，導體和半導體最自由的電子稱為費米電子，能量大概只有幾個電子伏特、波長只有幾個埃，剛好與薄膜一層層原子的晶格常數差不多匹配，所以薄膜晶格會對金屬的自由電子產生影響。

「舉例來說，一層鉛薄膜的厚度大約是三埃（一埃等於零點一奈米），而電子的一個駐波（半個波長）大約是二埃，所以每兩層薄膜（六埃）剛好是電子駐波的倍數，會發生雙層（bilayer）的震盪效應；此外，奇數層和偶數層的性質很不一樣，有些能量很穩定、有些不穩定等等，這些性質都可以用來控制薄膜生長的厚度或層數。」像這樣精密控制單層原子的薄膜生長，在一般人眼中可能覺得不可思議、太過遙遠，但正是這麼基礎的物理學研究，有助於未來做出最先進的理想薄膜，造福我們生活的各個層面。

張嘉升團隊自行打造，連接低溫設備及高磁場的掃描穿隧顯微鏡。由於觀察的訊號非常細微，必須隔絕外界電磁場、聲音與振動的干擾，因此整個房間以金屬和吸音棉包圍。

而掃描穿隧顯微鏡除了超高真空的環境外，也常會合併強磁場並維持低溫，因為研究樣品性質時，加入溫度與磁場的調控，等於多增加兩個實驗參數，有助於了解樣品在特殊物理條件下的特性。張嘉升說：「我們團隊最新加入一位成員莊天明博士，他是做強磁場和低溫的專家，目前低溫可以達到絕對溫度四

度（絕對零度等於攝氏零下二七三點一五度），甚至低到零點四度。十年前我們剛開始做零點四度的低溫機器時，還買不到現成的設備，只能自己打造，經過這麼多年來，現在買得到了，可見這是一個很重要的研究趨勢。」莊天明近年的工作多次登上世界頂尖的《科學》期刊，是團隊內的新生力軍。

當年由鄭天佐院士在中研院物理所建立的這個團隊，如今名為「表面奈米科學實驗室」，另一位重要成員黃英碩博士的研究重心是原子力顯微術。張嘉升說：「他很厲害，現在已經做到可以在水中顯像，只要探針與水的作用力沒有比樣品大就好。所以黃英碩現在往高解析生物顯像方面發展，這是一個很值得發展的大領域。」

張嘉升的實驗室一直與生命科學學者保持密切合作，例如幫他們觀測ＤＮＡ和蛋白質樣本。有一個很有趣的問題是：要把ＤＮＡ雙股螺旋拉開，需要施加多大的力量？ＤＮＡ樣本必須處於水溶液狀態，因此原子力顯微術就可以派上用場了，先把ＤＮＡ的兩端接上特定分子，其中一端以抗體和抗原的強大結合力固定於表面上，另一端則接在針尖上，然後拉扯。聽起來好像很簡單，但這麼細密的分子實驗，除了要有好的工具，也需要許多經驗的累積。

近期，張嘉升團隊的合作研究課題也包括一些最新穎的材料。「例如近來非常熱門的石墨烯，我們最近與清大電機系的邱博文教授合作，他可以把石墨烯的層數控制得很好，有些物理現象很值得研究。另外，金屬原子的內聚力很強，會形成大小只有幾個奈米的小顆粒，例如金顆粒、銀顆粒等，它們與石墨烯的交互作用是很有趣的題目，所以我們也向中研院原子與分子研究所的陳貴賢博士拿一些石墨烯樣品，放進超高真空的穿透式電子顯微鏡，然後自己製備金屬原子團，讓它們長在石墨烯表面上，研究彼此的交互作用。」

這些研究都是要了解基本物理性質，以後有助於其他延伸應用。基礎研究希望對問題做縱深性的了解，會鑽得很深、不斷問為什麼，但應用研究比較不管深度或原因，而是追求廣度，否則會受限，這二者是相輔相成、彼此互補。

「有時候覺得比較論文的引用次數不太公平，基礎研究可能十幾年後才開始有人引用，而工學院的論文經常引用一大堆，」張嘉升說著大笑起來，「不過也顯示應用研究競爭很激烈，我們基礎研究則可以慢慢做，因為門檻比較高，也知道做同樣的題目的人根本沒幾個！」講起做基礎物理學研究的好處與壞處，張嘉升自嘲地大笑，但他隨即正色說道：「所以我們做研究不是拚快，而是拚品質，要看見別人看不見的觀點，做得比別人更深入。特別是我們的尖端儀器都是自己做，可以設計成特別適合研究自己的題目，挑戰很大，但也很有樂趣。」

從張嘉升新近獲選為美國物理學會會士，以及團隊內其他年輕科學家屢屢獲頒各式獎項看來，他們確實透過各種高解析度的顯微技術，看見了微細世界的一片好天地。

# 蜂巢狀的奈米金粒子和香菇狀的奈米線，推展奈米材料結構最極限

中央研究院院士、清華大學校長暨材料工程學系教授 陳力俊

撰文／李名揚

「我記得曾經夢到奈米金粒子上面長出奈米線，什麼樣子不記得了，但我很高興長出來了，還和學生相互慶賀，其實那時候在實驗室還沒長出來！」夢中情境如此清晰，可以想像陳力俊投入奈米金粒子研究的狂熱與專注。

陳力俊是美國加州大學柏克萊分校的物理博士，但回國後進入清華大學材料系任教。他的專長是電子顯微鏡，研究積體電路上的薄膜，並因相關研究於二〇〇六年當選中央研究院院士。

## 原本的研究成為投入奈米研究的最佳基礎

二〇〇三年時，奈米科技因為物理、化學、化工、材料等學門的進步，逐漸變成熱門領域，陳力俊也思考是否要轉行。他認為，自己在電子顯微鏡及薄膜方面的研究已有相當高的地位，是領先群之一，相關研究得心應手，也很容易從國科會、工研院或新竹科學園區的一些廠商取得研究資源；而且隨著半導體材料不斷進步，元件尺寸愈來愈小，一直會有新的問題產生，因此半導體薄膜仍有很多題目可以研究。若轉到奈米科技這個全然陌生的新領域，必須重新經過一番努力，才有機會揚名立萬，而且即使付出努力，也未必能成功，因此他傾向於不要轉行。

就在這時，他和當時美國加州大學洛杉磯分校副校長、早在一九九八年即當選中研院院士的何志明聊到此事。從熱流機械轉行到微機電領域的何志明告訴他，身為教授不只是自己做研究，還要指導學生做研究，而研究新領域的好處之一，是對學生未來二十到三十年的發展很有幫助。

陳力俊一聽，覺得這番話很有道理，終於下定決心投入奈米研究。但一開始，他不知道該從何處著手，於是想了一個策略：搜尋與奈米科技有關的題目，看看研究什麼題目、什麼材料的人最多。結果他發現很多人在研究奈米金粒子，表示這個領域必然有其重要性，進入門檻不會太高，而且應該會進步很快，經常有新的論文發表，這樣也能讓他很容易掌握最新的研究進展。

奈米金粒子是奈米尺寸的金粒子，和尺寸更大的金粒子有很不一樣的物理與化學特性，適合做為某些化學反應的觸媒，也可以應用於光學元件之組件。這種奈米材料的研究和陳力俊過去從事的積體電路薄膜相關研究有一個非常大的差別：電子顯微鏡和積體電路薄膜的實驗有時稱做「大科學」，因為必須要有很好的儀器，才能做出比別人好的實驗；但是研究奈米材料可以小本經營，只要一個燒杯加上一些藥品，就可以開工，用這麼簡單的設備就可以產生一些神奇的化學反應，做出有趣的結果。幸運的是，一年多之後，他就做出不錯的研究成果，論文登上了很好的期刊《應用物理通訊》（*Applied Physics Letters*）。

轉行之際，電子顯微鏡的專長及既有設備其實成為陳力俊最大的利基，因為電子顯微鏡是觀察奈米級材料最理想的工具，他手邊有各式各樣非常精良的電子顯微鏡，尤其當時剛採購了一部非常獨特的「臨場超高真空穿透式電子顯微鏡」（UHV-TEM），可以在材料經由化學反應產生奈米結構的變化過程中，看到原子所發生的動態變化，是全世界不超過十部的儀器。

## 意想不到的發現總帶來一陣驚喜

除了儀器設備的差異，陳力俊還發現，奈米金粒子的研究和他原本的研究在本質上有很大不同。他研究半導體元件上的薄膜多年，知道可能會在什麼地方碰到怎樣的新問題需要解決，已有脈絡可循，可預先掌握下一步該怎麼走，也可以期待會得到怎樣的結果。可是奈米材料的研究卻有很多意外的驚喜，有很高的不可預測性，經常得出原本沒有期待的新奇研究成果。

例如他的第一篇奈米金粒子論文，是發現大小五奈米的金粒子，沉積在矽基板上面時，竟然會自己排列成特殊圖案。講到這裡，陳力俊興奮地在電腦上秀出一堆奈米金粒子的影像，他表示，這件事由物理背景的人看起來是不可思議的，以物理原理來說，只要超過三個粒子很整齊地排在一起，就是很奇怪的事，幾乎不可能有幾十個粒子排得很整齊，但在他的實驗中，竟然有幾百萬個奈米金粒子整整齊齊地排列在一起！

進一步研究發現，奈米金粒子有時會集結產生蜂巢形結構，陳力俊發現這種

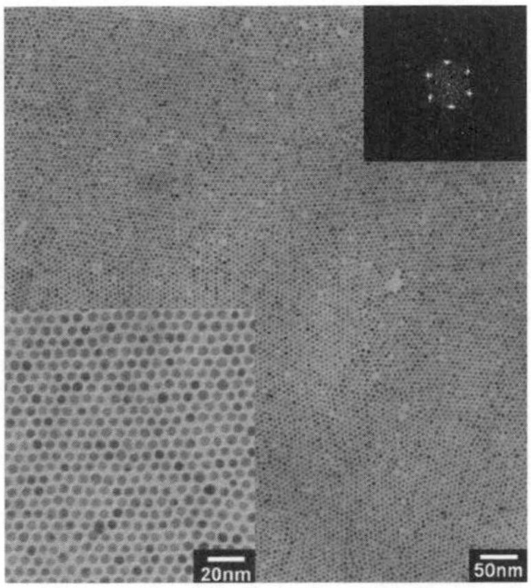


整齊排列的奈米金粒子陣列。陳力俊提供。

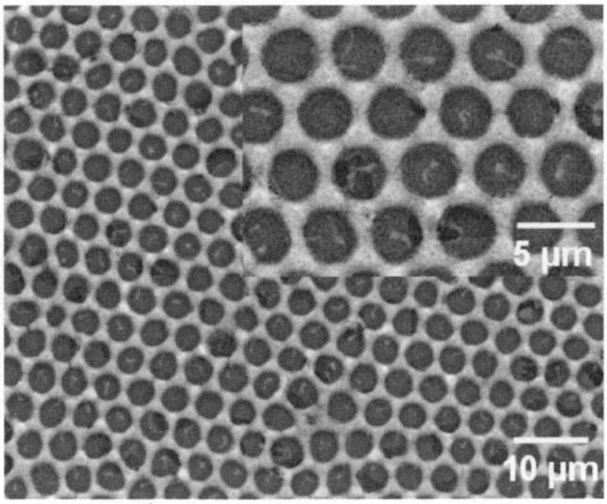


奈米金粒子聚成的蜂巢狀結構。陳力俊提供。

蜂巢形結構其實是水分子造成的。他舉例指出，溫度很低的時候，我們對窗戶呵一口氣，就會產生白霧，那是水滴排成特殊圖案的結果；水滴之所以會這樣排列，是因為水分子彼此之間有作用力，若排成比較規則的圖案，可使其總能量比較低，而物質永遠有趨向於能量較低的趨勢。所謂「趨向能量低的趨勢」，可以用放在碗裡的一顆球來解釋：不論把球放在碗的什麼地方，最後一定停留在最低處，因為位於那裡的球，所含有的能量（位能）最低。

那麼水分子和奈米金粒子又有什麼關係呢？原來在做實驗的時候，水滴會先在矽基板上排成特殊圖案，然後由於所有的水分子和奈米金粒子都會以同樣的方法結合在一起，溶液中的奈米金粒子也就很有規律地沉積在水分子旁邊，自然也在矽基板上面排列成特殊的圖案。最後等水分蒸發掉，奈米金粒子就排列成蜂巢形的結構。

陳力俊回想起這一段過程，忍不住讚嘆：「奈米世界真奇妙！」他說這個結果純粹是意外發現，本來沒想過會出現這種現象，卻成為他研究的一大特色，可以做出大面積又整齊排列的奈米金粒子。

這個故事還沒完呢。他們把樣本拿去加熱，退火後，發現

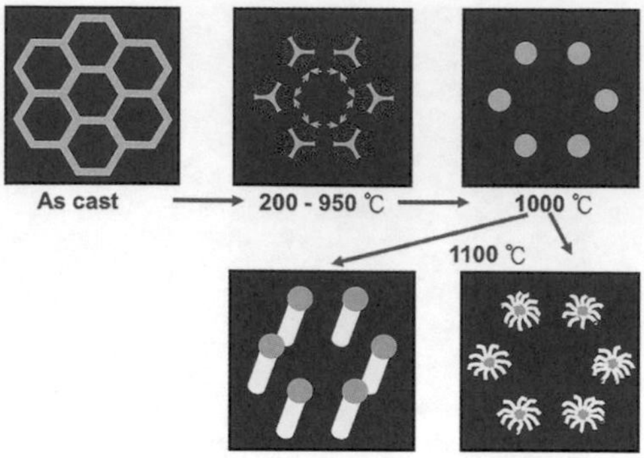


不同的奈米結構有不同的產生條件。上半部是在較低溫時退火出現的變化；下半部則是在較高溫時退火，依照矽基板氧化矽表面層厚薄的不同，生成花狀或豆芽狀結構。陳力俊提供。

金會凝聚在蜂巢六角形的六個角落，而且聚集成晶體結構。關於這個現象，陳力俊也可以提出解釋：金原子聚集成這種結構時，表面積最小，系統的能量最低，因此會趨向這樣的排列。

「還有下一步發展，好玩的就在這裡！」陳力俊說，如果由高溫退火，結果會長得毛毛的，原來是長出了奈米等級的細線！他們進一步分析發現，奈米線的成分是二氧化矽，是加熱和退火過程中，氧氣和奈米金粒子底下的矽基板上的矽產生反應所造成，有些二氧化矽奈米線會從金粒子上面冒出來，也有些直接從基板往上長。

至於奈米線會長成什麼樣子，則要看矽基板上的二氧化矽有多厚，這是可控制的變因，有時會長成像一棵棵豆芽菜狀，有時像香菇，有時圓圓的像太陽。長出奈米線的原因是金裡面會溶一些矽，又有氧的存在，彼此就結合形成二氧化矽，然後從金裡面長大、析出；至於會長成像豆芽一般，是因為金下面的矽基板比較薄，跑上去的矽比較多，而氧比較少，結果溶到金裡面的矽會比較多，最後矽直接從金粒子偏析出來，狀似豆芽菜莖幹，而金粒子則被頂起來而狀似芽頭。

「像這種完全無法預期的實驗實在是太有趣了！」陳力俊說，每次學生做出一種奇怪的圖案，整間實驗室都掀起一陣驚喜。剛開始他對於為什麼會長成這些圖案完全沒有概念，後來慢慢查閱文獻、

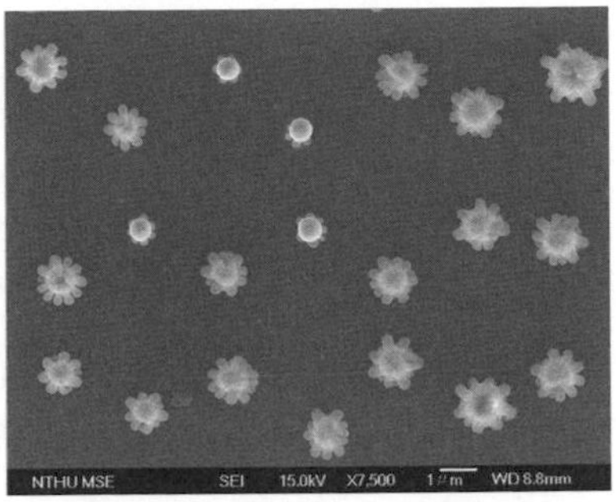


矽基板的氧化矽表面層較厚時，奈米金粒子在上面氧化後，會從金粒子生出氧化矽奈米線，而且形成花狀結構。陳力俊提供。

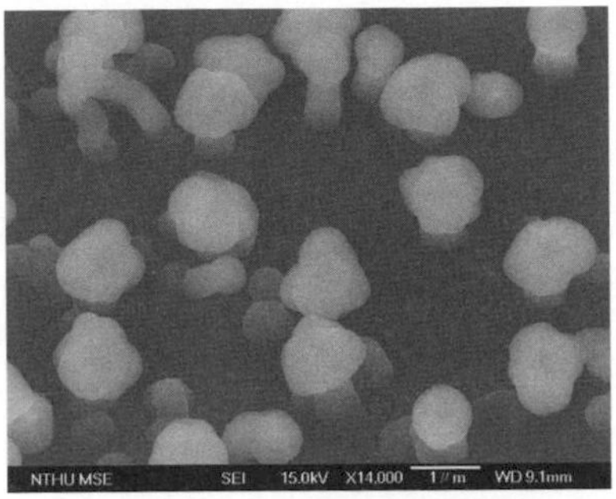


矽基板的氧化矽表面層如果比較薄，則奈米金粒子氧化後會生成豆芽狀結構。陳力俊提供。

仔細思考，才逐漸了解「都是水分子的影響」，這種做實驗做出意想不到的成果，百思不得其解，歷經千辛萬苦最後才想出答案的過程，正是做研究最有趣的地方。

## 變化多端的奈米研究，充滿各式各樣的樂趣

奈米線其實算是陳力俊的老本行。他以前研究的是半導體上的薄膜，也就是金屬矽化物，而奈米線正是金屬矽化物。這項奈米線的研究成果，後來在二〇〇六年發表於奈米科技的標竿期刊《奈米通訊》（*Nano Letters*），是二〇〇五年以後登上這份期刊的第一篇台灣論文，一直到現在，全台灣發表在《奈米通訊》的論文還是以陳力俊的實驗室做的最多。「我們有好的工具，金屬矽化物又是我的老本行，別人要和我比並不容易！」陳力俊對此非常有自信。

對於奈米線，陳力俊有著非常複雜的感覺：「我們做那麼多年研究，平常都沒有注意奈米線，好像奈米線不存在；一旦專門去研究奈米線，才發現到處都是！很多時候，做研究往往對很多事情視而不見，或者以為那只是實驗失敗的部分，是不要的東西，現在才知道那可能是很有趣而值得探究的學問。」

以前的人不知道怎麼長出金屬矽化物奈米線，陳力俊發揮儀器設

備的優勢，用臨場超高真空電子顯微鏡觀察奈米線的產生過程，了解原子慢慢堆疊起來的機制，再針對這種機制設計實驗，這是其他人做不到的。後來他們只要控制燒杯中的各種條件，如濃度、溫度等，就可以得到很多純銀的奈米線，直徑只有幾十奈米，長度卻可以達到一公分，長度與直徑相差一百萬倍。

製造「奈米線」這種極為微小的材料，可以有什麼應用及功用呢？陳力俊表示，不論是奈米粒子或奈米線，都有一些很特殊的物理性質，是在材料構造較大的時候沒有的，包括電性、磁性、機械性質、化學性質等方面，都可能發生了改變，因此可以利用這些特性，以奈米粒子或奈米線做出各種不同的元件。他從前研究半導體元件時，主要是研究電性和部分機械性質，不了解其他性質；研究奈米材料以後，由於各種性質都發生變化，讓他的研究領域大幅拓寬，也增加了很多合作的機會，包括國內外都有。舉例來說，他可以做出非常精細的奈米結構材料，但沒有量測磁性的經驗，而美國加州大學洛杉磯分校有個團隊在這方面做得非常好，可以幫助他測量各種結構的磁性性質，兩邊合作很愉快。

除了性質多樣化，奈米材料還具有許多其他的多樣性，例如型態及結構。除了奈米線之外，陳力俊的實驗室還合成出金字塔形、帶狀、螺旋形、竹筍形、網狀等各種形狀的奈米結構。製作奈米材料的方法也有多樣性，除了在燒杯中讓其自行合成、組裝外，還有鍍膜後讓奈米材料自己反應長成特殊形狀，或在真空中反應等等。

材料本身更是非常多樣，可能有幾十種，包括半導體如矽、鍺、矽化鍺、二氧化矽、氧化鍺、氧化鋅、二氧化錫、氧化鎵、氮化鎵等，金屬如銅、銀、金，還有很多不同的矽化物，例如矽化鎳、矽化鐵、矽化銅、矽化鈦、矽化鉬等。此外，要量測奈米材料的性質也有各式各樣的方法，用到各種不同的探測器。總之，奈米材料在不同的層面，有各種各樣的實驗可以做，得到許多新奇的發現，也可以應用在各種不同的地方，讓陳力俊感到滿滿的樂趣。

## 激烈競爭的背後是慢人一步的鬱悶

陳力俊當初刻意挑選最多人研究的「奈米金粒子」這個領域當作入門，雖然上手很快，但有利必有弊，就是很多人擠進這個領域，大家也都上手很快，因此競爭格外激烈，經常發生「我們好不容易做出一個成果，突然發現別人已經搶先一步發表論文了！」他聽說一位教授有過兩次「和研究生抱頭痛哭」的經驗，「我雖然沒那麼誇張，但碰到這種事的時候，真的很鬱悶！」陳力俊說，對於做研究的人來說，第二名是沒有用的，碰到這種情況，只能發表在排名比較後面的期刊，「對我們來講，比較後面的期刊等於沒有發表！」陳力俊說，因為在學術界，跟在別人後面做的研究沒有意義，唯一的作用是讓學生能獲得論文點數，可以畢業。

這與他以前研究半導體薄膜是完全不同的情況，他在那一行很久，知道有哪些競爭者，也熟悉彼此的研究進度，大概可以掌握自己的某一項研究是否有機會搶在第一名發表；而且由於做同樣研究的人不多，研究速度也就沒那麼重要。可是奈米材料是一個全新的領域，太多人投入，因此研究速度非常重要；偏偏他根本不知道別人在做些什麼，甚至連有哪些競爭者都不知道。

由於那時不斷發現新奇現象，競爭又很激烈，陳力俊的腦子裡白天灌滿了這方面的問題與資訊，結果日有所思、夜有所夢。例如他還記得，曾經夢到金粒子上面長出像一朵花的圖案，結果過一陣子，他們真的觀察到這樣的圖案！可是事實上，這完全不在他們的預期之內；反倒是曾經預期可能會長出像豆芽一樣的形狀，陳力俊卻從來沒有夢到。

這方面研究發表論文的難度也與日俱增。陳力俊的研究一向比較偏向基礎研究，他剛進入這一行時，只要做出某一種奈米金的新奇結構，很容易登上很好的期刊；可是隨著相關研究的進步，現在不但要知道材料的特性及形成過程，通常還必須用這個材料做出某一種電子元件，才有機會發表於好的期刊。

例如他做的「光子偵測器」，可以偵測光，也可以做成非常微小的電晶體，其表現號稱世界第一；另外他又做出量測磁性的元件、熱電效應的元件，還有奈米溫度計。可是，這些都是很基礎的應用，只能證明自己提出的觀念是正確的，距離產業化還有一段距離。陳力俊說，他並沒有花心思邀請廠商來為這些成果找尋用途，因為一個人的精力有限；他只希望，有一天會有廠商自行發現這些元件是有用處的，然後大規模生產，做出具有各種特性的元件。

## 培養受歡迎的學生，以合作提升研究水準

陳力俊當初是為了學生未來的發展而轉進奈米研究這一行，從這一角度來看，他對轉行的結果高度滿意。因為從學生的表現就明顯觀察出差異。他指出，過去做半導體薄膜的研究，學生和博士後研究員雖然也很認真投入，但總是無法了解其中樂趣所在；可是研究奈米金時，學生卻很明顯表現出濃厚的興趣，變得更為用功，「本來是必須要去做，現在又加上自己想要去做。」這讓陳力俊領悟到，選題目確實是一件非常重要的事，看到學生快速進步，真的很有成就感。

陳力俊已有超過二十名學生在各大學擔任教職，尤其二〇〇三年之後，奈米熱潮興起，各大學都希望聘用研究奈米科技的人才，所以他的轉行確實為學生增加了許多求職機會，而且有多人都進入排名在前的幾所國立大學，因為這些學校比較需要研究最尖端科技的人才。

不過現在熱潮已過，而且這些學校都已經聘到研究奈米科技的教授，所以現在的機會沒有以前那麼好，有時甚至會有排擠的效應。但是在產業界，陳力俊的學生還是很受歡迎，因為具有未來性。他表示，清華材料系學生受的訓練很扎實，對於做研究的方法、材料處理、材料特性都很熟悉，因此相關領域的產業界，不管有沒有涉入奈米科技的研究或應用，都很歡迎這些學生。而且，目前產業界的大趨勢是往微小化發展，即使是傳統產業，未來也很可能必須走向

奈米科技的應用，如果員工在研究所階段受過奈米研究訓練，等到「那一天」來臨，就可以馬上發揮戰力。

他以一個已在台積電做到處長級的學生為例，那名學生當年跟著他從事半導體晶片上銅線的基礎研究，而那時產業界還在使用鋁線，所以學生進了公司後，並不能真正發揮專業所長。不過銅具有低電阻的特性，後來銅線逐漸應用到半導體晶片上，很快就席捲了生產線，變成主流，那位學生得以大展所長，快速升遷。陳力俊相信，現在研究奈米科技的學生，將來都有這種機會。

奈米研究有一大特性是跨領域，必須有很多合作關係，達到互補的效果，二〇〇八年陳力俊和任教於加州大學洛杉磯分校的杜經寧院士合作的研究就頗具代表性。陳力俊表示，積體電路的銅線如果結構有一些缺陷，反而可以延長使用壽命，但必須使用他的臨場超高真空穿透式電子顯微鏡才能看到。

他解釋，積體電路中的銅線非常細，電流通過時，有時會把原子帶走，若帶走太多，銅線就會斷掉。如果銅線中有一些平面缺陷，例如雙晶，也就是兩個銅晶體以某種對稱規律連著生長，彼此不平行，則銅原子跑到這樣的交界地方會被擋住，不容易穿透晶界，銅線也就不會斷掉，壽命可以增長十倍。陳力俊的實驗室使用臨場超高真空穿透式電子顯微鏡，可以看到原子在銅線表面移動，也發現原子在晶界處的移動速度很明顯減慢。這個精彩研究，後來於二〇〇八年八月刊登在知名的《科學》期刊；另一個較得意的成果是二〇一二年七月刊登在《科學》期刊的奈米電漿子雷射研究，這是與清大物理系果尚志教授合作，利用裝置完成僅約半年的球面像差校正穿透式電子顯微鏡（Cs-corrected TEM），很清楚地分析出奈米電漿子雷射的原子結構與成分，讓陳力俊再次感受到從事科學前沿的研究時，與頂尖專家合作的重要性。

陳力俊還曾涉足生醫領域，合作研究癌細胞的特性。他的學生由國科會的「千里馬計畫」補助出國進修時，合作學者有技術可以測量奈米線的偏折情形，而陳力俊的實驗室可以製造出純矽的奈米線，也許可以用奈米線的偏折來偵測癌細胞的特性。其中的原理是癌細胞的附著力比正常細胞強，也生長得比較快，因此癌細胞附著在奈米線上時，會使奈米線產生較大的偏折。這是一個有趣的實驗，成果也發表於《奈米通訊》期刊。

由於每個學者的專長都不一樣，透過合作，可以得到一加一大於二的效果，例如陳力俊擅長研究材料，但沒辦法做出一整顆電池，這方面的工作就與台灣科技大學的黃炳照教授合作；或是雖然可以做出某些元件，卻不知道該如何測量元件的效能，也必須找這方面的專家共同研究。奈米國家型科技計畫便建立了相當好的合作平台，給了陳力俊很好的機會；事實上不只對他，對所有參與計畫的人而言，互相合作確實促進研究水準的提升。

# 開創奈米超音波領域，推展分子醫學影像的獨門利器

台灣大學光電所暨電機系特聘教授、分子生醫影像研究中心主任 孫啟光
撰文／王心瑩

奈米超音波。冰與水的界面性質。病毒與電磁波的共振。虛擬病理切片。這四個主題，看似風馬牛不相干，但每一個主題都頗有神秘色彩與科幻味道，令人忍不住想一探究竟。

事實上，奈米超音波的作用類似「大地探勘」，可以透過奈米音波的聲納反彈，探測材料表面的奈米結構；冰與水之間那一層「界面水」的性質，居然比冰本身還要堅硬好幾倍；以適當頻率的電磁波讓球狀病毒與之共振，可以把病毒震破，再也不會造成感染；以平均功率極低的超快雷射照射人體，可以收集到類似病理切片的「虛擬切片」影像，做切片不再需要動刀，還可以偵測美白和抗老化護膚產品的醫美療效。

你可能會說，這也太科幻了吧，不會是真的！在腦筋動得像超快雷射一樣快的台大電機系教授孫啟光的口中，每一個主題都令人驚訝得大叫，但這都是他正在進行的研究，其間發生的各種意外、巧合、順勢延伸的廣泛觸角，也全是他投身研究之前意想不到的驚奇旅程。

## 誤打誤撞發現奈米超音波

一切故事的起頭，應該要從意外發現「奈米超音波」說起。孫啟光從台大電機系畢業後，遠赴哈佛大學應用物理系攻讀博士學位，之後

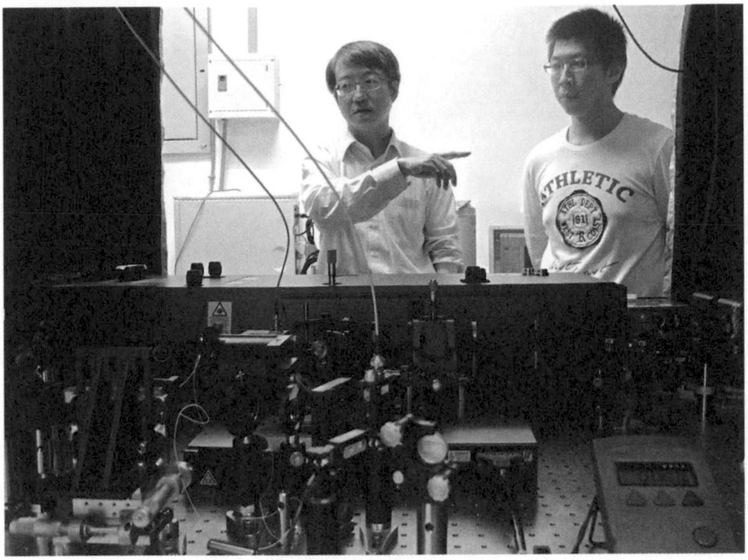
孫啟光（左）解說實驗室內的雷射裝置。

前往加州大學聖塔巴巴拉分校做博士後研究，那裡的「量子電子結構中心」（NSF Center for Quantized Electronic Structures, QUEST），是光電與半導體材料的研究聖地，相關研究與優秀人才非常多。當時所謂「量子電子結構」方面的量化研究，其實就是現在所稱的奈米科學，所以QUEST Center現在也改稱奈米中心了。

「一九九〇年代初期，聖塔巴巴拉是整個學術界第一個做出藍光雷射的地方，我做的題目就是氮化鎵（gallium nitrite），是產生藍光的半導體材料，」孫啟光說，由於傳統半導體不能產生藍光，無法與已有的綠、紅光二極體組成白光，因此可產生藍光的氮化鎵，目前已成為最熱門的半導體材料，「我一九九六年剛回來的時候，台灣還沒有太多人從事氮化鎵和藍光雷射的研究。」

孫啟光帶了很多氮化鎵樣品回到台大電機系繼續研究，也與聖塔巴巴拉保持合作。他研究的是氮化鎵的量子阱，想了解量子阱內帶電粒子的快速行為，那時對氮化鎵所做的研究，如今都是製造新一代半導體材料的基礎知識。「當時因為環境的因素，我是全世界第一個從事氮化鎵飛秒載子動力學研究題目的人。可以說，我在台灣最早的學術聲譽，就是從這裡建立起來的。」

也是在做這個題目的時候，孫啟光發現一個非常奇怪的現象，讓他從半導體科學的平順路途，走上一段想都沒想過的奇異之旅。一九九七年，孫啟光觀察實驗中的光學訊號時，發現一種相當大的干擾，對光子的干擾程度達到百分之一；過去於半導體材料確實會看到一些干擾訊號，但大約只占光子訊號的百萬分之一而已，所以高達百分之一的干擾，在光學上造成非常大的變化。

孫啟光懷疑，這種干擾很大的訊號，可能來自「聲子」（phonon）。所謂的聲子，是振動能量的最小量化單位。在我們周遭，最常碰到的三種最小量化單位是電子、光子、聲子，電子是電能的量子單位，光子是光能的最小單位，聲子則代表振動的能量大小，是描述振動的量子單位。其實聲子到處都有，像吉他、鋼琴之類的樂器發生振動而傳出聲音，或者熱和溫度的傳遞，都是透過聲子，都是振動的分子在原地振動沒有移動，而振動的能量透過聲子向外傳播。

孫啟光認為，這麼大的干擾訊號，可能是材料內部的能量由聲子傳遞出來所造成。但是翻遍了過去所有的文獻，都沒有提到聲子會產生這麼大的訊號，簡直大到出乎尋常。「我跑去找以前念博士班時曾經合作的理論學家，他做了一些理論推導，讓我相信這可能是前所未見的巨大聲子訊號，比過去文獻發表的訊號強了一千到一萬倍。」孫啟光本來不太相信，但既然從各種跡象都確定是聲子，乾脆順著這個意外發現繼續做下去。「其實學術界有趣的事情大多是不經意的意外發現，這往往是最有價值的。如果是已知的事情，就表示你只是跟在別人的後面而已啊。」

他們推敲了一番，認為成因可能來自氮化鎵這種「壓電材料」。顧名思義，對壓電材料施以物理壓力時，材料會因為形變而電極化，這是因為材料內的電偶極矩會因壓縮而變短，為了抵抗這種變化，會在相對表面上產生等量的正負電荷，等於把機械能轉換成電能，稱為「正壓電效應」；同理，如果對壓電材料施加電場，則電偶極矩會變長，為了抵抗變化，壓電材料沿著電場方向拉長，也就是電場的作用造成形變，是電能轉化為機械能的過程，稱為「逆壓電效應」。

孫啟光推測，壓電材料可以把電能轉換成機械能，使材料拉長、膨脹，因而產生超音波。「我們要讓氮化鎵長出只有幾奈米那麼小的量子阱時，等於在其中造成形變壓力，累積了能量。等到我打了一道光之後，光產生電子，電子在材料裡產生電壓，於是累積的形變能量就以超音波的形式釋放出來了。」

這個結果令孫啟光非常驚喜，沒想到實驗中的干擾訊號，其實是一種特殊的物理現象，他決定將之取名為「奈米超音波」（nano ultrasound），意思就是奈米等級的超音波，波長則由長晶過程決定，目前可以短到只有零點五奈米（五埃），最長則約為二十到三十奈米。

事實上，過去科學家也曾用壓電材料產生超音波，但從來沒有想過以長晶的方法將材料製造成奈米等級，因此孫啟光誤打誤撞，做藍光材料時，以奈米晶體製造出意想不到的奈米超音波。「剛好當時大家對氮化鎵已經了解得差不多了，在藍光材料方面只剩下一些不是很先驅性的細節問題，於是我乾脆用同一類材料，轉而做奈米超音波這個看起來很有趣的題目，完全是個意外發現。」

## 用奈米超音波探勘奈米材料的微細結構

發現這個獨特的科學現象後，為了找到最好的應用方向，孫啟光透過申請奈米國家型計畫的機會，先了解奈米超音波的基本特性，再推廣到解決其他的科學問題。「這可以說是水到渠成。你可以想像，那時我是一個剛回台灣的小教授，本來只能申請一點經費做一些小題目，」孫啟光回憶當時決定深入了解奈米超音波的想法，「有了奈米計畫的較多補助，則讓我開始思考，是不是可以更有企圖心、更積極一點，把過去沒有人知道的奈米超音波，變成可以解決其他問題。如果沒有這筆經費，我很可能不敢挑戰這種沒有人做過的題目。」

事實上，奈米超音波不只是沒人做過而已，過去的聲學理論在這個頻率（兆赫，兆為十的十二次方）附近非常有爭議，多半是熱傳導上觀測到的各種不正常現象，而且討論的文章多半起始於四十年前，往後又沒有太多實驗討論了。「所以我開始執行奈米計畫時，先比對過去的理論，然後要問：奈米超音波到底會不會在材料裡傳播？傳播時發生什麼事？與以前的古典理論比對又是如何？」連這麼基本的問題都還沒有得到確認，可見面臨的挑戰是很大的。

了解基礎現象、知道優點和限制之後，孫啟光便著手發展「奈米超音波影像技術」，也就是以奈米超音波去探測奈米結構的影像。影像的解析度決定於波長，過去的超音波多半是毫米或微米等級，如今孫啟光做的是奈米超音波，也就等於可以達到奈米等級的空間解析度，令人十分期待其應用性。

一個可以期待的方向是奈米音波在奈米柱內的傳導情形，也就是奈米波導。孫啟光說，未來電子元件會愈做愈小，關鍵便在於如何散熱，因此材料之間奈米等級界面的熱傳導究竟發生什麼事，很需要好好了解。「簡單來說，如果要了解一種新的光學現象，我們會使用單波長的雷射（即所有光子相位相同的『同調光子』）來做研究，而不會使用燈泡（不同光子之間沒有相位關係）。而我現在握有的是一種『同調聲子』，擁有非常精準的相位資料，於是研究這些聲子在奈米界面如何傳播，也就能了解界面的熱傳播現象，再據以改善電子元件的設計。」

第二個方向更有趣。就像大地探勘人員會發射超音波，藉由反射回來的訊號來了解海床或地質結構，孫啟光則是讓他的奈米超音波向材料表面發射，使音波穿越一層層奈米等級的材料結構，再收集反彈回來的音波，就知道下方的奈米結構是什麼樣子，等於是「奈米結構探勘」。「你可以想像原子力顯微鏡是做表面的探勘，奈米音波則是深入內部結構，做內部的探勘。」孫啟光希望得到新的物理科學知識，再帶動相關影像技術的發展，一步步向前推近。

「學者需要知道自己在學術界的存在價值，例如教育學生、解決科技的重要問題，或指出全世界都接受的新發展方向等。現在全世界都知道『奈米超音波』是台灣創造出來的新名詞，是我們自創的領域，真的很有成就感！」這種開創新領域的自信與活力，讓孫啟光在學生眼中具有獨特的魅力，「也因此，我很感謝主持奈米國家型計畫的吳茂昆和李定國等人給我很多機會，他們認為這是很有趣的題目，也一直支持鼓勵，我會覺得國家型奈米計畫沒有他們，就不像是我所認知的奈米計畫了。」

孫啟光坦言，吳茂昆經營奈米計畫的方式與其他國家型計畫很不一樣，很願意支持青年科學家天馬行空的研究構想，也造就許多精彩有趣的研究，否則研究者經常要面對「這對產業界有什麼貢獻」的質疑，如果沒貢獻，經費往往會遭到刪除。「當然啦，吳茂昆也有這方面的壓力，他一方面扛起責任、給我們空間，另一方面也會鼓勵我們去思考有沒有產業化的可能。不過科學家永遠都有自己心目中的優先順序，如果大家都能完成自己心目中最重要的研究，相信對台灣的學術界是一件好事。」

## 界面水：水最靠近空氣表面的那一層水很像冰？

眾所周知，超音波已經廣泛應用於觀測人體內部，例如用超音波進行胎兒檢測、內臟疾病篩檢等。那麼，奈米等級的超音波可以有什麼樣的用途呢？吳茂昆院士看到孫啟光發展出來的奈米超音波，非常感興趣，而他問的問題也和我們一樣：「你要用這個技術來看什麼？」

一開始，孫啟光從電機本行觀點出發，想用奈米超音波來檢測半導體材料，因為全世界都在找更好的半導體元件非破壞性檢測方法。「不過檯面上已經有不少方法，也行之有年，要大家接受新技術有點困難，我還不如找到一個迫切需要檢測方法但大家都束手無策的題目。」

腦中總有很多異於常人奇想的孫啟光，這時想到學生時代聽過的一個有趣題目。「我在哈佛念書時，加州大學柏克萊分校的沈元壤院士回哈佛演講，我在哈佛的第一個指導教授布洛姆伯根（Nicolaas Bloembergen，一九八一年諾貝爾物理獎得主）也是他的指導教授，」沈元壤是教授的開門大弟子，孫啟光則是關門弟子，當時這位大師兄已是國際知名的非線性光學物理學家，「他演講的主題是液態水與空氣接觸的那一層界面水（interfacial water），他居然說，那層水的結構和冰是一樣的！」眾人驚呼，水與空氣之間怎麼可能有一層冰？孫啟光聽了開懷大笑，或許也回想起自己當年受到吸引的震驚反應吧。

所謂的「界面水」，指的是液體水和空氣或固體的接觸界面那一淺層水分子，會和內部的液體水有截然不同的性質，這是因為與內部水相較，界面水與空氣或固體之間多了或少了一些作用力。

孫啟光說，沈元壤於一九九〇年代提出界面水的論點，是他最有名的研究。他說一杯水放在空氣中，最表面那一層界面水的結構非常類似冰，而且是非常漂亮的冰，並指出水分子如何排列。孫啟光覺得這題目實在太迷人了。「我回台灣之後，沈元壤又發表一篇新論文，指出冰的表面第一層結構非常類似水。」孫啟光停下來，微笑看著眾人反應更大的驚呼。「沈元壤說，冰刀為什麼可以在冰面上滑行呢？教科書上說是因為壓力，但那根本是錯的。他的研究指出，冰的最上面幾層結構非常類似水，是液態的，很滑溜，他並支持早年法拉第的觀察是正確的。」孫啟光說，沈元壤發表的文章大都與界面水有關，這讓他深感好奇，很希望有朝一日能夠親眼見到界面水的結構。

水具有非常特別的性質。第一，生物體內最重要的分子就是水，這種特殊的極化分子，使得地球上最終演化出能夠充分利用其特性的生物。可以說，生物細胞所接觸到的水，就是最表層的界面水；蛋白質或ＤＮＡ分子有所作用和表現，所接觸到的也是其周圍的界面水。顯然在生物學方面，界面水扮演了重要角色。

第二，界面水與能源問題有關。未來該怎麼儲存能源呢？目前認為氫能源應該可行，把水電解變成氫和氧，將能源儲存於氫。而電解水的反應發生在界面處，電子在半導體或金屬界面處發生轉移。「如果問，在半導體的界面上，水如何分解？你會發現過去都是以化學反應模型來解釋，沒有任何物理模型，這表示大家並不知道實際上發生什麼事，沒有物理模型就無法解釋實際過程，也無法改善效率，只能試驗各種化學材料。」

第三，水資源也是全世界的重大議題。很多地方都缺水，因此奈米科技有個很有名的例子，像是葉子早上出現露珠、昆蟲的外殼可以集水等，都是探討如何讓水蒸氣凝結成水。另外像是親水性和斥水性的問題，甚至海水淡化等等，都與界面水性質直接相關，都是水資源的有趣議題。

可見得，水牽涉到生物、能源、資源問題，所以界面水的謎團很值得研究。

## 以獨門技術「奈米超音波」觀測界面水

孫啟光說，目前很少有方法可以直接看界面水的分布，多半是間接方法，要找到一種影像技術可以觀看又不會干擾到界面水，是非常不容易的。「目前提出的方法非常多，例如中子束，解析度很高，但只能看到界面水的一個面向而已，」孫啟光舉例說，很多人都不知道李遠哲做什麼研究，「他最有名的研究就是利用分子束研究反應動力學，而他的研究也包含水分子簇！可見很多重要科學家不約而同地認為，『水』是未來的關鍵研究題目之一。」

因此，孫啟光想運用自己獨門的奈米超音波技術，看看界面水究竟有什麼特性。「與物體接觸的界面水包含好幾層分子，而水的一個分子大小是三點五埃，我的技術的解析度是二點五埃，不就可以看到一層水嗎？當然也想更進一步，看水與物體表面接觸時的動態變化。」

然而奈米超音波是他所研發，用這種技術看界面水更是僅此一家別無分號，所有的基本資料都要自己慢慢累積。「我現在用奈米超音波看界面水的分子密度，以及水分子之間的彈性係數，彈性係數決定了能量的傳遞，換句話說就是看界面水的硬度。」聲子會受到水分子行為的影響，因此他們著手分析回波的相位和強度，建立各項回波訊號與實際結構間的關係。「可以這樣比喻，婦產科用超音波照出胎兒的影像，原理是什麼呢？我們要先了解人體的彈性和相關係數，再根據音波的回波時間來決定回波點的位置和距離，或者根據強度和相位計算出彈性方面的參數，而腦、心臟、肌肉、空腔等不同組織有不同係數，綜合起來才成為你看到的圖像。」因此，先建立奈米超音波各項係數所代表的意義，是孫啟光的當務之急。

目前相關結果尚未發表，但孫啟光忍不住透露最新的成果。「我只能說，結果太有趣了，第一層界面水比冰更像固體，密度很高，彷彿受到表面力的吸引而變得非常緻密。」過去沈元壤說界面水很像冰，因此大家認為界面水可能是不太會動的水分子，但似乎沒有人像孫啟光說界面水比冰更像固體，令人期待未來的發展，例如這麼像冰的界面水，究竟如何與其他分子發生作用？

## 探索未知領域不易發表論文，需要極大勇氣

然而最嚴重的問題是，水看似簡單，事實上太難研究了。「我們對界面水的了解實在太少，太難研究了。」孫啟光笑著說，有人開玩笑，叫他不要再被那些前輩騙去做這種研究了。再加上奈米超音波是全新的工具，沒有人了解其性質，「沒有任何文獻可以參考，做出來的數據要如何取信於人？這些都是挑

戰。」幸虧過去幾年時間，中研院原子分子研究所的郭哲來幫忙做分子動力學研究，計算得到一些理論基礎，郭哲來也於二○一二年拿到中研院年輕學者研究著作獎。

「我每天都自問，我看到的究竟是什麼？現在只祈求，最終能夠知道自己看到的是什麼。」在台灣，大多數學者只求趕快累積論文的點數，像孫啟光這樣投身於一個沒有前人也沒有來者的未知領域，需要極大的勇氣。「我們現在碰到的難題是找不到人協助審查論文研究的初稿，因為沒有人用奈米超音波去看水，這件事在科學界是不存在的，」即使深陷困境，孫啟光依舊不改樂觀，歡樂的語氣簡直像說著別人的軼聞瑣事，「例如我投稿了，期刊只給了兩個意見，一是再做多一點吧，叫我也要做有爭議的部分，但我現在當務之急是要建立技術，怎麼可能做有爭議的東西？另一個意見是細節講得不夠多，我想應該是因為審查委員看不懂。這是新領域的難處，必須要寫一些背景資料，但如果光是背景資料就寫了一百頁，根本沒人想看啊，最後拒絕刊登又是因為背景資料不夠詳細。」孫啟光講得自己笑起來。

「這個題目對我來說很迷人，不過對學生來說是一場災難，因為很難發表論文，」孫啟光看似精神奕奕，卻也語帶無奈，「所以我必須同時研究其他題目，每年發表的十幾篇論文也都不是這方面，為了生存不得不如此，只不過我自己很清楚，界面水是我真正最有興趣的研究題目。」

## 星戰計畫：用電磁波震破空氣中的病毒顆粒

由奈米超音波到界面水，乍看沒有關聯，但其實有一個研究主軸貫穿其中，即關於聲子的研究。由這個主軸向外延伸，孫啟光的另一個研究主題，是奈米材料裡面的振動量化研究，簡稱奈米聲學（nano-acoustics）。他利用電磁波會引發奈米或分子結構振動的現象，深入了解奈米結構的振動，並嘗試發現新的振動模態。這個看似接近基礎物理學的研究，後來意外衍生出公共衛生方面的應用，再次開創出一條有趣的研究之路。

孫啟光說，不同形狀會有不同的振動方式，就連球體也有很多種振動方法，其中一種比較少人討論的振動模式非常有趣，即質心與外圍的相對運動。「你可以想像一顆雞蛋，蛋黃和蛋白的移動方向有可能是相反的，」孫啟光笑說，這種運動沒有人看得到，他就想要探討，「不過呢，沒有人看得到是有道理的，因為很難看到嘛！」他總是喜歡挑戰別人做不到的題目。

台大化學系的周必泰教授做過很多第二型量子點（type II quantum dots）的研究，第二型指的是中心和外面的能帶結構不一樣，導致電子與電洞分布於不同區域，與孫啟光想要研究的振動形式很類似，因此他向周必泰尋求協助。「東西這麼小的時候，為了要達成熱平衡，必須以各種方式振動，只是我們看不到，所以必須證明這種振動確實存在。」

但是實驗過程中，用量子點做出來的數據不太準確，因為周必泰幫忙做的顆粒很難控制大小一致，那該怎麼辦呢？這時，孫啟光突發奇想：「球狀病毒總該每一顆都一樣大吧?!」病毒很有趣，它們的內含物（ＤＮＡ或ＲＮＡ）和外殼（蛋白質）帶有不同的電性，與第二型量子點很類似，因此病毒應該會有相似的振動行為。

但這還不是最有趣的。孫啟光發現，如果外加的電磁波頻率剛好與病毒的質心和外圍相對振動頻率相同，病毒的振動會愈振愈大，就像地震波剛好與橋梁的共振頻率相同，會讓橋梁劇烈振盪。這一個性質，讓孫啟光意外找到有前景的應用方向。一開始，他們試了很多種病毒，大小不同，振動也會不同，所以可以用來做病毒檢測。「不過說老實話，這種事情還蠻無聊的，因為病毒的檢測方法很多，」孫啟光很會說冷笑話，舉座大笑，「而且病毒突變快，卻不會讓大小有所差異，所以這種檢測是有限制的啦，價值不大。」

然而，他們倒是想到另一種更好的應用：如果病毒會跟著電磁波共振，豈不是可以振動得厲害些，把流感病毒震破、殺死？這個突發奇想簡直太妙了。於是從二〇〇八年開始，孫啟光和台大醫學院高全良教授合作破壞Ｈ１Ｎ１病毒，高全良是全台灣第一位純化出ＳＡＲＳ和Ｈ１Ｎ１病毒的人。「他的實驗室養了很多Ｈ１Ｎ１病毒，我們已經合作多年，」孫啟光說，雖然每次實驗的結果不太一致，不曉得是否與病毒突變有關，但至少結論滿有趣的，「只要用非常微量的電磁波，就可以讓病毒振動到破掉，不但失去感染力，內容物也很容易受到其他力量破壞。例如病人打噴嚏，空氣中會充滿病毒顆粒，這時候就可以透過電磁波做疫情管控，消滅空氣中的病毒。」孫啟光說，這情節宛如科幻影片，他們都開玩笑說這是「星戰計畫」！

那麼，若病毒位在體內，能不能用這種方法把病毒震破，做為治療方法呢？孫啟光希望未來能做這樣的實驗，不過情況比較複雜，因為病毒黏在細胞或組織上時，振動頻率會不一樣，而振動又不能傳給人體細胞，以免造成傷害。「無論如何，我們覺得還是值得做實驗，例如口含一個振動源，把喉嚨內的病毒殺死，結果上呼吸道感染就好了之類。」不過這種方法顯然無法應用在體內很深層，孫啟光說那樣需要的能量太大，基本上對人體是有害的，只有黏膜之類的表面有機會運用。

另一個很有前景的應用是台灣的蘭花出口產業。「台灣蘭花出口的最大問題是病毒感染，很難行銷，需要有一種方法確保出口的蘭花沒有病毒，」孫啟光說，振動法可讓所有蘭花經過消毒，又不會殺死蘭花，會是一大幫助。「不過我還在嘗試，因為蘭花的病毒是桿狀病毒，而前面提到的是球狀病毒，實施起來比較容易。」也許這是台灣重登蘭花王國的關鍵技術也說不定！

## 以虛擬病理切片技術跨足醫美產業

正職任教於台大光電所和電機系的孫啟光，研究觸角非常廣泛，不但與國內外五十多個實驗室有合作研究計畫，他還有另一個頭銜是「台大分子生醫影像研究中心主任」。最早期在哈佛攻讀博士時，孫啟光接觸到超快光學領域，目前也致力發展「超快雷射」這種技術在醫學方面的應用，主要是新一代生醫影像的呈現，例如做虛擬病理切片、活體的醫學影像，甚至應用於時下熱門的醫美產業等。「可以說，奈米計畫是我的夢想，影像方面研究則比較實用，」孫啟光做了如是注腳，「所以我現在等於有兩個研究團隊，一個做奈米計畫，另一個實驗室設在台大醫院和醫學院。」

在半導體雷射內，電子運動起來非常快速，快到沒有辦法用「電」去量測，只能靠「光」來量測，這種非常精準的量測技術稱為「超快」（ultrafast），時間短到只有幾個「飛秒」，即$10^{-15}$秒。光學技術發展到可以量測「瞬間」這麼短的時間後，就產生了「超快光電」領域，不僅讓光電材料元件發展到全新的層次，也可應用於超精密微加工、量子光學和生物醫學等領域。

所謂「超快雷射」，意思是雷射的脈衝非常短，短於一百飛秒，就像照相機的閃光燈，可讓我們看到閃光短時間內的高速反應。思考超快雷射的醫學應用時，孫啟光心想，超快雷射的脈衝非常短，等於把非常高的能量壓縮於瞬間發出，因此平均功率很低，對人體不會造成什麼傷害；不過，打上去那一瞬間的功率很高，會出現非常強的雷射才產生的非線性現象，平常是看不到的。

「於是我把超快雷射打在某一點，只讓那一個聚焦點能量夠強，收集到的訊號便成為影像上的一個點，最後把一個點、一個點的訊號擷取出來，很類似斷層掃描，綜合在一起，得到的就是一張細胞等級的影像。」孫啟光說，傳統

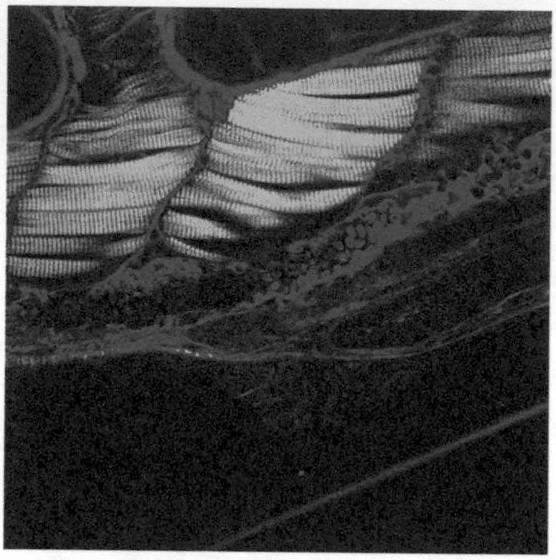

以虛擬病理切片技術，觀察斑馬魚活胚胎的皮下影像，可以看到肌肉的美麗構造（綠色部分）。孫啟光提供。

的病理切片是侵入式的，必須把身體組織切出來、染色、放到玻片上以顯微鏡觀察，「那麼我用超快雷射擷取的影像，豈不是非侵入式的『虛擬病理切片』？想來是一種很有用的工具。」

如果真能應用這種技術，未來可望不需要做實際的切片，病理診斷過程會輕鬆、簡潔許多。「我們現在的目標，是以虛擬病理切片看到傳統切片的所有訊息。」孫啟光手上有兩種好工具，一是超快雷射，應用於人體的脈衝壓低在二十飛秒左右；另一則是奈米超音波，脈衝可達到二百飛秒，視實際的應用目標而定。

一開始，孫啟光與生物學家合作，用這種工具做動物實驗，觀察斑馬魚和老鼠的胚胎發育過程，先確定安全度夠高，如同目前廣泛使用的超音波一樣，而新工具的優點是可以觀察到更細膩的活體變化過程。接著，他和台大醫院的醫師合作進行臨床實驗，以「虛擬病理切片」的構想觀察健康的人體，結果證明方法可行，觀察的深度也很夠，不會造成身體傷害。

目前，虛擬病理切片的研究進度是口腔癌的早期診斷，孫啟光已觀察過癌症病人手術後剛切下的新鮮樣本，「多累積相關經驗，未來則預計在病人動手術切除前，先觀察體內癌細胞的虛擬病理切片。」以後如果能用這種方法做癌症的早期篩檢，就不需要做侵入式的傳統切片了，對病程的先期診斷有很大的幫助，非常值得期待。

正因超快雷射的應用前景看好，已經吸引各方人馬的腦力激盪，想要找出更有趣的殺手級應用。「國外有人想用這種技術觀測試管嬰兒的胚胎內部，選出適合植入母體的胚胎，」孫啟光試舉一例，而他也想到這種技術可以看到即時影像，所以正研究是否可以取代抽血，也就是將雷射打到血管內，直接看到紅血球、白血球跑來跑去等等，「這樣一來，說不定可以取代『流式細胞技術』（flow cytometer），也就是透過流速來分離細胞的生物技術；我們的技術可以直接看到血管內細胞的影像，根本不需要分離。」

孫啟光點子很多，但他沒想到的是，虛擬病理切片的相關機器竟然吸引到醫美產業的注意，因為發展美白、除皺等護膚產品時，會希望知道皮膚究竟產生什麼反應，所以這種病理級的診斷對醫美產業有很大的吸引力。「運用在人體上，安全性測試很重要，目前我們用這種雷射顯微影像儀器照射皮膚，連續照射半小時都沒有問題。」孫啟光說，由於醫美產業對這種儀器的興趣，他也開始很好奇想知道，所謂的美白、抗老化產品，是不是真的讓皮膚產生變化？於是，他與台大醫學系皮膚科的廖怡華教授合作，用這種非侵入式的雷射顯微影像術，觀察皮下組織的基底細胞，發現細胞核會隨著年齡增長而變大，可以當作皮膚年齡的指標。所以在皮膚上塗抹抗老化產品，再觀察基底細胞核會不會變大或變小，也許就可得知產品效用如何了。

這項研究受到許多國外媒體的廣泛報導，特別是引起美妝與護膚產品研發人

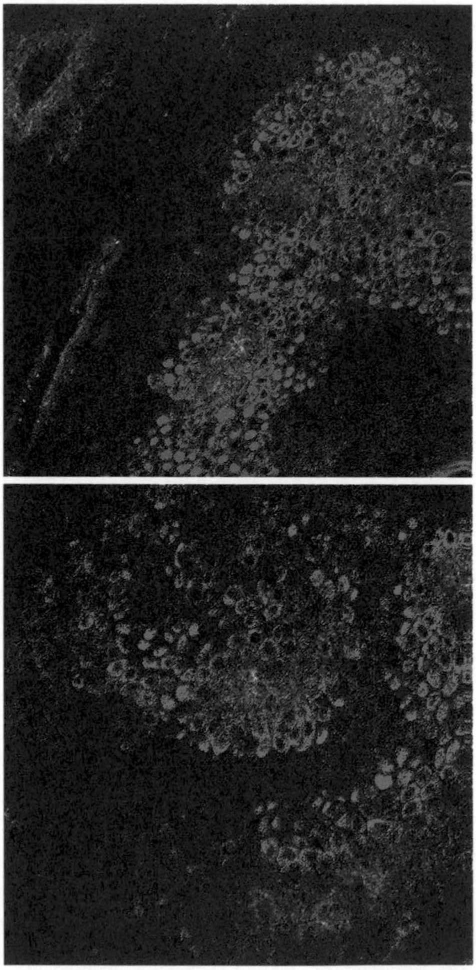

上圖是二十歲志願受試者的皮膚細胞影像，下圖的影像則攝自七十四歲的志願受試者，觀察基底細胞的細胞核，即粉紅色細胞內的黑色部分。影像顯示隨著年齡增加，細胞核變大了。孫啟光提供。

員的注意，他們一直很希望有好的方法可以得知抗老化產品是否真有臨床上的效果。至於美白方面，孫啟光偷偷透露一個小祕密：「像果酸之類的美白產品，其實只是讓皮膚的角質層變薄，看起來就會變得光滑，感覺也變白了，算是物理光學方面的效果，不一定是真的讓皮膚變白。」

## 科學家應該勇於追求夢想，還是安步當車、累積論文點數就好？

在台灣，很少人像孫啟光一樣，自己開創一個領域，先得到新的物理科學知識，然後一步步推動工程方面相關的影像技術應用，而有了別人達不到的工程進展後，再進一步探討更多未知的物理現象，一步一步向前邁進。得到這麼多彩多姿的成果，多半應該歸功於孫啟光自己充沛深厚的研究能量，但他將功勞歸於識人的伯樂。

「我很幸運，有奈米計畫、國衛院計畫等主持人在後面拿鞭子，一邊給我經費，一邊鞭策我，讓我做出原本認為不可能做到的許多成果，走了十幾年的研究路，走到今天這個階段，」孫啟光說，他已經習慣長時間有人支持他去追尋夢想和目標，而如今奈米國家型計畫結束了，「我必須面對一個問題：要繼續這樣追尋夢想嗎？還是應該回歸所謂的『正常』，面對『目標太難、超越了個人能力範圍』的事實？」

這雖是孫啟光謙虛自問的問題，但也等於是為台灣整個科學界所問的大問題：十年前，難得有一個支持尖端科學研究的奈米國家型計畫，讓許多青年科學家得到相較於一般經費更多的補助，做出不少登上全球科學界頂峰的獨特精彩研究，甚至引發更多後進者繼續追尋更好的結果。如今計畫即將結束，我們不禁要問，台灣科學界未來何去何從？應該再繼續追尋夢想嗎？是否已經建立了不同的自信，認為過去由個人提出的夢想，未來只要組織更大的團隊共同參與，就更有機會實現？或者反之，有人會問，台灣適合再投資這樣龐大的金額去做看似高遠的研究嗎？就如同孫啟光自問：「我自己是不是應該恢復比較正常的學者的做法，換一個比較省吃儉用、適合學生做、容易出論文的題目，而不要再追尋原來的目標？」

對孫啟光來說，這是一個大哉問，卻也正是台灣科學界必須共同面對的問題。面對經濟緊縮的大環境，日本和歐洲爭相挹注更多的科學研究經費，希望找到掙脫現狀的全新競爭力。台灣呢？我們應該保守面對現實，做一些小研究，還是應該繼續把格局放大、放眼未來，找尋一條嶄新而獨特、能夠創造下一世代全新競爭力的道路呢？

# 全世界第一位做出螢光奈米鑽石的科學家

中央研究院原子與分子科學研究所研究員 張煥正

撰文／王心瑩

璀璨眩目的鑽石，一直是寶石界的閃耀明星，然而鑽石的價值不僅於此，其無可取代的強大硬度，也在工業界的研磨功能上扮演重要角色。這樣雙重的龐大潛在商業價值，使得人工鑽石的合成一直是熱門研究題目，例如毛河光院士就是其中代表人物之一，他致力運用高溫高壓的氣相沉積法長出大顆鑽石，二〇〇五年宣布可用牛糞所產生的甲烷沼氣，快速合成出十克拉的超大顆人工鑽石，號稱「把牛糞變鑽石」，震驚各界。而近年來奈米科學界對於碳元素衍生材料的研究，更讓鑽石開拓出另一個新舞台，鑽石薄膜一度成為半導體界的新星。

一九九〇年代初期，中研院原分所進行一項鑽石人工合成方法的大型研究計畫，吸引不少年輕研究者加入，其中一位不但深受影響，後來更將整個生涯投注於奈米鑽石，使台灣在這方面獨步全球，開創出一個全新的研究領域。

他是中研院原分所研究員張煥正。他彷彿擺盪於鑽石舞台的左右兩個極端，從原本參與合成大顆鑽石，漸漸看出尺寸極小的奈米鑽石具有極大的生物醫學應用潛力，中間歷經將近十年毫無成果，但終究堅持自己的興趣，最後真的做出閃爍著璀璨螢光的奈米鑽石，目前更朝向疾病標識和精準投藥等生醫應用方向邁進。

## 偶然間找到畢生追尋的研究目標

張煥正從美國印第安納大學拿到博士學位，歷經哈佛三年的博士後研究，練就了一身打造光譜儀器的真功夫，因此一九九四年回到台灣時，加入了原分所的人工鑽石研究團隊，與林景泉、陳貴賢等研究員合作，發揮他的光譜學專長。「在鑽石的氣相沉積成長過程中，會用到很多氫原子，我們想了解氫原子在生長機制中扮演的角色，」張煥正回憶當時參與研究的契機時表示，「剛好我在博士期間的工作，主要是研究表面吸附分子的紅外光譜，而氫原子也會吸附在氣相沉積的表面，所以我就以紅外光譜來看氫與沉積表面的鍵結情形。」

在這個偶然參與的研究計畫中，張煥正深入了解各種不同的鑽石，漸漸不像其他人想做大顆鑽石，而是對於深具生醫應用價值的奈米鑽石產生興趣。「可能因為我大學讀的是農化系土壤肥料組吧，會往生物醫學方面跨領域是很自然的，」張煥正以前在台大農化系跟隨洪崑煌教授學習黏土礦物，研究這些顆粒要如何分離、有什麼樣的表面特性等等，「剛好這些背景都可用在做奈米鑽石，差別只在於黏土礦物的顆粒是微米大小、稍微大一點，加上鑽石含碳、黏土含二氧化矽的材料差異而已，所以我會對奈米鑽石產生興趣是很自然的。」

「碳」是非常重要的生物組成元素，因此碳六十、奈米碳管、石墨烯等「奈米碳家族」是近來的熱門研究主題，很多人希望能找到生物醫學用途。「不過有人認為奈米碳材可能有毒性，例如奈米碳管的結構細細長長的，類似石棉，很可能對人體有毒，」張煥正解釋這些碳材的優劣，「另一方面，奈米碳管的製造過程要放入很多金屬催化劑，等到純化時，去除金屬並不容易，甚至會破壞奈米碳管的構造，這些都是缺點。」

張煥正發現奈米鑽石就沒有這些問題了，「因為鑽石的活性很差，可以用強酸強鹼洗得很乾淨，也不怕破壞其構造，純度一定比其他碳材好，這點對生物醫學方面應用很重要。絕對不能殘留金屬，那會是毒性的來源。」

不過以前很少人研究奈米鑽石，主要原因是合成鑽石的過程中必須施加高溫高壓，不像奈米碳管、石墨烯、碳六十那麼容易在實驗室合成，所以奈米鑽石這種研究題目沒辦法變得普遍。倒是生產鑽石的背後有一些很好玩的故事，這讓張煥正想到，應該可以透過一個管道取得研究材料。

鑽石在工業界當作研磨工具，早期並不要求拋光到很平坦，只要使用微米大小的顆粒就夠用了，但是製造過程還會產生奈米大小的碎片，最小可以到一百奈米。「陳貴賢跟我講過一件很有趣的事，他說美國奇異公司的倉庫裡堆了大量一百奈米大小的鑽石，沒有人知道該怎麼用，所以賣得很便宜，一克拉只要一美元！」不過現在半導體工業已經達到奈米尺度，使用的鑽石顆粒愈來愈小，奈米鑽石這種材料終於受到重視。「總之，每年的人工鑽石產量高達幾百萬克拉，相當於幾噸重，副產物碎屑就很夠我們用了，沒有必要自己生產。」於是，張煥正直接購買高溫高壓法製造的奈米鑽石，解決了來源問題。

材料到手之後，為了讓鑽石產生功能，必須先做表面處理，以化學方法做修飾。「其實我根本不知道該怎麼做！」張煥正笑著坦承，「當時奈米金粒子很多人做，表面化學了解得比較清楚，例如在奈米金的表面放上硫基（-SH），因為奈米金和硫的鍵結很強。於是，我也想在奈米鑽石表面試試看，用的是二甲基硫。」他的學生在原分所五樓做這個實驗，結果只做了一次，「連最遠的地下室都有人打電話來抗議，因為二甲基硫臭死了！」那時是一九九五年，事隔多年，張煥正回想起當時的糗事依然大笑不止，「所以我們的實驗做一次就停了，從此不敢再做。」

## 十年的潛沉蓄積，跨足分子束與天文光譜學研究

令人驚訝的是，他這一停就是十年，直到二〇〇四年才重拾研究。對比於目前他在奈米鑽石領域的巨大研究能量，很難相信他最想做的這個題目，竟然曾經收在抽屜裡長達十年之久。「剛好那時候有機會跟著李遠哲院長做實驗，我沒想太多，就跑去學他專長的分子束和離子物理。」張煥正說話的語氣聽似輕鬆，但不難想像，這個挫折在他心中盤桓多年，久久不能釋懷。他的研究生涯看似來了個小轉彎，與奈米鑽石研究無關，沒想到冥冥之中埋下了伏筆。

當時是一九九五年，李遠哲準備從美國加州大學柏克萊分校回到台灣，需要有人幫忙把儀器搬回來，「他聽說我做博士後研究時做過分子束，於是找我去辦公室，問我要不要幫忙，所以我去柏克萊半年，學會操作儀器，回來之後

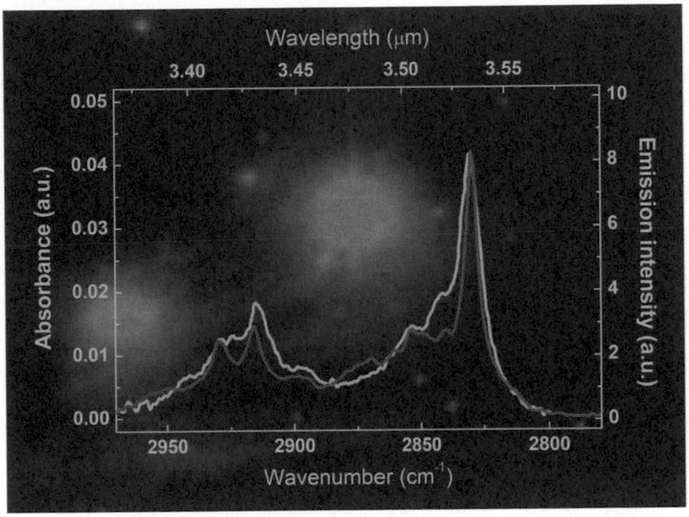


圖中的紅色曲線是張煥正觀察到的奈米鑽石表面碳氫鍵的紅色光譜，綠色曲線則是觀察天體「Elias 1」所量得的光譜，基本上二者吻合。張煥正提供。

用那台儀器做了六、七年的實驗。」當時的原分所所長林聖賢、李遠哲和他以質子束讓水分子質子化，研究水離子團簇的光譜，不但延續李遠哲在柏克萊的成果，甚至開拓出新的方向，研究成績斐然。不過張煥正做到二〇〇〇年左右就不太做了，因為這個領域發展到太過成熟，李遠哲自己已經耕耘了二十年，做得非常好，又得過諾貝爾獎，比較難有新的突破。

「當然我沒有放棄做奈米鑽石的想法，一直念念不忘。」所以在這段期間，張煥正偶爾也拿起鑽石把玩一番，例如在一九九七年，他做了奈米鑽石表面碳氫鍵振動的紅外光譜研究，結果研究生涯又出現另一次意外，讓他由物理化學界跨足到天文學。

鑽石的組成元素是碳，而碳的總量在宇宙中排名第四（前五名是氫、氦、氧、碳、氮），因此很多人認為太空中一定有鑽石，但是很難鑑定，想來大概只能依靠光譜。「我們發現鑽石表面的碳氫鍵有一個特別強的吸收峰，當時我就想到也許可以作為天文學的證據，因為我在哈佛的指導教授克倫貝勒（William Klemperer）對天文學很有興趣，我自己也喜歡看各種領域的論文。」然而早期的天文光譜品質並不好，去圖書館也找不到類似的光譜，甚至還有知名天文學家的論文說峰值與張煥正的結果不同，讓他很失望。

兩年後的一九九九年，有個法國天文學團隊發現，在蝘蜓座和金牛座的黑暗星雲內，有兩顆恆星的紅外光譜出現一對神秘譜線，剛好與張煥正做的紅外光譜非常吻合，於是寫信向他索取資料，終於確認那真的是奈米鑽石的譜線。這是第一次以光譜方式證實宇宙中確實有奈米鑽石，讓張煥正意外與天文學家建立合作橋梁，後來更與天文學家郭新合作發表另一篇論文，以另一條大紅光譜線證實天文奈米鑽石的存在。

而張煥正沉潛的這段期間，科學界對鑽石的研究開始有些突破，微微照亮了奈米鑽石的研究道路。一九九七年，有位德國科學家在《科學》期刊發表一篇論文，指出鑽石單晶純度很高，但還是有雜質，其中一個很有趣的雜質是氮；氮這種雜質很常見，以高溫高壓合成鑽石時，平均會含有一百個百萬分率（ppm）的氮，這是因為氮原子的大小與碳原子很接近，容易取代碳的位置而散布在鑽石構造間，其他元素則不容易進入。

重點來了，鑽石若含有氮，就會變成黃色，也就是所謂的黃鑽。「這裡面包含一個很有趣的故事，與居里夫人有關。居里夫人不是發現鐳嗎？鐳有放射線，會釋放出 $\alpha$ 粒子。」說到這裡，張煥正的眼神開始發亮。一九〇四年，英國物理學家克魯克斯（William Crooks）把鐳和鑽石放在一起，發現鑽石的顏色改變了，讓天然鑽石從透明變成黃色甚至綠色。很多人對這個問題感興趣，因為顏色特殊的鑽石對珠寶產業意義重大，可以增加鑽石的價值。「例如戴比張煥正實驗室內自行搭設的雷射與各式光譜儀器，持續發展各種影像分析技術。

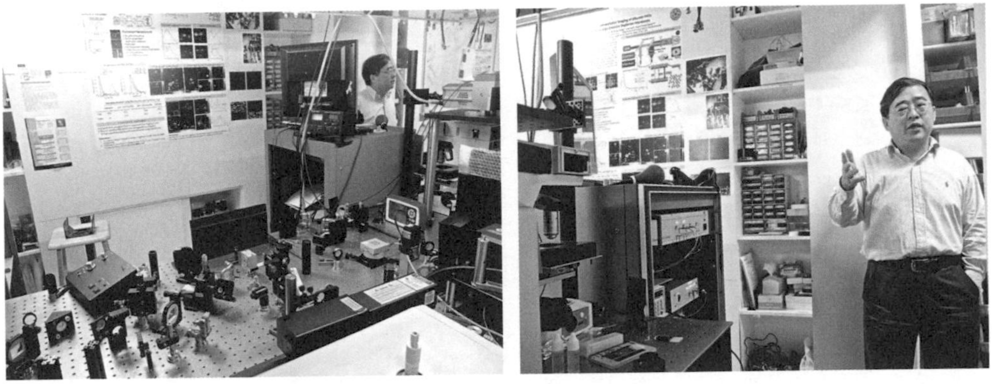

爾斯（De Beers）珠寶公司便找了很多物理學家、花費大筆經費做這方面研究，發現不僅鐳有效，連電子槍，或者用高能加速器射出離子、電子、中子、$\alpha$粒子、$\beta$粒子、$\gamma$射線等等都可以，只要能量夠大，就可以讓鑽石變色。」

後來終於知道鑽石變色的原因，原來是高能粒子把構造中的一些碳踢出去，使鑽石產生缺陷，而如果這個缺洞位置的旁邊剛好有氮雜質，一旦加熱，原本並不穩定的氮和缺陷位置的組合會變得相對穩定，鑽石就變色了。鑽石如果含有不同雜質，又會讓鑽石呈現不同顏色，這便是工業界為鑽石改色的重要方法。

後來物理學家繼續做相關研究，當然不是為了賺錢，而是想了解其中的作用原理。德國人在《科學》發表的那篇論文便提出答案：缺陷位置和旁邊的氮組合起來，其實很像一個分子，它們埋在鑽石深處會吸收能量而受到激發，隨後放出很強的紅色螢光，甚至用光學方法就偵測得到，可以看到每一個缺陷處發出點點的螢光。

## Google的臨門一腳，踢開了奈米鑽石的研究大門

那一點一點的小小螢光，照亮了張煥正內心深處始終沒有放棄的研究之路。「德國人做這個研究，主要是開發量子資訊方面的應用，不過我當時看到這篇論文，馬上就想到，如果把我們的奈米鑽石與這個技術結合在一起，不是很有意思嗎？而且紅色螢光剛好很適合生物醫學方面應用，因為紅色對生物組織有很好的穿透力，可以做生物標示、醫學檢測、影像處理等等，實在太棒了！」

張煥正興奮極了，很想馬上拿奈米鑽石測試一番，然而他不知道台灣什麼地方有能量夠大的離子加速器可用，一時之間竟然不曉得該怎麼做，那點點螢光似乎仍無法清楚照亮前路。直到，令人完全意想不到的關鍵因素終於出現了，是「Google」這個搜尋引擎。「有一天我心血來潮，在Google上面隨意打幾個字，赫然發現遠在天邊近在眼前，中研院物理所根本就有加速器嘛！」張煥正講起這個意外的轉折，自己笑得前俯後仰，「那個加速器的能量有三百萬電子伏特（MeV），已經算滿高的能量了，絕對夠用！」他連忙跑去南港，用離子束打奈米鑽石，一打就得到發出螢光的奈米鑽石。這時是二〇〇五年，距離臭死人的二甲基硫實驗，剛剛好相隔十年，潛沉已久的奈米鑽石終於重見天

日，張煥正成為全世界第一個做出螢光奈米鑽石的科學家。

好事不僅如此，先前從李遠哲那裡學來的離子束技術，原本看似是另一條不相干的路，沒想到繞了一圈竟然接回原來的路！張煥正希望螢光奈米鑽石能夠應用於生物醫學方面實驗，但是如果每次都要跑到南港去，安排到的時間只能做出一點點材料，實在不敷使用。「剛好以前跟著李遠哲院長做研究時學會的離子束技術派上用場，我們實驗室乾脆自己建了一台離子加速器，能量比較小一點，只有四萬電子伏特，不過也夠用了，而且可以每天使用。原分所的同事韓肇中在這方面也幫了大忙。」

張煥正解說小型離子束儀器的原理，可利用這架儀器在實驗室內製備少量的奈米鑽石材料。

當時張煥正向李遠哲學離子束技術時，從來沒想過未來可以和奈米鑽石結合在一起，看似是意外的巧合，卻也印證了研究生涯一步一腳印，沒有僥倖，更沒有所謂浪費力氣的無謂工夫。「我沒有跟著李遠哲的腳步繼續做，但是能讓那個技術產生新的價值，心裡還是很高興。多虧有德國科學家發現鑽石可以產生螢光，Google的出現又讓我找到加速器可用，而我自己學過建造加速器的技術也派上用場，可以說時機終於成熟了吧。」於是，張煥正把奈米鑽石的研究一舉向前推進一大步，早在十多年前就描繪出來的生醫應用遠景，終於可以進入實際研究階段，也開啟了一個獨步全球的全新研究領域。

## 閃亮的奈米鑽石照亮了藥物傳輸與癌症標示之路

螢光奈米鑽石的第一項重要應用，是做為生物標示分子。在細胞與分子生物學領域，為了追蹤研究各種生物分子的運作機制，讓這些分子能夠發出螢光是一項重大發明，許多科學家也致力於尋找更亮、更持久、生物相容性更好的螢光標示法。例如一九八〇年代發明了量子點（quantum dot），這是一種用半導體材料製成的螢光奈米顆粒，廣泛應用於各色雷射、光感測元件、電晶體、儲存材料、觸媒、太陽能電池等，生物醫療顯影方面的用途也很受期待。可惜量子點多半含有毒性的金屬元素，因此活體動物（特別是人體）的應用受到許多限制。

而目前應用最廣泛的生物標定分子，則非螢光蛋白莫屬，一般是把螢光蛋白基因轉殖到目標ＤＮＡ中，一旦細胞裡的特定基因有所表現，同時也會製造出螢光蛋白，於是螢光蛋白可以當作基因運作的指標。「所以螢光蛋白是一種非常強有力的工具，可以做很精準的標定，而且幾乎所有生物都可運用，唯獨不能運用在人類身上，因為不能把螢光蛋白基因轉殖到人體內啊，」張煥正仔細比較螢光蛋白和奈米鑽石的優劣，「說實在的，螢光蛋白這種工具太好用了，

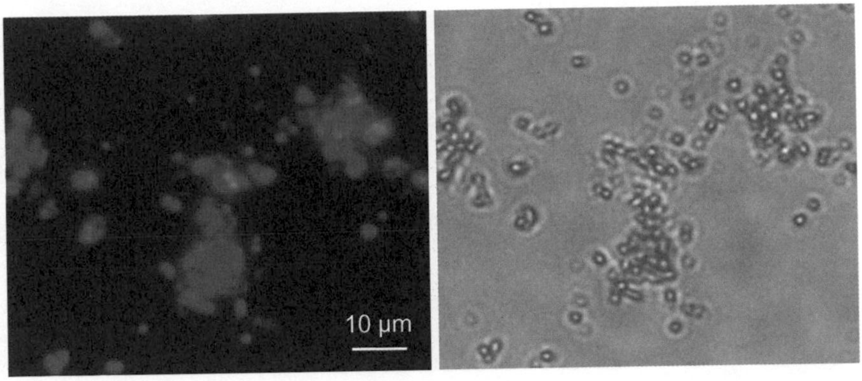


將螢光奈米鑽石餵給細胞後，可以看到細胞發出紅色的螢光。張煥正提供。

螢光奈米鑽石不可能取代它，我們只希望奈米鑽石可以做到螢光蛋白做不到的事，兩者互補。不過倒是希望奈米鑽石能夠取代量子點。」

理論上，我們可以把奈米鑽石放入細胞內，再追蹤奈米鑽石發出的螢光，觀察這些細胞的分布；或者讓奈米鑽石接上特定分子，觀察它們會跑到細胞的什麼地方去。「這方面研究都與生醫學者合作，例如與中研院基因體中心的李仲良、陳鈴津和游正博老師合作幹細胞、與分生所的鍾邦柱老師和細生所的吳金洌老師合作斑馬魚、與台大分子細胞生物學研究所吳益群老師合作線蟲等，」張煥正說，這可能是奈米鑽石最好的應用，「因為奈米鑽石與量子點不一樣，奈米鑽石沒有毒性，不會影響細胞的分裂、分化等行為，看起來細胞根本不理它們，可能以為是代謝廢物吧，畢竟奈米鑽石是含碳物質。而且細胞也只是把它們儲存起來，不會排出去，非常奇怪。」事實上，其他的奈米材料都會受到細胞分解，不能分解則當作廢物排出去。

「我最近和游正博合作幹細胞實驗，把大約一百奈米的奈米鑽石餵到幹細胞內，初步發現幹細胞不會把它們吐出來，也不影響幹細胞的生長與分化。」張煥正取用的是老鼠肺的幹細胞，把含有螢光奈米鑽石的幹細胞打回老鼠體內，讓幹細胞去修補老鼠受

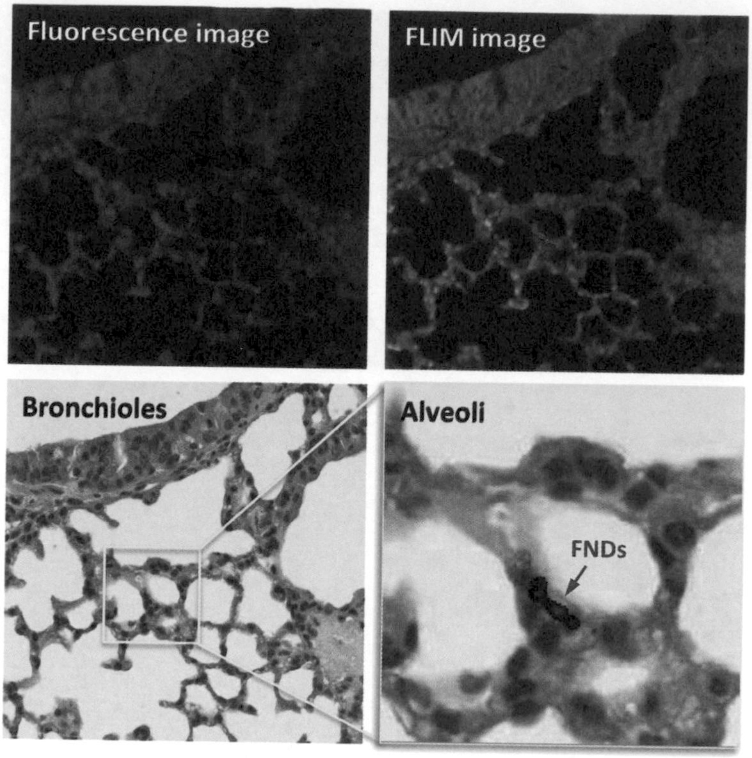


把含有螢光奈米鑽石的幹細胞打入老鼠體內，發現帶有螢光的幹細胞真的跑到細支氣管的肺泡內（見右下圖），修補受傷的肺部組織。張煥正提供。

傷的肺，一星期後犧牲老鼠，把肺部組織拿出來，以奈米鑽石釋放出的螢光訊號尋找幹細胞，「結果真的找到了，可以看出幹細胞跑到肺的哪個部位！」

奈米鑽石的第二項重要應用，則是可以攜帶藥物，目前看來奈米鑽石在體內不會引發免疫和發炎反應，因此可以用來傳遞藥物分子，送到特定的生病部位去。「我們正在和暨南大學應用化學系的吳志哲教授和成大臨床醫學研究所的謝清河老師做一個實驗，讓奈米鑽石攜帶一種藥物叫肝素（heparin），很多血栓病人都要吃這種藥，因為肝素有抗凝血作用，可以把血栓分解掉。」但肝素是小分子化合物，很容易穿過血管壁、跑到組織內而代謝掉，所以病人必須持續用藥，但劑量又不能太高，以免造成血液完全不能凝結。「所以我們想到把肝素接到奈米鑽石上，讓整個分子變大，就沒那麼容易鑽過血管壁的孔洞，肝素也可以在血液裡停留比較久，作用時間拉長，劑量就可以降低了。」不過奈米鑽石也不能太大，以免塞住血管，所以這個實驗採用三十奈米的鑽石；也不能太小，否則同樣會穿過血管壁。「總之，我們在不同實驗裡會選用不同大小的奈米鑽石，達到所要達成的目標。這也是很多人對奈米材料有興趣的原因。」

第三類應用，則是希望讓奈米鑽石接上抗體，以之辨認特定細胞上的抗原，例如在體內找到腫瘤細胞等等，也就得到可以在活體內追蹤生理現象的特定顯影工具了。在這方面，首先要做的是表面修飾處理，讓奈米鑽石可以接上特定分子。張煥正笑著說：「說到這點，就要再提到以前那個很好笑的臭硫實驗，早期我們想學奈米金的做法，把硫放上奈米鑽石，其實那種做法是不對的。奈米金之所以要接上硫，是因為硫可以幫忙進一步接上其他有機化學分子，而鑽石本身就有那麼多碳，可以直接和有機分子相接，何必再接上硫呢？」回頭看以前不成熟的想法，連張煥正自己都笑了。科學研究就像這樣，不斷從失敗中汲取經驗，產生進一步成果。

「後來我發現鑽石的修飾很簡單，只要用強酸洗鑽石就行了，例如用王水，用力清洗後，鑽石表面的碳氫鍵會受到氧化，變成羧基（-COOH）或其他含氧的官能基，像是碳氧雙鍵（C=O）或醚鍵（C-O-C）等等。奈米碳管的表面修飾也是這樣做。」有了這些官能基之後，奈米鑽石會對蛋白質顯現很強的親和力，二者的化學鍵很容易相互作用而結合，因此奈米鑽石一抓到蛋白質就不放，可以作為萃取溶液內蛋白質的利器。

在張煥正描繪的研究藍圖中，這部分的應用占有非常重要的位置。「未來最想讓奈米鑽石接上的蛋白質，當然就是抗體了，例如癌細胞的抗體，把這樣的奈米鑽石放進體內，讓它跑到腫瘤旁邊黏上去，就可以根據螢光訊號找到癌細胞的位置，螢光強度的檢測也可以量化。這是未來想做的主要方向之一。交大生物科技系的趙瑞益老師就是做這方面研究，他主動找我合作奈米鑽石。」

## 「找到台灣獨特的研究之路」

張煥正等待了十年，成為全世界第一個做出螢光奈米鑽石的科學家，近十年來也有比較具體的成果，開創出台灣獨步全球的一個新領域。然而，這種新材料的新應用要獲得廣泛接受，其實還有很長的路要走。

一般來說，生物學家做研究的手段比較保守，這是因為生物系統很複雜，做出來的結果一定要和別人比較、驗證，所以不能自己發展一門獨創技術，以免別人沒辦法重複做出你的結果，無法得知是否為真。「例如螢光蛋白技術已經很普遍，你可以做我也可以做，大家就可以互相比較結果。但如果用螢光奈米鑽石，我會做但你不會做，也就無法比較結果的真假，所以很多人一直不太相信這技術真的有用，」張煥正談起他目前面臨的難處，「生物學家往往要求一種標準做法，大家講好都這樣做，得到的結果才能互相比較。可以說，他們的手段比較保守也是有道理的。」

但因為有這樣的背景，生物學家比較不願意採用新的技術，例如用奈米鑽石標定幹細胞，他們會質疑結果是真的嗎？必須等到產品上市，很多人都用這個方法，變成一種標準做法，大家才會採用。「可是到那個時候，你已經沒有什麼先機了啊！」張煥正苦笑著說，「但即使如此，我還是覺得以台灣的狀況，應該要找到獨特的材料、持續耕耘，而不是跟著別人的腳步苦苦追趕，永遠走不出自己的一條路。」

事實上，張煥正的學術生涯一直走著與別人不一樣的路。「我走的路好像一直都比較獨特，例如我原本讀農化系，同學大多都做生物化學，只有我想做生物物理化學，從物理化學的角度去研究生物問題，可以說很早就確定自己的興趣了。」但是準備出國念書時才發現，當時物理化學最熱門的是化學動力學，也就是李遠哲做的那種經典基礎科學研究，很少跨足到生物方面，頂多只有生物學家和物理化學家合作，但那樣不能產生新的研究想法。「我差點找不到地方念博士，最後只好直接去學物理化學，先把基礎學好，以後再等待機會，自己將幾個領域結合起來。這個情況一直到二〇〇〇年

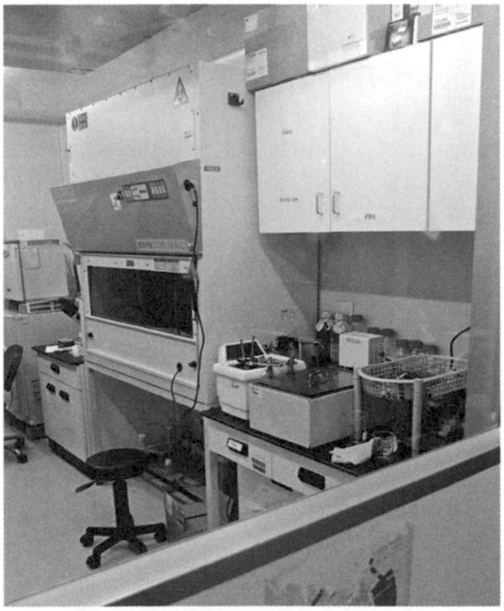
除了離子束與雷射等物理化學設備，張煥正也在實驗室內設置生物實驗設備，用來測試螢光奈米鑽石在細胞內的各種應用。

之後才完全改變，現在生物物理化學已經是非常重要的學門了。」

張煥正的獨行之路，直到研究螢光奈米鑽石還是沒有改變。一開始要找到生物學家合作並不容易，除了大家不了解奈米鑽石，用這種方法也不容易發表文章，因為其他生物學家無從相信這樣的結果，也不曉得有何重要性。「物理學家和生物學家是很不一樣的，」優遊於生物與物理化學界之間的張煥正做了很精闢的分析，「物理學家希望做的東西愈新穎愈好，而且會希望把系統簡單化，但生物學家不一樣，因為生物系統很複雜，不能隨便簡化，一簡化就不是真正的生物系統了。所以兩個領域追求的方向是不一樣的。」

在推廣奈米鑽石的路途上，生物學家的保守確實是個障礙，「不過生物學家也碰到一個狀況，他們彼此會的技術都一樣，優點是那些技術的門檻很低，你買得到我也買得到，效力也真的很強大，但缺點是競爭很激烈，於是很多訊息會隱藏起來不互相傳遞。說實在的，我很感謝那些和我合作的學者，他們願意試用我的材料真的很勇敢！」張煥正笑著說，獨行許久，他依然樂觀。

根據張煥正的判斷，他的材料面臨的問題可以分成幾個層次，其一是目前產量還不夠多，所以首要關鍵是要能夠量產、品管要好，提供更多人測試。「當然如果有大廠牌願意開發、行銷這個技術，寫出清楚的標準使用方法，就會有比較多人使用了，不過應該有很長一段路要走。」

其次，最期待的是通過美國食品及藥物管理局（FDA）的認證，能夠用於人體試驗。「當然我認為這是一個很有潛力的材料，至少就奈米材料來說；如果連奈米鑽石都無法通過，就幾乎沒有其他材料可以用了，因為或多或少都有毒性。」同樣深具潛力的奈米生醫材料還有奈米金粒子，但是顆粒愈小，毒性就愈高；氧化鐵的奈米粒子也頗有潛力，可以做為顯影劑；近來也有很多人研究氧化矽，認為人體可以將之代謝掉，不過還值得觀察。

由於一些科幻電影的加油添醋與過度想像，大眾對於奈米科學存在著浪漫期待，卻也有莫名的恐懼，特別是可以進入人體的奈米等級粒子，相關研究發展緩慢、謹慎是可以預期的。「生物系統這麼複雜，當然要設定很多條件、做很多實驗才能夠做一點點的結論，不像電子產業很快就可以有結果，」根據張煥正的估計，他把研究做出來花了十年，未來真正能夠應用於臨床可能要再等上十年，「總之這種材料很新，一切都需要時間啦，像奈米金，你知道發展了多久嗎？從十九世紀的法拉第就開始做了耶！」面對未來可能要走的遙遠路途，張煥正一點也沒有退縮，依舊爽朗地大笑，充滿期待，「我退休前，如果能夠看到奈米鑽石得到廣泛應用，心裡就會很高興了啦！」

開創出奈米鑽石新領域的這位獨行俠，漸漸地已經不再孤獨，在他自己標示的「螢光奈米鑽石世界地圖」上，如今有德國、法國、英國等歐洲各國的科學家向中研院購買奈米鑽石材料，最近日本人也開始多了起來，加上美國、澳洲、韓國和中國，奈米科學界的這種嶄新材料，終將散放出璀璨光芒。

# 從晶圓拋光到牙齒演化，奈米機械摩擦與量測的第一把交椅

中正大學機械工程學系講座教授兼副校長 **鄭友仁**

撰文／王心瑩

走進中正大學機械系教授鄭友仁的實驗室，迎面而來的精密儀器「奈米壓痕器」頂上，放了一包綠色的「乖乖」零食。「乖乖有紅、黃、綠色包裝，就像紅綠燈一樣，所以一定要放綠色的乖乖，祈求儀器一路順利正常運轉啦！」博士班學生認真地說。對於每天與儀器為伍、賴以產出重要實驗數據的研究生來說，儀器順暢運作可是再重要不過的大事。

正是這台「奈米壓痕器」，奠定了鄭友仁從巨型機械跨足奈米微觀領域的基礎。機械系的研究對象多半是肉眼可見的中大型器械，鄭友仁最初在美國凱斯西儲大學（Case Western Reserve University）攻讀博士期間的研究題目也不例外，他做的是當時最熱門的軸承設計，畢業後立刻獲得通用汽車公司的聘用，研發引擎潤滑設計的軟體工具。但是懷著這一身功夫回到台灣，卻面臨台灣汽車工業沒有研發環境的現實，於是他帶著相關研究概念轉進電子業的晶圓製程與封裝，更隨著電子業的微型化，一腳踏入奈米科技的廣大領域。

## 由大型機械的摩擦研究轉進電子業的晶圓拋光

「學工程或學科學的人都有自己的一個專業領域，」鄭友仁解釋他最基本的研究概念，「我的專業領域是研究兩個物體表面之間的相互

運動或接觸現象，兩個東西接觸，彼此之間會有相互運動而產生摩擦，而我的研究就是看這裡面牽涉到的各種現象，包括摩擦、磨耗、潤滑等。」

事實上，「摩擦學」可以說是一門綠色的學問，如果能降低摩擦與磨耗、增加潤滑程度，可使零組件運轉得更順暢、更輕巧耐用，也就等於能夠節省能源，所以這是機械改良的重要研究題目，例如汽車引擎、工具機、電腦硬碟等等，都可以透過降低摩擦與磨耗而讓產品不斷進化、升級。

一九八○年代，重工業最大的產業是汽車，其次是航太和飛機，而在機械領域，「通用汽車研究中心」的地位就等同於電子領域的「貝爾實驗室」，只招募最優秀的機械工程師，因此在凱斯西儲大學創下「三年就拿到博士學位」紀錄的鄭友仁，自然而然接受通用汽車的延攬，擔任研究工程師。

「我主要是研究引擎或工具機裡面的軸承，看看什麼樣的結構和材料會有比較好的潤滑效果，如果潤滑得好，摩擦、磨耗就小。表面一旦有接觸，就一定會有摩擦，於是要想辦法盡量減少磨擦的損耗。」他果然沒有辜負

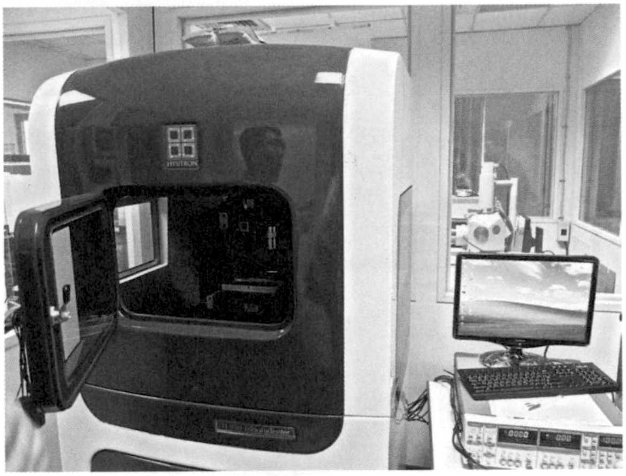

可用電腦半自動控制樣品定位、下壓位置與力道的奈米壓痕器，頂上放了綠色乖乖，求取順利運轉之意。

測試材料摩擦、磨耗的儀器。

通用汽車的看重，研發出一套提升引擎性能、縮短設計流程的軟體，獲頒公司的最高技術獎章。

一九九四年基於家庭因素，鄭友仁決定束裝返國，回到中正大學機械系任教。「回台灣之後，我才發現台灣的汽車工業主要停留在裝配業，只是將取得的零件裝配成汽車而已，沒有研發和品牌。」這個狀況一直到近幾年才有轉變，台灣開始發展自己的汽車品牌，可以說是電子業的翻版。於是剛回台灣時，鄭友仁一方面繼續著力於提升工具機的效能，另一方面也開始思考怎麼將原本研究的摩擦、磨耗、潤滑等方面直接應用在電子業。

台灣的製造業非常興盛，因此製造生產機器的工具機產業一直走在潮流前端。鄭友仁回台灣不久，便設計出高速的滾動軸承潤滑裝置，獲得多國專利；另外他也建立一套統計式的表面接觸力學理論模式，讓過去只能倚靠經驗來解決的磨合問題有了理論基礎，不但節省設計時間，也為台灣蓬勃發展的工具機產業開啟了新的技術契機。「同時，我也開始將研究方向應用到電子業。會有這樣的轉變，其實主要是為學生的出路著想，二十年前台灣最大的產業是電子業，因此這方面可以作為訓練學生的好題目。」不過他沒想到的是，這樣的轉變也帶領他逐漸轉向奈米科技領域。

台灣的電子業是從台積電、聯電等晶圓產業奠定基礎，而鄭友仁開始跨足電子業時，早期很重要的一部分研究就是做晶圓拋光。在晶圓的製造過程中，要將矽晶棒拋光、切片後，才變成一片片的晶圓，接著再將電路和元件製作上去。所謂的「拋光」（polishing），就是把晶圓研磨得平坦。「以我學機械的經驗，以前的機械產品不需要做到非常精細，所以機械所謂的研磨，是用硬的東西把物質磨光，例如用鑽石盤。」然而鄭友仁深入接觸電子、通訊產業方面的應用時，才發現晶圓竟然不是用硬物來拋光，而是用「軟墊」，等於是利用摩擦力來研磨晶圓，因此也牽涉到摩擦、磨耗的問題，這正是他的專業，於是他對這個題目開始產生興趣。

利用軟墊來拋光的方法，最早是由ＩＢＭ實驗室在一九八四年研發出來，後來英特爾公司和晶圓產業界紛紛採用，不過箇中原理並沒有太多人深入研究。「我做了很多年研究以後，事後回想，其實歷史上早就有許多類似的例子，都是用軟的東西研磨器物，例如古代人磨玉是用皮革，那就是軟的東西啊！」鄭友仁說他發現這點後，還叫學生去研讀《天工開物》之類的古籍，把工程系的學生搞得昏頭轉向。「磨玉、磨銅器的最後一道手續，都是用皮革或毛料去磨，表示最精密的最後一道手續，是用軟物去磨。IBM實驗室說不定也是從古代的智慧想到這種方法。」

正由於一腳踏進「軟墊拋光」這個問題，讓過去一直從事摩擦、磨耗等傳統物理學研究的鄭友仁，開始深思其間究竟有什麼樣的原理。「這實在是很好玩啊，傳統觀念都認為硬物的分子結構比較緻密、軟物比較鬆散，兩者摩擦時，一定是硬物把軟物的表面凸起磨掉。那麼，軟物怎麼可能把硬物的表面凸起給磨掉呢？如果能夠想出其中道理，一定能讓研磨結果變得更好，否則不懂道理只能一直嘗試，試到一個階段不容易再有突破，很快就會遇到瓶頸。」

## 軟墊拋光觸發了奈米研究的契機

鄭友仁開始認為，其中的關鍵很可能要細究到奈米層次；也許軟物在非常細微、局部的方面具有一些特性，那是從巨觀層次沒有辦法想像的，因此他開始發展微小尺度的定位能力和測量技術。「剛好那段時間很幸運申請到奈米國家型計畫的補助，添購了一些儀器，包括掃描探針式顯微鏡、原子力顯微鏡等，讓我可以開始想辦法精確測量軟物的微觀層次。」他和學生們合力做了一些改良和轉換，把這些儀器拿來測量一些很局部的力學性質，例如硬度、黏彈性等，頭頂上放了綠色乖乖的「奈米壓痕器」便是其中一種儀器。硬物的變形主要是彈性變形和塑性變形兩方面，而軟物則另有一個中間地帶，在壓下彈回的過程中還有一些能量的消散，這就是所謂的黏彈性；晶圓拋光時使用的軟墊，便是牽涉到黏彈性這種性質。

鄭友仁發現，硬物的相互摩擦，確實可以把表面的突出部分磨掉，但很可能只是磨得細緻，磨細並不等於「磨平」，雖然突出物去掉了，整體表面卻不一定平整，因為凹入處沒有處理到。「而軟物就不一樣了，似乎在每個地方會有不完全相同的反應，局部的作用與性質可以產生很細部的處理，讓研磨結果變得非常平整。」

另一方面，他也推演出一套理論計算工具，正式由奈米力學的角度來探討界面作用現象，逐漸掌握精密尺度下的摩擦與磨耗作用機制。「其實我認為，當初發展出軟墊拋光方法的人，很可能並不曉得真正的原理。我甚至重新去讀統計力學等方面的書，希望把整個問題了解得更透徹。以前做的摩擦磨耗研究，純粹是從運動力學的觀點來看，而學習到理論運算後，了解分子和原子在奈米等級的相對運動現象，才能夠重新從細微、局部的角度來看整個系統。」鄭友仁謙虛地說，他還不能完全掌握箇中原理，但從他欲言又止的晶亮眼神來看，應該是已經掌握到相當關鍵的要點，準備發表論文了。

而研究晶圓拋光之餘，鄭友仁也對另一項工作做出貢獻。晶圓拋光之後，先將電路蝕刻上去，再切割成一塊一塊的晶片；接著，晶片之間要讓導線連接起來，才能用於電子產品。「沒想到，我對於摩擦、磨耗的研究也可以應用在這方面。一般連接兩條金屬導線時，通常都是用焊接的方法，利用高熱讓兩邊金屬物質熔合、連接起來。但是細微如晶片的東西沒辦法承受高熱，一加熱就熔掉了。」原來晶片之間要連接極細的銅導線時，是靠彼此的相對運動摩擦生熱，靠這種很局部、很微觀的熱交換方式，讓線路連接起來。「對我來說這實在太有趣了，晶圓拋光是靠摩擦把多出來的東西去除掉，晶片的連線則是靠摩擦把兩個東西黏起來，所以界面之間的作用方式非常多元。」

鄭友仁說，以前他認為摩擦、磨耗這類議題，要在汽車、工具機之類的大型工業才會討論到，沒想到竟然可以應用在電子業，而且目前電子元件的尺寸愈做愈小，最後做到奈米等級，讓他跨入全新的研究境界。

## 運用奈米量測技術，測量人體最堅韌的材料：牙齒

二〇一二年，鄭友仁獲頒第十九屆東元獎，表彰他對台灣精密機械產業和半導體製程的卓越貢獻。而他除了在機械系任教、獲獎無數以外，目前也兼任中正大學副校長，以及研發處的研發長。從這麼多元的身分來看，不難想像鄭友仁能從汽車產業轉入半導體製程、再轉進奈米科技的觸類旁通，也可以想像這絕對不是他研究生涯的終站。

果不其然，正當逐漸掌握「微觀奈米量測技術」的同時，他也開始思考其他應用的可能性，例如二十一世紀之初最熱門的，生醫領域。

「我做機械研究，又是做表面摩擦耗的現象，於是開始思考，可以讓學生做哪一方面的生醫應用研究呢？這時就想到牙齒應該是不錯的主題。通常硬的東西很脆，例如陶瓷，但牙齒很硬卻不脆，又很耐磨，好好維護的話，童年換牙之後可以使用五、六十年，牙齒這種材料太特別了。」

二〇〇四年，奈米國家型計畫主持人吳茂昆促成台灣與美國空軍之間的奈米科學研討會，召集了全台灣三十多位奈米科技學者與會，鄭友仁也參加了。在旅途上，他認識了成功大學口腔醫學研究所教授謝達斌，謝達斌是牙醫師出身，鄭友仁簡直是遇到知音，於是從自己專長的摩擦磨耗觀點出發，熱切地談起他發展的一些量測工具，以及對牙齒這種材料的一些想法。這次出訪機會，恰巧點燃了兩人之間的合作契機，讓鄭友仁又從機械跨足生醫研究，將他的研究領域繼續向外推展。

「奈米國家型計畫對我有一個很大的影響，就是認識了很多不同背景的研究者，有光電、能源、材料、醫學，光是醫學領域就很廣，有的做癌症、有的做牙齒等等。每個人在求學階段對很多領域都有一點點涉獵，但之後大家各自往專精的領域深入探索，如今藉由跨領域的奈米計畫平台，彼此透過研討會交流想法，彷彿又喚醒以前接觸過的許多知識，讓思考範圍更廣泛，是這個計畫很珍貴的地方。」

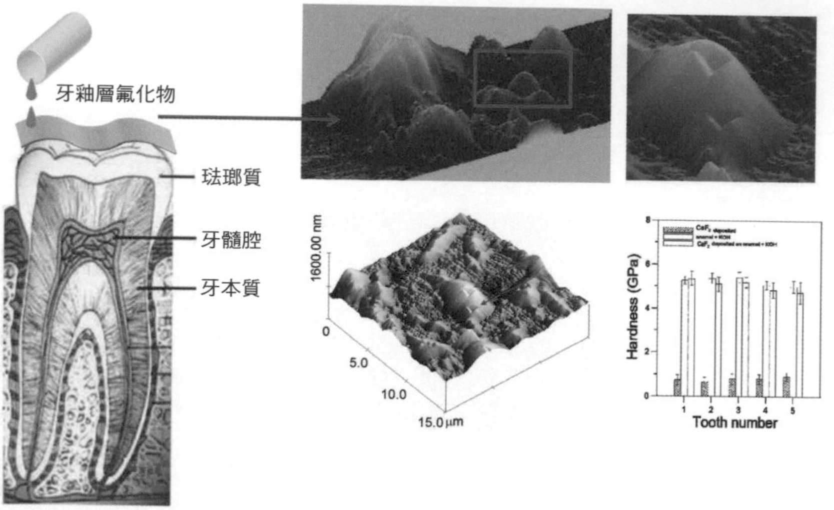


最左圖是牙齒的剖面圖，右上圖是牙釉層氟化物（CaF）的顯微照片，右下則是經由奈米量測技術分析得到的硬度結果。鄭友仁提供。

謝達斌聽了鄭友仁發展的精密量測工具，突然靈機一動，想到牙醫師困擾已久的一個大問題。他說，小孩子不太會刷牙，或者做牙齒矯正的人不方便刷牙，這些人的牙齒需要塗上氟化物來預防蛀牙，而牙醫師發現，雖然過了一年左右都還有預防蛀牙的效果，但事實上塗氟層似乎幾個月以後就不見了。牙醫師一直覺得很苦惱，這是不是因為塗的方法不好？他們甚至不好意思向病人坦承塗氟層其實已經消失了。

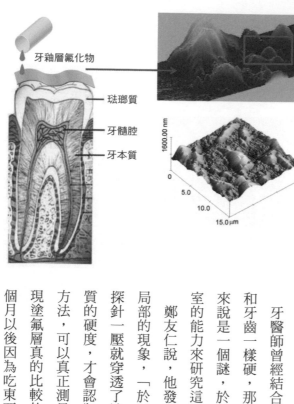

牙醫師曾經結合力學專家研究過，發現塗氟層似乎和牙齒一樣硬，那為什麼會消失不見呢？這對牙醫師來說是一個謎，於是謝達斌希望能夠藉著鄭友仁研究室的能力來研究這個題目。

鄭友仁說，他發展出來的量測方法可以測量到非常局部的現象，「於是發現以前的量測工具不夠精細，探針一壓就穿透了塗氟層，所以測量到的根本是琺瑯質的硬度，才會認為兩者一樣硬。」現在他用精密的方法，可以真正測量到塗氟層的機械物理特性，才發現塗氟層真的比較軟。所以把氟化物塗到牙齒上，兩個月以後因為吃東西、刷牙的關係而磨掉，其實是很

奈米壓痕器，結合了顯微鏡設備以及可控制下壓位置與力道的電腦。

正常的，牙醫師不需要覺得不好意思。而在此同時，有一部分的氟化物會滲透到琺瑯質裡面，所以牙齒整體的含氟量是夠的，後面幾個月的保護效果就靠這部分的氟化物，於是解開了困擾牙醫師已久的謎團。

「硬度」最基本的定義是「抵抗外力的能力」，也就是遇到外力後，能夠抵抗外力產生永久變形的能力。「測量硬度的方法，基本上是用剛才說的探針，朝測量樣本壓下去，這就是奈米壓痕器的原理。關鍵在於你怎麼決定壓得多深？壓的力道是多少？然後從壓的深度和接觸後殘留的面積（壓痕）去反推硬度。在這麼微觀的程度，已經沒辦法用一般的『硬度表』來表示，而是直接用力學理論去計算硬度。」鄭友仁除了具備理論計算的能力，後來又發展出微細的測量儀器和技術，最終將兩者結合在一起，這是解決謎團的關鍵。鄭友仁很驕傲地說，他應該是解答這個問題的不二人選吧。

「雖然我們有奈米壓痕器，但另外還有一個難處，就是要找到適合的量測點。」鄭友仁說，首先要能看到牙齒上面哪裡有氟化物；其次，氟化物若與琺瑯質結合得太緊，等於變成複合材料，探針一壓下去會一起壓到，就無法單獨測量氟化物了，所以其中牽涉到很精密的定位和掃描技術。此外，氟化物的厚度剛好落在奈米等級內，大約五、六十奈米，所以壓下去的變化範圍必須控制在十奈米以內。「這真的是非常精細、非常困難，從某個角度來說，已經接近工藝的層次了，所以研究生的手一定要很巧才行。」鄭友仁笑著說。

不過大家的辛苦總算有代價，因為鄭友仁有一位學生做完測量的研究、拿到博士學位後，依舊對這個題目很有興趣，鄭友仁非常高興，於是決定進一步提出問題：有沒有什麼方法可以讓氟化物停留比較久？大家一陣腦力激盪後，突然想到，雷射不是可以讓局部材料硬化嗎？也就是給予能量，使氟化物熔解、重新結晶，類似加熱後硬化，讓氟化物與琺瑯質的結合變得比較緊密。實驗結果發現，牙齒的硬度與彈性係數顯著提高，氟化物的殘留量提高百分之三十四，抗磨耗性質也有所增加；這個研究成果發表於二〇一三年的《牙科研究期刊》（*Journal of Dental Research*），而且主編將之選為封面故事。

「其實這並不是新的概念，以前也有人提出過，甚至直接以雷射讓琺瑯質更加硬化。我們則是用雷射來硬化氟化物，經過一番測試，慢慢調整適合的能量和強度，在實驗室測試確實是有用的。」鄭友仁很期待未來能受到廣泛應用，造福更多患者。

## 牙齒是人體最堅硬的構造

經過對牙齒做的這些研究，鄭友仁和謝達斌認為掌握了關鍵技術和知識，可測試二氧化碳雷射的不同能量和強度，再結合奈米壓痕器，分析氟化物硬化後的硬度與彈性表現。鄭友仁提供。

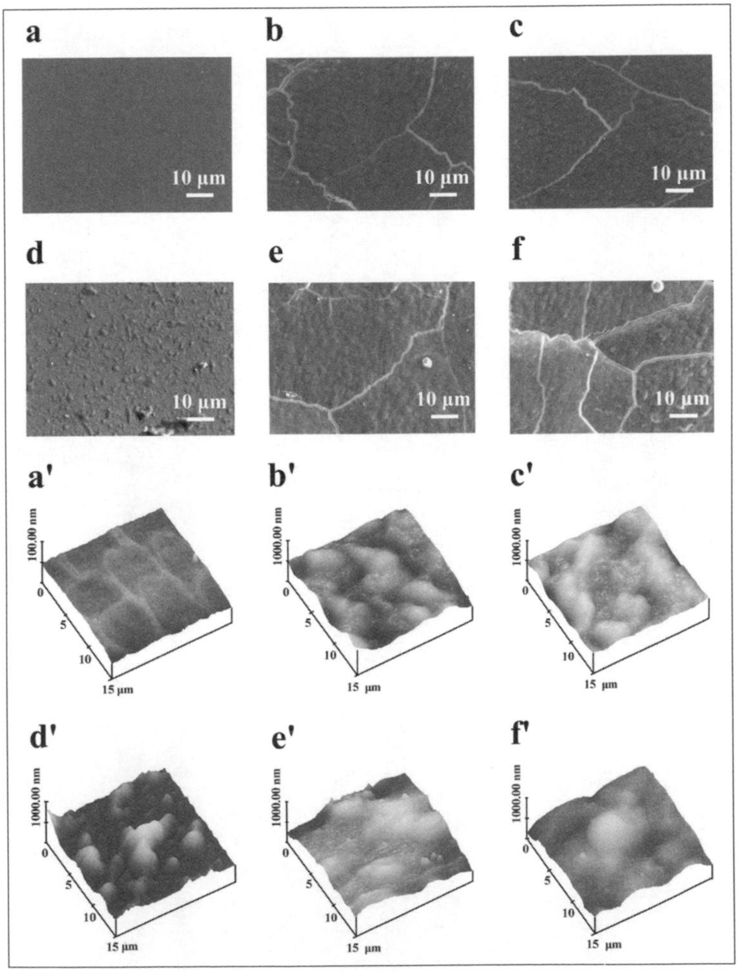


以進一步研究「牙齒」這個有趣的材料。「生物組織有個特性，具有高度結構性，牙齒也是這樣，其實成分非常單純，只由膠原蛋白和磷酸鈣構成，卻能夠形成那麼堅固的構造，這點我覺得非常有趣，就像水泥只是水加砂漿就可以那麼強固。」鄭友仁心想，膠原蛋白明明是很軟的東西，為什麼結合了磷酸鈣，也就是類似石灰的東西，竟然會變成這麼堅硬又強韌的結構？其中一定有很特殊的地方，這正是他想繼續探究牙齒的原因。

牙齒是人體最堅硬的構造，一直有很多人想要研究。牙齒的結構分為很多層，最外面是琺瑯質（enamel），非常硬，主要由鈣和磷組成；再裡面是牙本質（dentin），這一層相對較軟，是鈣化的骨樣組織，會補充生長；接著是齒堊質（cementum）或稱牙骨質，包覆在牙根外圍，並生出很多牙周纖維固著在顎骨上；然後最裡面是牙髓（dental pulp），主要是神經、血管和淋巴管。

牙齒整個結構形成很好的材料，又硬又堅韌，但為什麼會這樣呢？「仔細看牙齒的結構，會覺得和鋼筋水泥很像，中間有一根根基柱，旁邊再有一些材料包覆住，甚至基本分子以立體方式交織而成，從外到內有不同的分層，使結構性質產生連續變化，所以從力學觀點或複合材料來看，都非常特別。」

牙齒的硬度一方面與表層的磨耗程度有關，另一方面也與整體結構的表現有關，所以鄭友仁的測量工作會分成幾個層面，先測量表面，然後分別測量牙齒的各層構造。「這真的是工藝等級的極精密測量技術，我們把牙齒的每一層剝開來，分層測量，才能夠從立體的角度來看整個牙齒的表現。」事實上，單是訓練一名學生對牙齒做拋光、研磨，磨掉一層後露出裡面一層，甚至研磨牙齒的不同角度，沒有半年、一年是做不到的。「這還沒有把學習測量技術的時間算進去呢！與我合作的牙醫師都說，我們學生的技術甚至比牙醫系學生還厲害，因為牙醫師只看大尺度，而我們的技術非常精細，兩者之間的尺度等級差距很大。」提到自己一手訓練出來的得意門生，鄭友仁滿是欣慰的神色。

比較有趣的是，由於他們實驗要做的定位介於奈米等級，非常精密，一點點的風吹草動，甚至噪音、人們走動、附近汽車開過，都可能影響實驗結果，即使機台都設有防震裝置也一樣，所以學生多半喜歡在半夜做實驗。「事實上要找到這些很有熱忱的學生也不容易啊，」鄭友仁大笑著說，「做這麼精細的研究，學生一定要很投入。我住在學校宿舍，離實驗室不遠，如果學生有問題，我也會抽空來看看，幫忙討論。」當然放包綠色乖乖也是不可少的！

## 利用牙齒的硬度來看生物演化過程

對人類牙齒的基本知識有所了解之後，鄭友仁又發揮觸類旁通的研究性格，開始延伸思考：我們要怎麼知道，這種結構就是讓人類牙齒如此堅硬、強韌的原因？要怎麼證明呢？是不是能夠找不同生物的牙齒來看看？而且要從哪些方面來比較不同生物的牙齒？「這下子愈想愈興奮，我就想到可以找來草食動物、肉食動物、雜食性動物甚至海洋動物的牙齒，在大氣環境下比較各種不同的牙齒，看看是否能找到研究方向。」

不過腦力激盪很痛快，實際執行可沒那麼容易，鄭友仁手下有一批學生負責做這方面的題目，光是收集牙齒就是個棘手的大難題，讓大家每天忙得不亦樂乎。「你可以想像，一群工學院學生想盡辦法去找各式各樣的牙齒，例如去愛貓之家或動物醫院，向他們索取過世的貓的牙齒。牛的牙齒也容易，去屠宰場就拿得到，」這些學生都快覺得自己像是生物系或醫學系學生在收集研究材料，「鯨魚和海豚的牙齒則是由台大的周蓮香教授提供，她真的很幫忙，她手邊收集了不少擱淺海豚的牙齒。」

比較之後發現，草食動物需要研磨植物，所以牙齒比較硬，例如牛；肉食動物的牙齒比較軟，比較容易發生磨耗，例如貓。「如果某種草食動物的牙齒不夠硬，沒辦法吃下夠多的草，很可能在演化過程中就淘汰掉了，似乎可以從這個角度來看生物演化，這題目真的很有趣。」

有了初步結果後，生物學家開始對鄭友仁提出挑戰：你對牙齒硬度的測量有多精細？可不可以區分出牛是吃草的，而鹿是吃樹皮的？樹皮比草軟，用你的方法能不能看出草食動物的差別？「結果我就測了牛和鹿的牙齒，發現真的有一點差別，牛齒稍硬、鹿齒稍軟，只是沒有草食和肉食動物的差異那麼大，這個結果很有趣吧！」看到鄭友仁的研究結果，不禁聯想到古生物學家要尋找某種生物的滅絕原因時，經常會比對滅絕當時的環境與生態變化，說不定可將化石牙齒的硬度與環境中的動植物生長變化做比對，也許可作為一些佐證。

鄭友仁本來純粹是從研究材料的觀點來研究各種動物的牙齒，後來常和一些生物學家朋友聊起，大家聽到都很興奮，覺得這個研究想法很特殊，似乎可以從「牙齒材料異同」這個角度來看生物的演化，很有趣的是彼此目的不一樣，但是可以藉由同一個實驗來完成。「我本來設定的方向是哺乳類，但是生物學者建議應該以脊椎動物為研究目標。他們也建議做一些比較早期演化出來的動物，例如蝙蝠、土撥鼠等，已經有國外學者幫我取得土撥鼠的牙齒，然後我準備向台灣研究蝙蝠的學者問問看有沒有牙齒。另外也很想做古生物的牙齒。」此外，生物學家表示馬有很長的演化過程，歷經許多變化，很值得做牙齒研究；相似的還有駱馬和羊駝，牠們也是演化譜系中比較原始的族群。

「我和很多生物學家聊起來，大家都想參與意見，想做的東西愈來愈多，進度卻變慢了！」鄭友仁大笑著說，「而且仔細看牙齒的構造，會發現不同動物的牙齒構造不太一樣，如果再以鋼筋水泥來比喻，牛齒和貓齒各有特定的鋼筋水泥比例。這其中牽涉到各式各樣的因素與題目，如果要深入研究，實在是很龐大的計畫，進度又會更慢了吧！」

在這麼多種動物中，鄭友仁最興奮是做恐龍牙齒，這可說是他的終極目標。「近一、兩年來，我們派工學院學生去參與挖掘恐龍化石，因為我們有技術可以分析牙齒的硬度，所以參與一項國際合作的恐龍研究計畫，大家都很興奮！」二〇〇三年，電腦學者黃大一意外於雲南祿豐撿到已知最早的恐龍胚胎，經由他的奔走，牽起一個跨國研究團隊，這是全球第一次研究恐龍蛋內的胚胎如何發育，並追蹤不同孵化階段的成長發育過程。研究成果顯示，恐龍很類似現代鳥類，胚胎會在蛋裡面動來動去，這是恐龍胚胎會有蛋內運動的最古老證據。另外，透過國家同步輻射研究中心精密的紅外線光譜造影系統，發現這個保存了將近二億年的恐龍胚胎化石，保留了有機殘留物的證據，首度證明膠原蛋白是骨組織內的主要蛋白質成分。這個恐龍的團隊研究不但開啟探究恐龍生活的一扇新窗，也開創了恐龍胚胎學研究的嶄新機會，成果發表於二〇一三年四月十一日出版的《自然》期刊，並獲得主編選為封面故事。

不過恐龍在地球上生活的時間很長，種類也多，有肉食也有草食，絕對是很龐大的研究題目。目前鄭友仁的實驗室正在分析兩、三種恐龍的牙齒，慢慢累積資料，只是要把故事說得完整還有很長的路，不過絕對令人非常期待。

## 由引擎、晶圓到牙齒，跨領域的量測技術不斷推陳出新

鄭友仁說，對他的學生來說，學到這樣的技術，畢業後可以應用在很多方面，例如電子業的晶片，因為他的技術精密度比光學晶片的技術高很多，而且光學晶片的材料是均質的，牙齒則包含很多層，每一層都不一樣，複雜度超越一般工程學者的想像。「坦白說，做牙齒的研究，對於學機械出身的我來說，開創了非常不同的視野。」因為有這樣的經驗，鄭友仁說，未來甚至可以用來篩選人工牙齒的材料，或者以生物材料為靈感，用來發展各種便宜、環保的工程材料。「你想想看，如果汽車外殼可以像牙齒一樣，又輕又硬又堅韌，豈不是太棒了？所以我一定要把現有好材料的根本道理研究清楚，以後才有機會做各種應用。」

目前，鄭友仁為摩擦、磨耗所發展的尖端檢測方法，已可應用在許多方面，

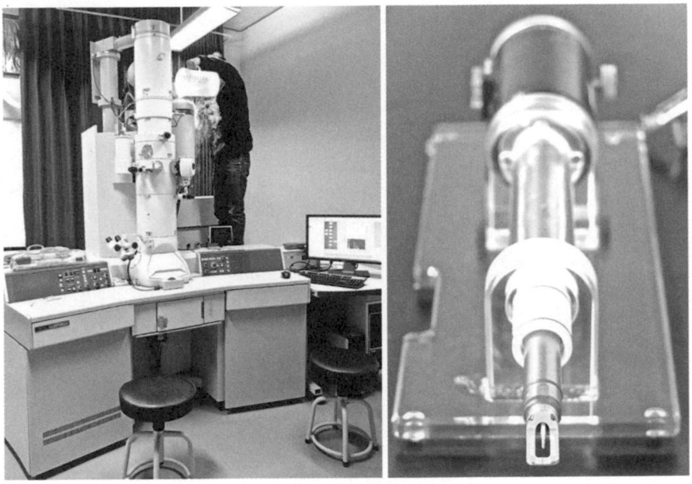

左圖是鄭友仁實驗室的掃描探針式顯微鏡，從奈米層級去觀測物質的表面作用與結構變化。樣本會放置在右圖的針尖上。

例如測量工具機的刀具和螺桿的薄膜鍍層，或者奈米顆粒加入潤滑油所產生的效果，這些比較偏向工業應用方面；後來也延伸到牙齒、軟骨乃至人工關節，希望未來應用於更多領域。

他的量測工具和運算方法也不斷更新、突破，例如最新的發展是結合掃描探針式顯微鏡，觀察奈米壓痕器所壓出的微細變化，這是非常高難度的技術。「透過掃描探針式顯微鏡即時觀察的現象，可以間接看出結構發生的變化，從而推導出物質的實際構造是什麼樣子、為什麼會產生這種變化等等。」鄭友仁說，這種相當有用的精密尖端技術，剛好可以應用在台灣近來大力推動的精密工具機與刀具研發，也因為相關技術的難度非常高，正好讓這項產業多了一項研發利器，大大提升國際上的競爭力，可說是學術研究造福產業界的一個典範。

在傳統想法中，機械方面的測量工具一定是巨大的，沒有人想到奈米層次，所以鄭友仁選擇鑽研微細工具，最後闖出一大片天地，完全是慧眼獨具，但他言談間仍不改謙虛。「我很幸運，力學的精密測量工具與理論這方面沒有太多人在做，所以我算是具有一點利基。近幾年開始有一些人投入相關研究，不過多數偏向微機電系統或生物方面，而在純機械這個角度，可以從大型機械直到奈米層次都可以應用到的，可能就只有我了。」過程中，他的初衷始終不變，都是觀察界面之間的運動效應，只是觀察的尺度愈來愈小，應用的範圍也愈來愈廣。「其實愈小的東西就愈基礎，因為所有東西在這個層次的相似度最高，只要找到適當的應用主題或對象，就可以協助解決很多不同的問題。」

如今，傳統科學學門的劃分已愈來愈模糊，許多頂尖科學研究都是結合不同學門的知識，另闢蹊徑，「跨領域」已成為關鍵詞。「我很喜歡和不同領域的研究者分享自己的成果和想法，像是生物、物理、醫學等方面，多向別人請教看法與意見很重要，如果遇到的對象也有興趣，就會產生新的研究點子，而像奈米國家型計畫讓大家有更多機會聚在一起多多交流，是非常重要的平台。這就是做研究的精神所在。」鄭友仁說，自己在傳統的路途上埋首研究，常常有很多關鍵瓶頸不容易突破，請教別人不但可以從新的角度產生新想法，也容易找到突破瓶頸的新方法。「與其他研究者合作，事先根本不知道會不會成功，但求知的過程就是一種探險，每一個新發現都令人興奮，所以不要害怕這種未知的旅程，不要害怕跨領域。」

在鄭友仁的研究歷程中，每一個環節都不斷思考還能怎麼延伸、還能有什麼突破，看似每一步都是意外的旅程，卻在幾個領域都開創出遠大的景致。熱情投入研究，充分享受整個求知、探險的過程，讓鄭友仁永遠抱持單純的求知之心，一路走來精彩不斷。

第二章

# 能源光電

## 科技生活的未來可能性

白光雷射之父，致力挑戰奈米級雷射光源 ——王興宗

領先做出白光 LED 和奈米雷射，研發奈米材料製程的第一把交椅 ——果尚志

研發新型能源光電奈米材料的大型團隊 ——陳貴賢

亞洲第一的奈米光電複合材料，改良高分子太陽能電池效率 ——韋光華

新一代電晶體先驅，帶領半導體產業邁向高效能、低耗能的未來 ——荊鳳德

由傳統電鍍廠到蘋果 iPhone 電池廠，化工學者的奈米蛻變之旅 ——黃炳照

# 白光雷射之父，致力挑戰奈米級雷射光源

交通大學光電系榮譽退休教授 王興宗

撰文／李名揚

一九六〇年，美國物理學家梅曼（Theodore Malman）製造出全世界第一台紅寶石雷射。五年之後，留學日本的王興宗返回台灣，進入交通大學電子研究所任教，與來自美國的雷射專家王兆振共同研究這項技術。「雷射」事實上是一個物理機制的縮寫，其全名是「光藉由激發放射而放大」（Light Amplification by Stimulated Emission of Radiation, LASER），王興宗回國當時，國內對此還沒有中文翻譯，於是他將之音譯為「雷射」。而經過四十多年後的今日，王興宗的雷射研究已經進入了奈米等級。

## 從光電子學博士變成「白光雷射之父」

王興宗畢業於台灣大學電機系，一九六三年考上日本政府提供的公費獎學金，前往日本東北大學攻讀碩士，主修光電子學，這是結合光子學（photonics）與電子學（electronics）的學門，將光信號轉換成電信號或電能，並進行處理或傳送，或也可將電信號轉換成光信號。這其實與雷射是完全不同的領域，然而王兆振回台的時候，當時的交大校長李熙謀指派主修領域比較接近的王興宗一起參與雷射的研究，才使他一腳踏入這個領域。

王興宗跟著王兆振，只用一年時間就成功研發出可發射紅光的「氦

氖氣體雷射」。這時，他對雷射研究已經產生了極大的興趣，決定去美國史丹佛大學攻讀博士。他本來打算一拿到博士學位就返回交大繼續教學研究，可是由於研究成果傑出，指導教授薛格曼（Anthony E. Siegman）邀請他留在原來的實驗室繼續做博士後研究。

這段期間，他發明了紅藍綠三原色光混合而成的「白光雷射」，引起全錄公司（Xerox）的注意，聘請他擔任光電系統研究中心的資深科學家，研究如何將白光雷射應用於彩色影印機。他從此長留美國，專心研究這項技術，做了許多改進，成功將實驗室的發明轉變成具有實用性的工業產品，並因此獲得「白光雷射之父」的尊稱。

離開台灣將近三十年後，一九九五年，王興宗終於回到交大，並開始研究常溫之下受電激發的面射型半導體藍光雷射。

## 認識雷射的運作原理

雷射的產生需要三個重要元素：激發來源、增益介質、共振腔。激發來源提供能量，讓增益介質中原本位於低能階的電子躍遷到高能階，在自然狀態下，躍遷至高能階的電子會釋放能量回到低能階，而釋放的能量若以光的形式放射出來，則會帶有一定的波長，這種放光的模式稱為「自發性放射」，放出的光子會朝各個方向行進。但如果位於高能階的電子是受到激發才放出能量、回到低能階，此時以光的形式釋放出來的能量會與入射光子具有相同的輻射方向、波長和相位，這種形式就稱為「激發放射」或「受激放射」。

運用這種原理，以電或光做為激發來源，去激發特定的增益介質，使其大量電子躍遷至高能態，並利用兩面高反射鏡所組成的共振腔，讓自發性放射的光在共振腔內來回反射，在這個受到侷限的特定範圍內不斷激發高能階的電子，使其放光；激發光一次次反覆通過增益介質，讓光在腔內不斷放大，直到光的強度大於腔內的損耗，亦即達到雷射輸出的臨界值，產生大量的光子，這些光子都具有相同的傳播方向、相同的波長、相同的相位，這就是雷射。

由於所用的增益介質不同，雷射有各種不同類型。過去比較成熟的雷射體積都很大，直到一九八〇年代，半導體製程技術逐漸成熟，才慢慢發展出體積較小的半導體雷射。王興宗在美國的時候就開始研究半導體雷射，回到台灣之後，持續發展這項技術並深耕於台灣。

## 挑戰高難度的面射型藍光半導體雷射

半導體雷射的第一個難關，是要克服製作的問題。在小小的半導體元件中，必須克服磊晶的技術，包括選擇適當的材料、成長於何種基板上，以及如何在增益介質的兩側製作可形成共振腔的鏡面，還要能夠把光好好地鎖在腔內來回震盪、不斷放大，得到可以克服損耗的增益，最後才能產生效能好的雷射。

「台灣若想與世界先進國家競爭，就必須比別人更創新，做出別人不敢嘗試的成品！」這是王興宗為他的研究一直以來設定的目標。而在半導體雷射這個領域，最值得挑戰的兩個創新想法，一是顏色，二是雷射出射的方向。

在顏色方面，王興宗很早就打定主意要研究別人一直做不出來的藍光雷射。他指出，元件能發出的光的顏色（即波長），與發光材料的能隙有關，能隙就是前述高能階與低能階的能量差距，能隙越大，代表能量差距越大，所發出的光能量就越強，相對而言，其放射的光波長也越短，在顏色的表現上就愈趨近於藍光或紫光。

一九九三年率先開發出藍光的發光二極體（LED）之日本日亞化學工業公司（Nichia），也在二〇〇〇年搶先開發出藍光雷射。王興宗表示，日亞一共花了八年時間研發發光材料，最後由中村修二博士做出可發出藍光的氮化鎵材料，能隙可達三點四電子伏特，這樣的能隙非常大，已經相當接近絕緣體（絕緣體不導電即是因為能隙過大，無法使材料中的電子從不導電的價帶躍遷到可以導電的導電帶）。可是，氮化鎵的熔點高達攝氏一千七百度，必須在攝氏一千度以上的高溫環境才能製作，難度非常高。

由於日亞搶先一步，本來也研究氮化鎵藍光雷射的王興宗知道這條路繼續走下去也不會有競爭力，立即決定改弦易轍，從較為容易的「邊射型」氮化鎵藍光雷射，改為研究難度更高的「面射型」氮化鎵藍光雷射，也就是挑戰雷射研究的第二項難題：雷射出射的方向。

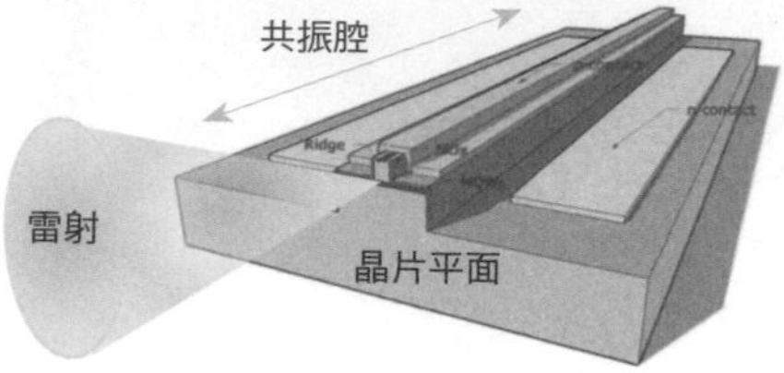


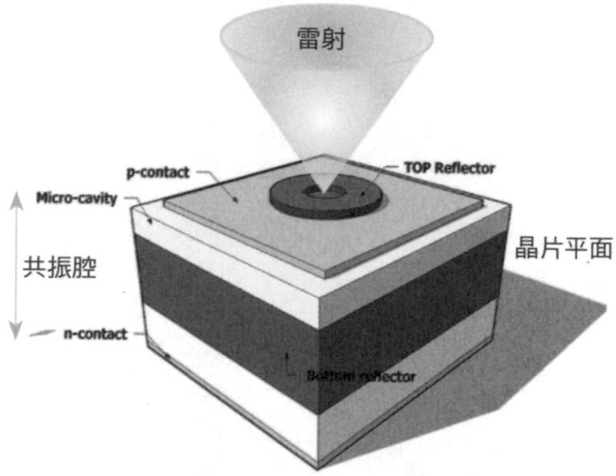


上圖是邊射型半導體雷射，雷射光是從晶片平面的邊緣向旁邊射出；下圖則是面射型半導體雷射，雷射的射出方向垂直於晶片平面，而不是從邊緣射出。王興宗提供。

顧名思義，邊射型雷射就是雷射光的出射方向與磊晶的成長方向是垂直的，不需要製作高反射率的鏡面，只需要用鑽石劈裂法，即可讓劈裂面形成共振腔的鏡面；而由於增益介質的長度範圍夠長，鏡面的反射率也就不需太高，即可讓光在共振腔內來回共振而達到臨界值、輸出雷射光。然而若要做成面射型雷射，則要讓雷射光的出射方向與磊晶的成長方向平行，也就是光在共振腔內的震盪方向垂直於晶面，所以要在晶片的平面上設法做出兩面高反射率的反射鏡，中間再夾上增益介質，才能形成面射型雷射的整個單元，而其中高反射率的反射鏡是最困難的技術所在。

王興宗在美國就研究過面射型雷射，他在美國是第一個做出面射型砷化鎵紅外光雷射的人。在台灣經過五年多的努力，他的團隊終於在二〇〇五年三月發表了全世界第一個面射型氮化鎵藍光雷射，引起各界高度重視。他製作反射鏡的方法，是在晶片上交錯疊加三十幾層氮化鎵和氮化鋁鎵，像千層糕一樣，用以產生反射鏡的效果。這必須以磊晶技術讓兩種材料一層一層交錯長上去，可是兩種材料的晶格不匹配，很容易裂開，必須另外使用特殊方法，才能讓材料研究面射型雷射有個好處，製程完成時即可進行電點測試，這是將電極各點在P型半導體（左圖左）及N型半導體端（左圖右），外加電壓和電流即可進行測試；藍色亮點上方的光纖則是用來收光進行頻譜分析。王興宗提供。

長上去又不裂掉。

王興宗團隊發表這種雷射的第二年，日亞公司也發表了面射型氮化鎵藍光雷射，可是他們無法直接使用氮化鎵和氮化鋁鎵製造反射鏡，只能用傳統鍍膜的方式，將普通的反射鏡鍍在雷射晶片上。王興宗指出，目前藍光雷射還沒有進入量產應用的階段，不過日亞使用的製程非常麻煩，未來若要量產，可能會遇到困難，不如他的方法好。目前王興宗團隊的方法已申請了多國專利，他強調一定要先占住專利，未來才有機會收取專利授權金。

至於為什麼要研發難度較高的面射型雷射，是因為這種形式具有多項優點，包括雷射操作功率較低、發散角較小、可產生圓形光束、元件製程技術適合大量生產等，而且磊晶片在未切割及封裝前就可進行晶粒特性檢測，可以節省後端的製作成本。由於發散角較小，可以形成較小的光點，且藍光波長也較短，因此面射型藍光雷射有一重要用途就是增加ＤＶＤ的儲存量。目前DVD使用的是邊射型紅光雷射，一片的容量約四點七GB，放映時間約二小時，未來若使用面射型藍光雷射，容量可以擴增到二十七GB，放映時間延長為十三小時。此外，這種雷射也可做為滑鼠的元件，或是直接將光訊號送入光纖，用於通訊方面，不過還需要更多的研究，要讓製程更簡化、可靠才行。

## 擔心有人追上，不斷設想未來發展

回想起面射型藍光雷射還沒開發出來的那幾年，王興宗說真的很緊張，怕有別人搶先發表。其中他最擔心的是瑞典的研究團隊，那裡有好幾部機器在做磊晶，不像他的實驗室只有一部機器；而且他去參觀時，瑞典的團隊表示他們已經做到百分之九十九的反射率，他那時心想：「糟糕！恐怕輸定了！」沒想到瑞典的團隊一直差最後一步，結果反而是王興宗團隊超車先做出來。事後回想，王興宗認為當時瑞典的團隊只是認為他們的成品應該可以達到百分之九十九的反射率，實際上還沒做出來，所以才會遭到王興宗團隊超前。

雖然王興宗團隊的面射型藍光雷射研究位居世界領先的地位，他仍形容自己的成果「只是很陽春的藍光，還有很多東西可以改進」。他認為科技的發展沒有止境，科學研究本來就會互相超越，目前全世界有三、四個大學的研究團隊可以做出面射型藍光雷射，也聽說有三家日本公司在做，他暫時是跑第一名的人，但要經常注意後面的人有沒有追上來。有時他發現某一些題目落後別人，會評估落後的距離，若距離不遠，有機會追上去，就會拚一下；但若評估別人已經將這個題目發展完整，則會放棄追趕，寧願選擇其他題目。「做別人屁股後面的研究，不論是我或我的學生，都會很沒勁，而且就算有一些成果，也不容易在好的期刊發表論文，可能會影響學生的畢業。」他如此表示。

對於未來，除了面射型藍光雷射外，王興宗還有一些其他的想法，例如能不能做出要有更大能階才能實現的半導體紫外光雷射？或是有沒有機會開發出目前公認受限於材料因素而最難做到的綠光雷射？或是走另一個方向，研究如何縮小元件體積，做出更小的奈米雷射？

王興宗表示，許多科學家都在思考，如何應用新的物理學和技術來製作有光電性質的奈米元件。現在已經出現一個新名詞叫「奈米光電學」（Nanophotonics），包括光電、雷射、LED等領域，主要是由於奈米科技的研究發現了許多新的物質性質，造成很多變化，讓很多光電材料和元件都有很大的發揮空間，領域非常廣闊。他希望能做出更小、更便宜的奈米雷射，可以放在很多系統裡面使用，就像積體電路一樣，將很多元件組裝在一起，可以產生許多功能。他認為雷射有許多特點，將來絕對有潛力可以找到新的應用，或許現在一時看不出來，但「不能說現在看不出來有什麼用處，就不要做研究」。

除了雷射，其實LED也是王興宗研究的另一個重點。他指出，奈米國家型科技計畫的目標有二，既要追求卓越，又希望能將相關技術轉移給國內廠商。

藍光雷射要發展到實際商業應用還有一段距離，ＬＥＤ技術則與廠商比較貼近。因為ＬＥＤ的研究貢獻，王興宗還獲得二〇一〇年經濟部奈米產業科技菁英獎的學術類獎項。

不過剛開始執行奈米國家型科技計畫時，其實他對於「要設法將奈米研究的成果技術轉移給廠商」這一件事感到很不耐煩。他覺得「我們做最尖端的研究，怎麼可能馬上變出產品？」但是後來想想，有一些研究成果，例如ＬＥＤ方面，確實是產業界比較容易接手做下去的，可以盡快分享給廠商。回想這一段歷程，王興宗認為這是很好的收穫，他表示，奈米國家型科技計畫是對國家非常重要、非常有貢獻的計畫，不只做出在全世界最領先的研究成果，也能讓培養出來的學生把技術帶到工業界，做出一些產品。這樣一來，學生未來不論是留在學術界或進入產業界，都很容易延續自己所學的專長。

## 建立最適合學生發展的環境

王興宗在台灣已經培養了一百多位碩、博士，他不但對學生非常好，總是和學生打成一片，而且每年暑假都會舉行「充電之旅」，帶學生去墾丁、中橫等知名景點旅遊。他說自己的實驗室平常都和全世界競爭，壓力非常大，所以很需要像這樣好好放鬆幾天，回到實驗室也會更有活力。

王興宗非常注重和學生之間的互動，他指出，自己主要教的是研究生，能考進交通大學研究所的學生，基本上資質都不錯，而且都有努力進修的動機，所以不論是課堂上或做研究時遇到了問題，通常都會主動找老師提問，而他也會盡量鼓勵學生來找他問問題，並且針對學生的問題，用不同的方法解釋給學生聽；如果學生仍聽不懂，就再換一種方式，盡量用最淺白的方法表達，務求解答學生的疑惑。

他認為自己最重要的工作，不是鼓勵學生用功，因為「會跟著我做研究的學生，本來就會用功！」他要給學生一個良好的學習環境，給學生一個好的廚房，以及各種材料，然後告訴學生往哪一個方向比較容易做出成果，這樣學生就會自動自發努力研究。奈米國家型科技計畫讓他得以建立一個這樣的環境，當學生告訴他：「老師！我們做出來了！」那種快樂興奮又光榮的感覺，只有自己認真努力過的學生才能感受得到，是什麼都無法取代的。而他看到自己的學生能夠對國家社會有所貢獻，則是最感到欣慰的事。

王興宗認為，光電領域的研究，應該還會有好幾十年的發展，尤其現在強調綠色能源，已經有很多科學家嘗試用雷射激發的原理，製造出白色的照明光源，不但更省電，效率也更好；另外也可以用在醫療方面。早期不知道什麼地方可以用到雷射，現在則是用途太多，他相信只要做出好的研究成果，以後一定可以找到無限多的應用目標。

# 領先做出白光LED和奈米雷射，研發奈米材料製程的第一把交椅

清華大學物理系教授 **果尚志**

撰文／李名揚

「我平常不只參加物理方面的研討會，也會參加工程、化學、半導體的研討會，這樣觸角才能全面，才能透過與不同領域學者的接觸，了解別人的問題，搞不好剛好我可以幫忙解決。但若我不了解他的研究、他不了解我的，就算他正好可以解決我的問題，我們也永遠不會知道！」清華大學物理系教授果尚志對奈米科技的看法，完全揭露了奈米研究的特性：極度的跨領域，而他自己的研究之路，也是一路都在跨領域。

故事要從他大學時期說起。果尚志念的是交通大學電子工程系，當時就覺得對物理比較有興趣，修了許多物理系的課，一九八七年出國也繼續念物理。那時他還沒有確定研究方向，換過很多不同領域，包括理論物理、高能物理，也因此博士班念了六年、換了三個指導教授，一直到快升博三時，才確定自己真正喜歡的是凝態物理，開始以當時最新發展的掃描穿隧顯微鏡，研究半導體表面的電子性質。那時已有商業化量產的電子顯微鏡不多，因此他都自己組裝，藉由這些過程熟悉了必須具備的真空技術。

## 改良分子束磊晶技術的創新研究

畢業後，果尚志去日本的原子技術產官學聯合研究中心及產業技術

總合研究所做博士後研究，他所參與的是日本通產省（現改為經產省，相當於我國的經濟部）提供二億五千萬美元執行的十年奈米科技研究計畫，先成立一個研究奈米科學的專責機構，把來自日本很多公司和國家實驗室的產官學界集中在一起，又從海外聘雇研究人員，一起進行奈米研究。果尚志說，去那裡工作對他幫助極大，因為他以前都是研究物理學領域，但奈米科技是跨領域的，在那裡有研究化學、半導體元件、生物等各種領域的研究人員，讓他有機會接觸不同的人，而且彼此都是年輕的研究人員，很容易激盪出新的想法。

那時，果尚志決定研究分子束磊晶技術（molecular-beam epitaxy），這是一種製造奈米材料的技術，在超高真空的情形下，讓多個原子束或分子束射到基板上，就會一層一層地結晶，如果控制得好，可以長出精準結構與厚度的晶體，量身訂做出想要的材料，很適合用來製作奈米結構的光電或電子元件。當時他將分子束磊晶技術和掃描穿隧顯微鏡結合在一起，以掃描穿隧顯微鏡直接觀察磊晶樣品的原子結構。他指出，以前要觀察樣品的原子結構時，必須將樣品從磊晶系統轉移到顯微鏡內，過程中樣品容易遭到污染，很多現象沒辦法觀察，因此他想要以結合兩種設備的方法來克服這個問題。

其實果尚志以前從沒研究過這個題目，但他認為這是很好的機會，應該好好把握，藉以製造出自己想要的樣品。他表示，在美國當博士生時，樣品都是由別的實驗室提供，他常覺得自己沒辦法掌握樣品，有時要等，有些樣品則沒辦法觀測，很不方便。分子束磊晶需要超高真空設備，而他以前其實已經掌握了

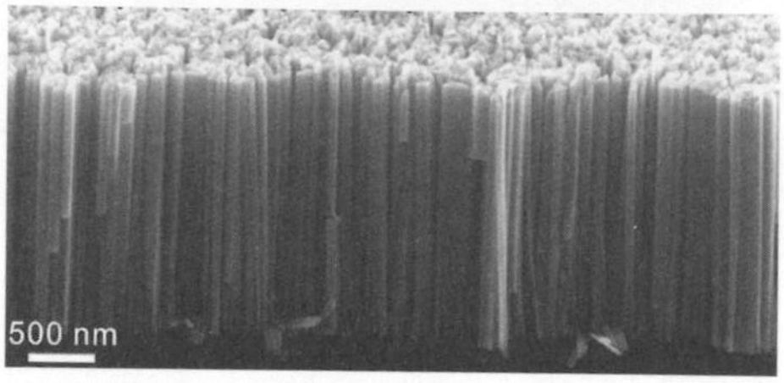


下圖是果尚志實驗室發展的超高真空電漿輔助式分子束磊晶系統，右圖的電子顯微鏡影像則是矽基板上磊晶成長之自組裝氮化鎵奈米柱陣列。果尚志提供。

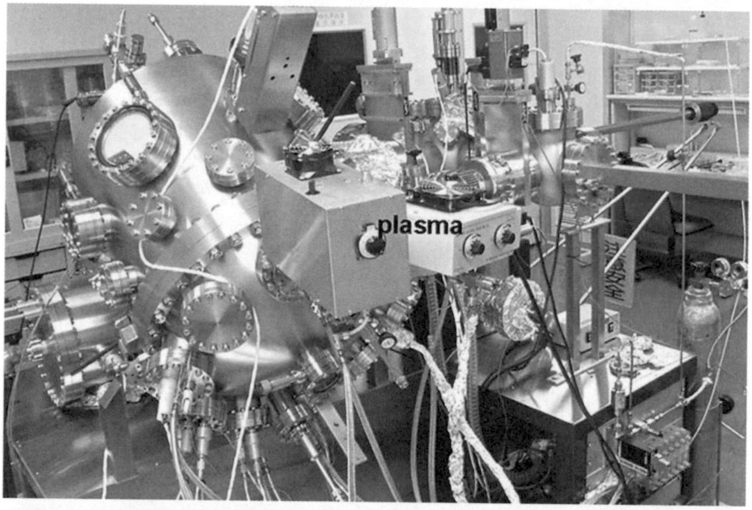


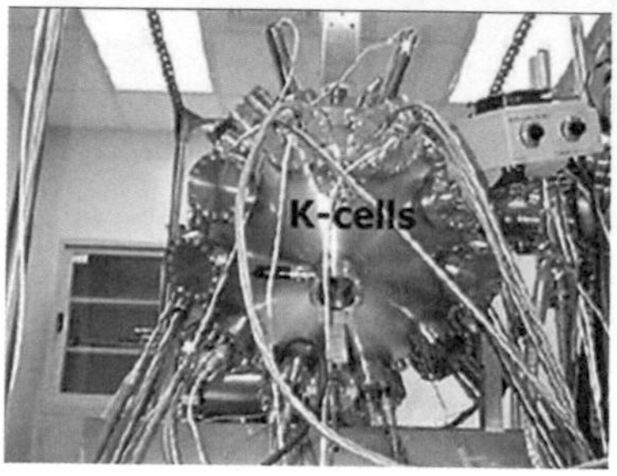


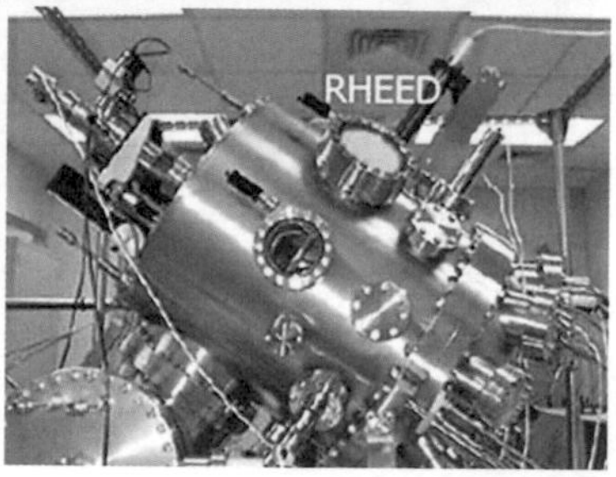


真空技術，所以才敢大膽嘗試。就這樣，果尚志建立了磊晶的技術，成為他研究奈米材料製程的第一步。

同時在那幾年，他在日本看到很多人研究自我組裝的分子膜，也就是藉由有機分子一端的官能基會吸附住基板的特性，讓這些有機分子自發性地排列組裝成分子膜，以產生特定功能。這是製作奈米材料的另一大類方法，當時他沒有機會做，但把分子膜的特點牢記在心。

在日本做了三年博士後研究，果尚志於一九九七年回到台灣，進入清華大學任教。剛開始由於經費不夠，沒辦法建立昂貴的真空設備，於是他使用可在大氣環境下工作的原子力顯微鏡，研究電化學的局部氧化作用，希望了解操控奈米材料的一些基本原理。原子力顯微鏡的原理，是以極微小的探針接近受測物，探針會感測到本身與受測物表面原子之間的作用力，因而描繪出受測物的表面原子構造。

果尚志的實驗是這樣的：在大氣環境中，會有一層水膜凝聚在物質表面；他讓原子力顯微鏡的探針非常接近這個水膜，這時在探針上加電壓，就會使探針與水膜之間的電場非常大（電場等於電壓除以距離），於是水膜會發生電化學反應，把水中帶負電的氫氧根離子引導到材料的表面，就可使材料局部氧化。這個過程說起來簡單，但困難處在於如何做到精確，而果尚志的實驗室可以做到奈米等級那麼精確。

## 不完美的薄膜，化身為完美的奈米柱

後來，果尚志想要研究他在日本見識過的分子膜，事實上類似上述方法，但不是加電壓使水膜改變性質，而是改變分子膜上面局部位置的官能基，以便做

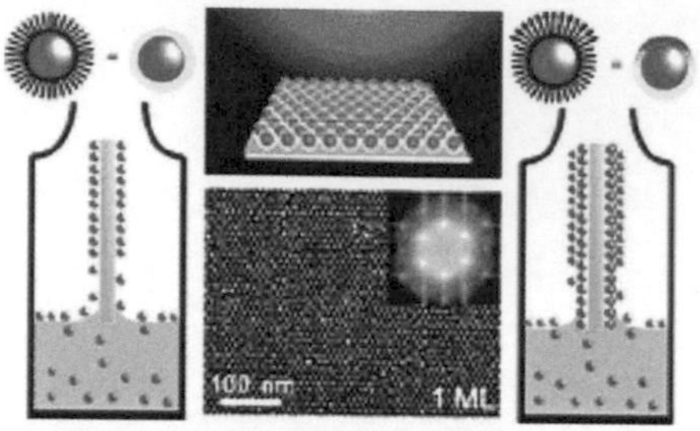


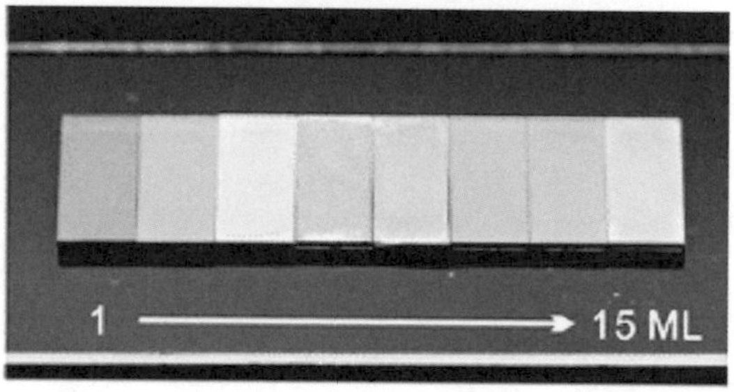


膠體奈米金粒子或銀粒子的三維自組裝技術。上圖顯示在基板上規則地逐層堆疊膠體金屬奈米顆粒，形成三維電漿子晶體。下圖分別是一到十五層銀奈米顆粒堆出的電漿子晶體。這項成果於二〇一〇年刊登在化學界頂尖的《美國化學學會期刊》。果尚志提供。

出他想要的特定分子膜。正好此時有了奈米國家型科技計畫，提供了經費，讓他可以為一部電子顯微鏡做一些加工，在觀察影像之外，還可以進行奈米等級的操控。

於是，果尚志的實驗室將原子力顯微鏡進化為「靜電力顯微鏡」，有了這部顯微鏡，他可以在材料表面的局部位置注入電荷，產生局部的電荷圖形；這其實和影印機的原理一樣，影印機就是產生特定圖案的電荷來吸附碳粉。若使用的是特別的駐電材料，則注入電荷之後，電荷不會跑掉，可以在室溫下維持超過十年，這就是記憶體的原理。而果尚志把尺度做到非常小，也就可以貯存更高密度的電荷。

由於靜電力顯微鏡可以藉由電荷操控奈米粒子，於是果尚志開始將研究目標轉向奈米粒子。他知道清大材料系教授陳力俊的實驗室已經在合成奈米金粒子，就向陳力俊索取奈米金粒子，運用靜電力顯微鏡，將水溶液中帶電的膠體奈米金粒子吸附上來。這時他發現，控制膠體粒子表面的電荷很重要，於是他先讓膠體奈米金粒子的表面吸附一層硫醇類的分子膜，這是因為硫和金有很強的鍵結，會穩固地黏在金粒子上面；然後，他再讓硫醇分子連接特殊的官能基，這些官能基都是可以帶有正電或負電的，如此就能控制這個膠體奈米金粒子的電性。

既然能控制膠體粒子的電性，就能讓這些粒子有如原子一般，自發性地在物質表面排列成整齊的晶體。於是，果尚志讓具有特殊官能基的奈米金粒子，在玻璃、藍寶石、矽、透明導電膜氧化銦錫等各種基板上面，成功地自行組裝、排列成規則的陣列，這種製造奈米材料的技術稱為「奈米磊晶」。

當時，學術界主要用這種真空奈米磊晶技術來製造高品質的薄膜，但果尚志發現，如果基板和磊晶材料的晶格彼此不匹配（即兩種不同晶體的晶格大小不同，可以想像成兩片樂高積木，大小有一點不同，則彼此無法緊密結合），很容易長出有缺陷的薄膜，於是製造元件時會發生問題。於是他換一個想法，刻意不長出完美的薄膜，而是讓磊晶材料長成一根一根的奈米柱；可以想像成這樣，兩種積木雖然大小不同，但差異沒有很大，若只是一塊小積木放在一整片大塊積木上面，則彼此還是可以結合得很緊密，於是其他小積木可以一直附接在最初的那塊小積木上，組成一根小柱子。如此一來，奈米柱本身會具有完美的晶格。

製造薄膜時，必須嚴格控制基板表面的條件，讓要結合在上面的粒子快速而均勻地移動；製造奈米柱則故意調整條件，使粒子移動不順利，才會局部成核，然後成核處再吸引其他粒子，最後形成奈米柱。這些奈米柱在基板上的排列並不規則，但高度都一樣。果尚志從這次經驗中學到：「有時你會發現，不想要的東西反而可以解決你的問題。」

## 世界第一的白光LED和最小的雷射

果尚志的最新研究，則把奈米柱材料帶入新的應用領域。「以前我因為對事情感到好奇，而去做一堆研究，現在要把好奇心變成有用的成果。」他表示，目前這種奈米柱最有用的地方，就是可以發展出白光的LED。

現在的LED看似發出白光，其實是發出藍光，照到黃色螢光粉上，因顏色互補而顯現成白光。要這樣做，是因為現在的LED還無法高效率地發出紅光和黃光。果尚志解釋，LED是將電源的正電壓接到$p$型半導體、負電壓接到$n$型半導體，電子和電洞在二者界面區域結合時，電子由高能階（導電帶）躍遷到低能階（價帶），以光的方式釋放出能量；半導體材料在價帶與導電帶之間的特徵能隙，會導致放出的光子頻率（或波長）各不相同。現在最常使用的是發藍光的氮化鎵半導體，而如果在界面處摻入銦，調整電子和電洞之間復合的能隙，則加的銦含量越多，能隙越小，發光的能量越低、頻率也越低，就可從高頻率的藍光逐漸移往低頻率的紅光。

可是銦含量越多，也會使晶格變大，會和氮化鎵的晶格越不匹配。偏偏氮化鎵是一種壓電材料，就是施加應力時，會產生壓電場。我們可以想像，氮化銦鎵和氮化鎵的晶格不匹配時，就像是把一個胖子塞進小盒子裡，會產生應力，進而造成壓電場，此壓電場會使電子、電洞各自想要往相反方向移動，因而降低了結合機率，也就降低了發光效率。

氮化鎵的奈米柱陣列LED。大圖為加上二十毫安培電流時發出白光。左上小圖是加上不同電流時，以顯微鏡放大十倍觀察LED發光情形；右下小圖是加上二十毫安培電流，放大一百倍觀察發光情形，包含了多彩的可見光色，組合成為白光。此項成果於二〇一〇年發表在《應用物理學通訊》，並獲選為當期封面故事。果尚志提供。

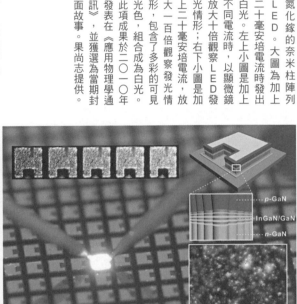

下圖左這種奈米LED元件，是氮化銦鎵奈米碟長在氮化鎵二極體中所構成，可涵蓋全可見光光譜，例如下圖右的全彩波段發光影像。此項成果在二〇一一年發表於《應用物理學通訊》，同樣獲選為當期封面故事。果尚志提供。

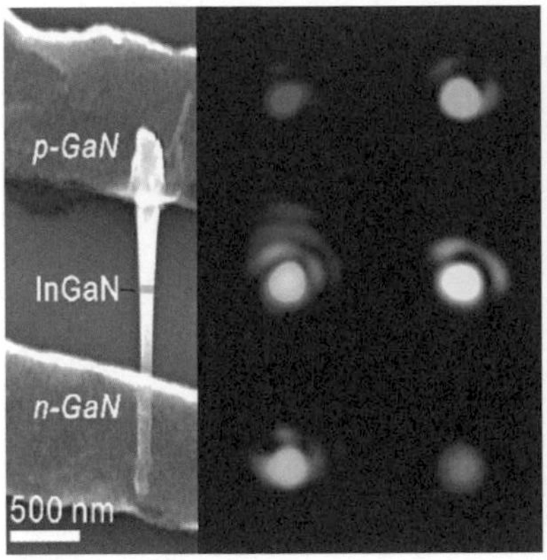

而奈米柱結構正好可以把應力釋放掉。本來若把氮化鎵和氮化銦鎵都做成一整層薄膜，則彼此靠得很緊，無法釋放應力；現在把氮化鎵變成一根根柱子，旁邊是空的，在氮化鎵奈米柱上面磊晶成長氮化銦鎵時，這個胖子的旁邊就沒有盒子的限制，可以保持原來的身材，長成向四周突出的「奈米碟」，不會產生應力，也就沒有壓電場造成的負面效應，因而提升了發光效率，於是只要調整氮化銦鎵中銦和鎵的比例，就可以讓發光顏色涵蓋很大範圍，由紫外線一直跨越到近紅外線波段。

研發出這種奈米柱後，果尚志提出了一個非常重要的概念，就是利用單一氮化物材料，將這些不同顏色的光組合成白光，不再需要借助黃光螢光粉，成為全世界第一個做出單一材料自然白光LED的團隊。他指出，這種自然白光的演色性，遠勝於傳統用藍光照射黃色螢光粉所組合出來的白光，因為其中包含了各種顏色的光，不論照到什麼東西，人眼辨識的顏色都不會變；不像傳統的白光ＬＥＤ照到紅色的東西會變色，碰到醫療用途需要判斷血色時會受到侷限。現在他們已經申請到相關專利。

果尚志近年另一項重要的奈米研究是超小型雷射，是以奈米柱配合金屬奈米材料所開發出來。他指出，雷射以前受到光的繞射極限限制，無法將光侷限在比光的波長更小的光學共振腔內進行回饋增益，因此雷射元件的尺寸沒辦法做到比光的波長更小，也就無法像電晶體一樣一直縮小。

電漿子奈米雷射改變了這種回饋增益機制，不再以光的形式振盪，而是轉變成讓電子在原子內振盪。一開始，他以雷射發出的光子和金屬材料作用，使金屬的自由電子開始振盪。這種振盪的能量很容易損耗而變成熱能，但若使用製作無缺陷的貴金屬奈米材料，可以將損耗減到極低，而讓電子維持振盪很久。由於這些自由電子是相對於原子核在振盪，所以形成電中性的電漿，稱為「電漿子振盪」。於是，透過光子與電漿子之間形成的耦合態，達到雷射必需的回饋機制，就可以將電磁波的能量有效地侷限在奈米尺度內。

由於每一個電漿子振盪都會同步，因此再轉為光子發射出去時，就達到雷射的性質。這種由「金屬－氧化物－半導體」（metal-oxide-semiconductor, MOS）結構組成的電漿子奈米雷射（plasmonic nanolaser），發出的雷射可以做到尺度極小，目前果尚志的實驗室已可做到線寬只有三十奈米的雷射，是全世界最小的紀錄，遠小於可見光的波長四百到七百奈米。像這樣將光子元件尺寸縮小到與電晶體相仿，可促成在單一矽晶片上整合電漿子及奈米電子元件，為未來發展積體整合型的光世代科技邁出重要的一步，走向高速、寬頻、低功耗的新時代。這項成果發表於二○一二年七月的《科學》期刊。

## 跨領域才能做出最有影響力的研究

能夠有這麼豐富的研究成果，當然與果尚志跨領域的經歷高度相關。他的研究核心是表面科學、真空技術和半導體材料，每一個領域本來是各自獨立的，但他想辦法把這些領域融會在一起，因而提高了重要性與影響力。例如奈米金粒子和氮化物半導體聽起來好像完全不相關，可是結合之後，就發展出具有特色的奈米磊晶技術。

果尚志認為，以開放的態度來進行研究非常重要。他表示，曾經科學界的盲點是大家的研究都太專精於單一領域，例如物理系的人通常不會去研究ＬＥＤ或雷射，認為那是電機系或光電系教授的工作。其實任何一個能夠產生廣泛應用的重大突破，起始點都是非常基礎的科學，例如雷射，但若只思考如何縮小共振腔，則不論怎麼做，都必然會受到光波繞射極限的限制；只要像他這樣，把原始點拉出來，從最基礎的地方進行改良，整條新的道路就出現了。

做研究時，不同領域的橫向聯繫非常重要。果尚志指出，自己之所以與其他物理系的教授不一樣，跑去研究ＬＥＤ，就是因為他平常不只參加物理學的會議，也會參加工程、化學、半導體的會議，把觸角伸展開來，透過與不同領域的學者接觸，了解別人的問題，然後從自己的研究中找到解決別人問題的方法。例如他就是因為長期參加氮化物半導體研究會議，知道這個領域遇到晶格不匹配造成應力的問題，才會聯想到他致力研究的奈米柱，正好可以解決這個問題。「若不接觸其他領域，我就算手上明明握有解決別人問題的方法，也根本不會知道！」

雷射也一樣，奈米柱雖然可以做出全世界最小的LED，但無法做最小的雷射，因為必須有很長的共振腔，才能造成夠大的回饋增益；但由於果尚志也研究奈米金屬粒子，發現金屬電漿子的發展正好可以解決共振腔過長的問題，才能發展出全世界最小的雷射。

果尚志說，不論求學或做研究，都要打開眼界，不要侷限在自己的圈圈裡。一直研究同一個領域會很熟悉、很舒服，造成大部分人不願意跨出去研究新的領域，因為那要面對不懂的東西，連術語都不懂；可是若能勇敢跨出去，卻會成為最大的優勢，而且跨出越多步，可以串聯的東西越多，影響力會越大。他也鼓勵自己的學生要注意所有相關領域的發展，每次學生上台報告時，他要求台下的學生不管研究的領域是否相同，都必須認真聆聽，並設法交叉應用。

「只要了解更多領域，不必刻意強求，自然就會找到應用的機會。」果尚志舉例說，他研究了兩年奈米金屬材料之後，出現了新領域「電漿光子學」，他發現奈米金屬材料的研究成果可以和電漿光子學及半導體奈米材料結合，也就發展出雷射的應用。他認為，基礎科學能走這一條探索、發現、應用的路，一定會出現很重要的突破。

## 透過合作互補延伸觸角，終會開花結果

由於這種跨領域的作風，果尚志的大部分研究都和其他學者合作，包括理論學家、化學家、材料科學家、做元件的工程專家等各種領域的人。「任何好點子都會在全世界同時發生，要看誰能最快達成目標。只有靠合作，才最有機會成為世界第一！」果尚志表示，近十年來，他和化學、材料領域的互動越來越多，因為他發現化學和材料領域可以做的東西「比我們學物理的人多太多！」他說，研究物理的方法是把複雜的東西簡化，「能玩的只有週期表上的東西」，而化學分子卻可以有百萬種組合，這兩方面互補，就會產生很好的成果。他認為科學家做研究的精神都一樣，只是專長不一樣，合作其實並不困難，只看願不願意跨出那第一步。

至於合作的關鍵則是「不要每次都認為要自己主導、讓別人來配合你。合作就是要讓雙方感覺到可以互補、互動，很多時候是向別人學習」。但果尚志也坦言，很多合作不一定有結果，未必是氣氛不好，而可能是時間點未到。

他舉例說，奈米雷射的研究，他是和自己的博士班指導教授、美國德州大學奧斯丁分校教授施至剛合作。其實從他獲得博士學位之後，雖然一直和施至剛

維持很好的交情，但因領域分道揚鑣，從未合作研究過。經過二十多年後，二〇一一年施至剛告訴果尚志，他開發出具有完美結晶的金屬奈米材料，可以產生能量損耗最小的電漿子振盪，果尚志一聽，心想：「這不正是我研究奈米雷射所需要的材料嗎？」兩人一拍即合，半年內就獲得良好成果。果尚志強調，有時合作不必要太具體化，認為一定要做出什麼東西才行，其實和很多人維持良好的互動當中，某一天某一時間點說不定就會開花結果。

近年來，果尚志的實驗都是由學生動手執行，他則集中心力於閱讀和討論，並與其他領域學者互動，以便找出研究的大方向，建議學生如何改進問題。他說很信任自己的學生可以解決大部分的問題，這麼多年來，他發現做實驗不一定要名校畢業、不一定是在校成績最好的學生才做得最好，男生也不一定比女生好，重點是要執著，百分之百投入，並且有好奇心。成績好的人有時是可以很快學會已知的學問，但處理未知東西的能力不一定比較強。

可是他也擔心，在台灣的教育體系裡面，實驗做得很優秀的人不一定突顯得出來。他常對學生說，做實驗的人有個好處，每天進實驗室就像得到一張樂透彩券，有可能中大獎，每天都是機會；而和樂透不同的是，每次買樂透，中獎機率都一樣低，但做實驗可以累積經驗，中獎率會越來越高，最後的成功只是看個人怎麼發揮毅力、努力投入，解決問題。

# 研發新型能源光電奈米材料的大型團隊

中央研究院原子與分子科學研究所副所長 **陳貴賢**

撰文／王心瑩

在整個採訪過程中，陳貴賢是一個很常出現的名字，不時會聽到其他學者提起與他合作研究、取得他的材料做進一步分析、彼此交換學生學習新技術，甚至因為加入他的團隊而展開奈米科學研究生涯等等。

台灣的學術圈子不大，學者多半專注於自己的研究主題，因此如同陳貴賢組成固定合作的大型研究團隊，成員遍布中研院、台大、師大、成大、淡江、陽明和國家同步輻射中心，這樣的例子並不常見，令人印象深刻。

會組成這樣的團隊，陳貴賢笑著說：「一開始是因為和我太太林麗瓊合作吧！」林麗瓊是材料科學界著名的女科學家，現任台大凝態科學研究中心主任，多年來與陳貴賢一直是緊密的研究夥伴，這對夫婦組成的最佳搭擋在學界傳為美談。

## 夫妻攜手同行，成為最佳合作夥伴

陳貴賢和林麗瓊早在大學一年級就認識了，「我大一的時候念物理系，和林麗瓊同班，是這樣認識的，後來大二我轉到電機系。」大學畢業後，陳貴賢先去當兵，物理系第二名畢業的林麗瓊則留在系上當兩年助教，等陳貴賢退伍後立刻結婚，也一同前往哈佛應用物理系攻讀博士學位，踏上科學追尋之路。

「我會到哈佛應用物理系，是因為哈佛沒有工學院。」而且不只如此，陳貴賢笑著說，哈佛眼中的「物理」根本只有「高能物理」，實力確實非常強，不過其他學門就全部歸類為「應用物理」了。他在哈佛受教於一九八一年諾貝爾物理學獎得主布洛姆伯根（Nicolaas Bloembergen），以及知名物理學家瑪佐（Eric Mazur），做的是非線性光學，林麗瓊則是跟隨史巴本（Frans Spaepen）做材料方面的研究。

一九八九年，兩人分別拿到博士之後，又一起獲得美國奇異公司的聘用。奇異公司在一九五四年率先以高溫高壓法做出人工鑽石，早期是最大的人工鑽石供應者；人工鑽石不但在珠寶界有潛在的龐大利潤，也因硬度高而廣泛應用於工業界。陳貴賢在博士期間做了很多光譜研究，因此到了奇異公司，負責以光譜法分析人工鑽石成長過程中的化學反應，初期曾參與高溫高壓製造法，後來奇異改用氣相薄膜層積法，「這比較偏向表面科學，先有個基板，觀察原子和分子如何在上面堆疊起來，所以我因緣際會接觸到鑽石的成長、材料的成長，對材料科學愈來愈感興趣。」

美國的研究工作和生活固然穩定而有挑戰，但是一股想要回到家鄉的強烈意願，最終使得陳貴賢決定回台灣。一九九三年，陳貴賢回到中研院原分所，建立的第一個實驗室便是研究鑽石成長，一方面延續在奇異公司的研究興趣，另一方面也是受到林麗瓊的影響。「所以人生的路真的很難說，我在大學念電機

陳貴賢解說實驗室內的設備。

系，博士是應用物理系，現在在國科會則是屬於化學組！」

陳貴賢回台灣一年半後，林麗瓊也決定離開奇異公司的高薪工作，跟隨先生的腳步，回到台大凝態中心。那時陳貴賢已經建立材料生長方面的實驗設備，於是兩人的研究目標終於融合在一起，以各自的專長分工合作，等於建立了往後與其他科學家合作研究的基礎。

由於中研院原分所和台大凝態中心都是獨立研究機構，沒有收學生，研究人力的來源必須倚靠與別人合作研究，因此雙方決定加強合作。「大家一開始想到的是我們把女兒嫁到那邊去、對方也把女兒嫁過來，也就是研究人員互調啦，」陳貴賢笑著說，「最初是我和凝態中心的王俊凱博士互調，他把實驗室設到原分所來，而我也去凝態中心設置實驗室。剛好我和林麗瓊有很多人員是共通的，原本實驗室分散在兩邊，工作效率很不好，所以實驗室設在一起方便很多。」這是合作研究的第一個模式。

## 建立極具競爭力的大型研究團隊

真正建立大型團隊的契機，則是奈米國家型科技計畫的發動。二〇〇二年，受到當時負責召集國家型計畫的台大化學系教授牟中原的號召，陳貴賢提出

「一維奈米材料」的研究計畫，預計研究各種「低維度」奈米材料，包括零維的球狀粒子、一維的線性或樹狀材料、二維的平面材料等等，並把研究主題聚焦於新的能源材料，希望能應用於太陽能電池、燃料電池、觸媒、超級電容等方面。很多能源都牽涉到催化反應，相關的催化劑或觸媒如果能做到越小，例如奈米等級，效率就會提高，甚至出現一些新的催化機制，因此尋找相關的新材料是熱門研究主題。

在這個大型研究計畫中，陳貴賢登高一呼，與過去一直有合作默契、分屬不同專長的幾位科學家組成團隊，期望提升研究效率、增加競爭力。團隊成員包括林麗瓊，她的專長是材料合成與性質分析；師大化學系的陳家俊教授，他一直在奈米合成有很大的研究能量；台大材料系的陳俊維教授對於理論模擬和光電性質有很多經驗；成大化工系的吳季珍教授原本是陳貴賢的博士後研究員，特別擅長材料合成和表面分析；淡江物理系的彭維鋒教授長期以同步輻射進行光譜研究，與團隊成員的互補性很高。

以實際的研究例子來說明，可以看出這個團隊的合作模式。近年有個非常熱門的主題是氮化鎵，這種半導體材料經常用在高功率的電子元件中。「例如我們做氮化鎵的奈米線研究，一開始請陳家俊負責合成材料，他的動作很快，一下子就想出該用什麼化學方法合成出來，而且把製程修正得更好一點。接下來交給吳季珍，她有化工系背景，可以把原本比較複雜、昂貴的合成方法改良成簡單又方便的方法，例如原本需要真空條件，她可以想出只要在水溶液裡面就

陳貴賢和林麗瓊的尖端材料實驗室每年都會舉辦郊遊，這是二〇一三年的台大─淡水單車春遊活動，立者第一排左一是陳貴賢，右一是林麗瓊。背後的建築物是台大凝態中心暨物理系館，尖端材料實驗室便位於頂樓尖塔處。陳貴賢提供。

可以進行的方法等等。」

拿到初步材料後，林麗瓊用電子顯微鏡分析材料的性質，陳貴賢的實驗室則用拉曼光譜收集材料的基礎資料，至於更深入的內層電子、能隙等特性，則由彭維鋒以同步輻射的光束線做光譜研究。總之團隊中的每一位學者都貢獻一部分，讓每一種新材料從合成方法到性質分析，都可以透過有效率的分工合作，很快得到成果。

「其實我們的團隊成員算是邊做邊調整，會隨著研究方向的修正而改變，例如原本有中正大學的王崇人教授，他的研究興趣比較偏向生物方面，而我們主要做能源方面題目，所以他另組了生物方面的研究團隊。」陳貴賢說，組成這個研究團隊，除了把原本合作多年的一群優秀科學家組合在一起，也希望能引進一些年輕人，「例如陽明大學生醫光電所的薛特（Surojit Chattopadhyay）就是這樣加入的，他是印度人，原本是我的博士後研究員，研究做得很好，我們邀請他用拉曼光譜分析材料，剛好與我的專長互補。」此外，最近又加入同步輻射中心的林宏基，負責做磁性方面的測量工作。

然而，團隊合作多多少少會發生爭執。「一般最常發生的是論文排名的分配問題，所以我覺得在合作關係上，人與人之間的化學效應很重要，大家不那麼計較，合作起來就比較容易。」陳貴賢苦笑說，他剛拿到二〇一二年侯金堆傑出榮譽獎（材料科學類），「我必須承認，拿到這個獎是建立在很多人共同合作的基礎上，但是得到獎的人是我，好像也只能請大家吃一頓飯了！」

陳貴賢看似以謙虛的態度、輕柔的聲音說著這些話，但背後卻帶有一股堅毅的神氣，讓人無法忽視。詢問陳貴賢的家鄉，他說這也是他常常提醒學生的，「我對他們說我是山上長大的小孩，南投縣國姓鄉，班上比我聰明的小孩多的是啊，不過人只有聰明是不夠的，聰明之外還要夠專注、持續，最後才能看出一個人成不成功。」

## 奈米碳管的奇蹟之旅

確實，他在研究方面的專注與持續，正是他能帶領大型團隊走過十多年、發表三百多篇論文的原動力。在奈米科學領域，從初期的人工鑽石開始，後續延伸到奈米碳管，接著做到石墨烯，以及碳六十的應用，陳貴賢做了一系列碳結構的重要研究。但這一路走來並不平坦、順遂，而是由一連串的意外發現所組成，陳貴賢坦承「我們研究的東西大都是預期之外的，很像是一直被學生意外做出的東西牽著走，讓意外的結果帶領研究方向。」

就像他會從人工鑽石轉而做奈米碳管，其實完全是一場意外。「目前半導體製程幾乎都是薄膜製程，由一層又一層的薄膜架構起來，所以發展鑽石薄膜時，是想要用鑽石來做半導體。」但是一段時間後，發現鑽石薄膜做是做得出來，效能也真的比現有的半導體好很多，例如速度快、耐高溫等，「但是成長的技術非常困難，新材料光是要做到良好的控制，就可以花上幾十年時間。」

新材料的美好遠景總是吸引人熱切投入，ＬＥＤ的氮化鎵材料便是一個很好的例子。這種材料剛做出來時前景看好，但一直長不好，過了一段時間大家放棄了，直到三十年後，日本人宣布終於成功，「這下子不得了，所有的燈泡都可以換成ＬＥＤ了，這可是幾百億美金的商機啊。」但鑽石薄膜碰到類似的問題，材料長得不好，要達到真正的實際應用還有很長的路要走。

就在這時，實驗室的一個意外發現，讓陳貴賢的研究方向轉了一個大彎。一九九一年，日本物理學家飯島澄男發現奈米碳管，這是一種管狀的碳分子，管壁上由許多碳原子構成六邊形結構，由於管子的半徑細到只有奈米尺度，所以稱為奈米碳管。奈米碳管具有非常特殊的強度、熱傳導性、磁性，而且可隨著結構變化而改變導電性，因此一出現就引發熱烈的研究風潮，也預期能應用在電子元件、複合材料、生物醫學等領域，是一種前景可期的嶄新材料。

然而陳貴賢實驗室第一次長出奈米碳管時，他第一個反應是對學生說不要做了，因為那時候已經落後其他實驗室有三、四年時間，在後面追趕實在沒意思。「不過，我們實驗室長出奈米碳管的過程似乎蠻特殊的，愈不想讓它長，卻愈是一直長出來，於是我們轉個彎開始想，說不定這可以有一些新的應用喔。」結果真的成為研究方向的一個轉戾點。

在電子顯微鏡下看起來，奈米碳管的結構是一層一層的，管狀的多層結構很漂亮。但有趣的事情來了，有一天學生嘗試把氮放進去，長出來的碳管變得很醜，看起來像是竹子，有一個一個結節，構造很亂。「那個學生本來有點氣餒，因為一般總是希望構造長得愈小愈好，單層的最好。」陳貴賢說幸好那時候沒有放棄，因為後來發現醜的碳管在某些應用中反而更好，例如碳管上面有很多缺陷，表面等於有很多缺陷，卻也比較容易放一些東西上去，讓碳管產生新的功能。甚至因為在長出奈米碳管的氣相層積過程中，氮會很均勻地跑進碳管結構內，所以後來放上去黏住氮的東西就可以分布得很漂亮、細緻、均勻，如果沒有這些氮，放上去的東西常常會聚集成一大坨。

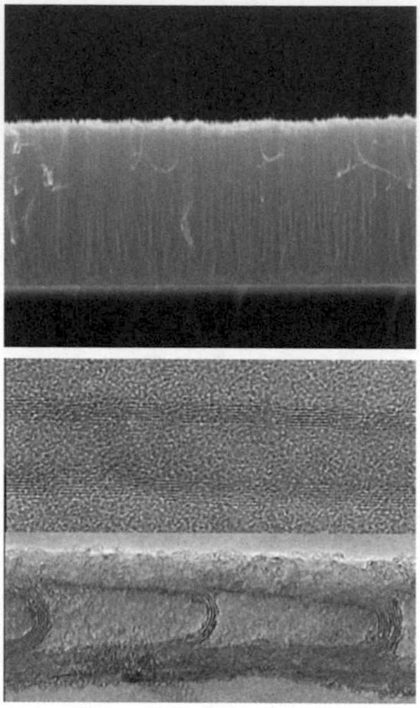

上圖為奈米碳管陣列，下圖則是管狀的多壁奈米碳管與竹節狀多壁奈米碳管，這種奈米碳管看似有缺陷，卻可以產生特殊的用途。陳貴賢提供。

於是，陳貴賢和學生把這樣的奈米碳管應用於燃料電池。要有效率高的燃料電池，就要有好的反應催化劑，也就是觸媒。目前公認白金奈米顆粒是非常好的觸媒，效果最好的白金顆粒半徑約是二到三奈米，顆粒小到這種程度，單位質量的總表面積（亦稱「比表面積」）比較大，而且其微觀結構也會產生一些活性比較大的表面。

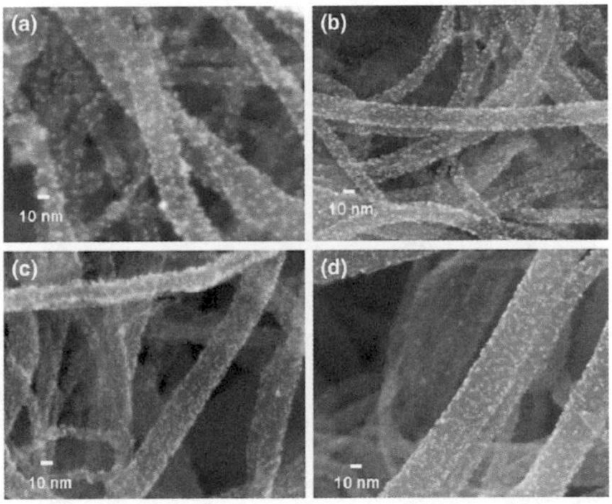


表面布滿奈米等級白金顆粒的奈米碳管。陳貴賢提供。

陳貴賢發現，把做為觸媒的白金顆粒吸附到奈米碳管上，效果特別好。「主要原因是所有的催化反應都牽涉到電子要跑出來，而電子跑出來需要通道，剛好奈米碳管是非常好的導體，催化反應產生的電子可以經由碳管跑出來，少了很多障礙，燃料電池的運作效率就可以提升很多。」

當時如何想到把白金加上去呢？「坦白說，這也是經過一段時間的摸索，」陳貴賢的語氣毫無僥倖，「這是做研究最難的部分。很多人很會考試，但是要做出一個新東西、在國際上有能見度和發言權，就不容易了。」陳貴賢說他常會用一種態度來思考問題：每一種材料有各自的特性，你怎麼讓它的優點發揮出來？這是真正的關鍵。

他們以白金讓燃料電池更有效率後，依然繼續思考，如果把白金換成其他較便宜的材料，會不會發揮更大的效能？後來果然發現，把白金換成具有電容性質的材料，整個就變成一個電容，電子同樣容易由奈米碳管進出，所以電容功率提高。「超級電容」是目前非常熱門的研究領域，不但充電放電時間極短、體積小，壽命也很長，預料將可取代攜帶式電子產品的電池。超級電容有很多材料可以選擇，最初陳貴賢選用的是二氧化釕（Ruthenium dioxide, $RuO_2$），也發表很多論文，效力是不錯，但實在太貴了，很難付諸實際應用。「我們也用過一些高分子材料，像是聚苯胺（Polyaniline），包在奈米碳管周圍，充電與放電就很方便。」

超級電容還有另一項前景看好的應用，就是以電池驅動的汽車。「例如上海世博的巴士，車上就標明是利用超級電容的巴士！」陳貴賢說鋰電池比較適合固定功率運轉，萬一車子要加速，功率就不夠，因此通常會並聯一個電容，加速時靠電容供電，之後再充電回來，所以加入電容可以讓電動車應用升級。「其實遊園車根本可以整輛車只裝電容，因為停靠每一站都可以充電，」陳貴賢笑說他一直建議台大在校園裡開遊園車，不但能解決腳踏車問題，也不會有消耗能源和汙染問題，「不過這點是我們自己的夢想啦！就類似這樣，有很多特殊應用可以思考、嘗試。」

## 捐血站的點心引發新的研究點子

然而，白金奈米顆粒應用於燃料電池還是有很大的問題，因為白金很昂貴，在地球上的藏量也很稀少，因此很多人致力於開發比較便宜的觸媒材料，例如非貴重金屬或非金屬。「台灣在這方面的研究有一位關鍵人物，」談及此，陳貴賢的聲音突然變得柔和，「黃朝榮教授過去在美國通用汽車研發燃料電池，做了幾十年，回台灣後一直很樂意幫忙工研院、元智大學等地方研發燃料電池，到處講學、擔任顧問，與我們實驗室的關係也很不錯，但後來不幸因為癌症過世了。」黃朝榮來到原分所時，建議陳貴賢和學生尋找替代白金的觸媒材料，也以自身經驗提供一些研究方向，確實讓他們找到一些有催化效力的東西，但效果與其他文獻差不多，沒有太大突破。

不過連黃朝榮也沒想到的是，他建議的方向竟然引發一個非常傳奇的故事。有一天，實驗室一位台科大材料所博士生張孫堂在台大側門的麥當勞吃東西，看到固定停在馬路對面的捐血車，心血來潮跑去捐血。捐完血後，他拿到一盒牛奶和一包餅乾，一般人可能吃掉就沒了，不過張孫堂仔細看看營養成分，發現含有維生素B12，他心想，維生素B12的結構是什麼樣子呢？回到實驗室後，他Google了一下，發現分子結構很大，而且和他做的白金替代觸媒的結構非常相似，他突發奇想，何不拿維生素B12來試試看呢？試做之後，竟然發現催化效果非常好，「這真的是完全意外的發現啊！」陳貴賢笑著說。

具有催化效用的主要是維生素B12內的中心環狀結構（core ring），最中央有個鈷，旁邊環繞四個氮；在大自然中，像這樣中央有個鈷或鐵或鎂、旁邊環繞四個氮的分子非常多，例如紫質（porphyrin，血色素的前驅物）、葉綠素等，表示這類結構在大自然中非常關鍵，是發揮作用的位置。「我們以維生素B12作為觸媒，發揮的功率約是白金的一半，已經是目前所有非白金觸媒之中效率最好的！」陳貴賢驕傲地說。

張孫堂的研究論文發表在很有影響力的《能源與環境科學》（*Energy and Environmental Science, EES*）期刊，也在台灣和美國申請了專利，並獲得十幾份國際科學雜誌爭相報導。「我也推薦他爭取年度傑出論文獎，這真是很有趣的科學研究故事，」陳貴賢開心地說，「目前我們繼續這方面研究，自己合成分子，把裡面的鈷換成鐵或鎳，觀察各式各樣表現，希望表現得更好。」

## 學生的堅持所開創的石墨烯意外之旅

陳貴賢的意外旅程還不只於此。繼鑽石薄膜、奈米碳管之後，他們也開始做另一種含碳構造，目前非常熱門的石墨烯。奈米碳管是以六邊形的碳原子構造組成細長管狀，石墨烯則是六邊形的碳原子構造組成一大片平面，過去認為這種構造並不存在，直到二〇〇四年，物理學家諾佛謝洛夫（Konstantin Novoselov）和蓋姆（Andre K. Geim）用膠帶反覆撕出只含一層碳原子的石墨烯，不但轟動學界，也立刻於二〇一〇年獲頒諾貝爾物理學獎。石墨烯的特性是透明、導熱性極佳、電阻極低，因此預期可以發展出非常薄、導電更快的電子元件，應用於觸控螢幕和太陽能電池等。

其實陳貴賢一開始也沒有趕上石墨烯的研究熱潮。後來有一位台科大的博士班學生胡銘顯來到實驗室，用成長奈米碳管的條件調整一下，就長出石墨烯，但是意外又來了，胡銘顯的石墨烯和別人長出來的不一樣，別人多半長出很平各式各樣的奈米結構材料，右圖為類似松樹的奈米針尖陣列。陳貴賢提供。

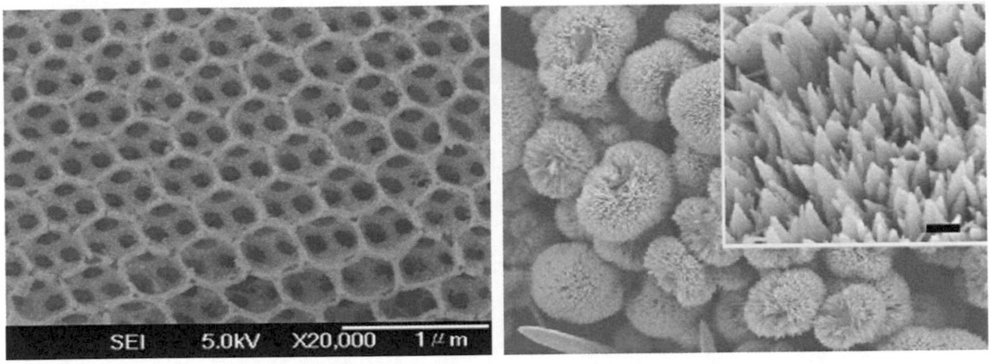


坦、很完美的石墨烯，可以用來研究電子特性等等，「而我們長出來的石墨烯卻是一片一片立起來的，厚度只有五奈米，每兩片的中間像三明治一樣夾著一層碳化矽（silicon carbide），所以表面積變得很大，應用性比別人的石墨烯高多了，真的是意外得到這種很特殊的材料。」目前，陳貴賢的實驗室正在研究這種材料的超導性質、超級電容等方面的特性。

「坦白說，我們研究的東西大都是預期之外的，而我最自豪的是實驗室有這麼多儀器，大多數又都是可以正常運作的，只要給學生一個方向、只要他們有耐性、好好做實驗，就一定可以做出新的好材料。」陳貴賢很肯定地說。這種堅韌的意志力與信念，其實可以回溯到陳貴賢的大學時代，「可能與我打橄欖球有關，我是台大橄欖球隊第三十五屆的隊長，其實台大學生體能好的不多嘛，所以進橄欖球隊只要願意接受磨練，保證打到第四年一定可以上場打冠軍戰！」陳貴賢大笑著說，「所以我很驕傲的是，我的學生只要肯好好學，都可以走出自己的一條路。」

但是如果給過很多機會，學生還是不認真，性格強勢的陳貴賢二話不說就會請他們離開，「從這一點就可以看出我和林麗瓊的個性很不一樣，她總是想要把他們拉回來啦！」陳貴賢說和太太合作研究這麼多年，夫妻倆意見不同、發生爭執的機會當然有，但是盡量不把工作的爭執帶回家，「有些人就不喜歡夫妻倆合作研究，不過我倒是覺得，在家裡趁機溝通一下也沒什麼不好啊，」特別像林麗瓊現在是凝態中心主任，陳貴賢擔任原分所副所長，兩個人都很忙碌，要在學校談研究的事情很困難，只能回家找時間討論，「小孩子忍不住會在餐桌上說，爸媽你們又把實驗室的事情帶回家討論了！」

## 令人稱羨的學術界夫妻檔

學術界不乏知名的夫妻檔，例如生物醫學界的詹裕農與葉公杼院士，同樣自年輕時便以各自專長建立共同的實驗室，他們為了照顧小孩而把實驗時間錯開的故事眾所周知。談到這一點，陳貴賢說：「我和我太太也是有一些分工，例如我們很少同時出國，一方面是家裡有小孩子的關係，二方面是實驗室滿大的，有人看著還是有差啦，有時候出去一個星期，回來就覺得不一樣了！」這雖是玩笑話，但錯開出國時間，還真的造成很有趣的結果。陳貴賢和林麗瓊的研究領域彼此重疊，但兩人很少一起出國，所以國際上的共同朋友根本不知道他們是夫妻，「直到某一次我們終於同時出現，他們才恍然大悟！」

而除了夫妻合作研究、因著奈米國家型計畫的契機而組成大型團隊之外，陳貴賢更參與許多跨國研究計畫，例如在奈米計畫總主持人吳茂昆的牽線下，透過美國空軍的資助與美國學者合作，以及兩岸三地的奈米科學交流，「每年由中國、香港和台灣三地輪流主辦，比較特殊的是大家都用中文討論奈米科學，感覺很不一樣喔，大家似乎覺得很親切，彼此完全沒有保留！」陳貴賢大笑說，「把最新的成果都拿出來講，感覺很不錯。」

陳貴賢這些年來的研究成績有目共睹，論文發表獲獎無數。他的實驗室簡直像八國聯軍，學生和博士後研究成員來自十幾個不同系所，包括物理、化學、材料、化工等，各種技術都可以找到學生來幫忙，可說是大團隊之下的微型綜合團隊，一同在「奈米科學」這個平台上發揮各自的長才，將「跨領域」的研究精神發揮到極致。

# 亞洲第一的奈米光電複合材料，改良高分子太陽能電池效率

交通大學材料科學與工程學系特聘教授 韋光華

撰文／李名揚

韋光華是美國麻州大學的化工博士，一九九三年進入交通大學任教。他本來是研究有機化學，直到一九九四年日本豐田汽車（TOYOTA）以尼龍和黏土製造出「奈米複合材料」，引起他的興趣，從此一頭栽入奈米科技的領域。

一般材料可分為有機材料和無機材料，有機材料如高分子或蛋白質，是由碳、氫、氧、氮等元素構成，具有柔軟性，可以拉伸；無機材料如金屬、金屬氧化物、陶瓷等，這些原子排列成規則的晶體結構，特徵是很硬、很脆、機械性質很好，但延伸性不好，雖然有些金屬可以拉伸，但不能像皮膚這樣彎來彎去。

如果能發明一種材料，不但可以拉伸，也有很好的機械性質，例如做成運動鞋的鞋底時，不但可以吸收振動壓力，又有足夠的剛性，不會因為太軟而一踩下去就裂了，這就是非常好的材料。但要做出這種材料，對科學家是很大的挑戰，奈米複合材料的出現，正可以實現這個理想。

## 結合有機與無機材料特性的奈米複合材料

要了解韋光華的研究成果，得先簡單認識一下何謂奈米複合材料。

把有機和無機材料混在一起時，因為結構和性質不相容，兩者之間不

容易形成鍵結，所製造出的材料很容易從兩者的界面開始破損，最後整個材料都壞掉。有機分子之間要形成穩固的共價鍵，最常見的方法是在分子上面設法連接「官能基」，只要官能基互相連接，就可以把分子結合在一起。可是無機材料都是結晶型，即使設法在材料表面連接了官能基，但是表面原子占所有原子的比例太低，材料內部占了絕大多數的原子還是無法安裝官能基。

幸虧隨著奈米技術的開發與進步，出現了奈米大小的無機材料顆粒，把無機材料的基本性質變得與有機材料比較能夠相容。例如金的熔點很高，達攝氏一千零六十四度，可是若做成二到三奈米大小的奈米金顆粒，不但顏色變成紅色，熔點也大幅下降到攝氏一百度。

熔點下降的原因是這樣的，一般的金塊是以金屬鍵把很多金原子結合起來，而在塊狀材料表面有一層金原子無法排進晶格內，與內部的鍵結比較弱，不過表面原子在塊狀材料中所占比例極低，因此金屬性質是由塊狀性質控制；可是做成很小的奈米顆粒後，表面相對於整體體積所占的比例就大多了，無法排進晶格的表面金原子比例高達百分之二十到三十，這時表面作用就會控制奈米金粒子的性質，使得要將這些金原子彼此拆開的能量大幅下降，熔點就降低了。

這樣會造成兩個效果：首先是可以連接官能基的表面原子比例大增，於是我們可以用不同的小型有機分子來修飾金屬顆粒的表面，增加金屬粒子和有機分子產生鍵結的力量。其次，大部分有機材料只要到攝氏一百度以上就會熱熔，變成液態，方便做後續處理，然而無機材料的熔點都很高；現在奈米顆粒的無機材料熔點下降後，性質與有機材料比較接近，就會和有機材料同時變成液體而可以混合處理。

## 看準時機，大膽跨進新領域

一九九四年，日本豐田汽車公司首先以尼龍和黏土做出奈米複合材料。韋光華的學生看到這項研究成果後，找他討論，他覺得這是值得進一步研究的題目，而且與自己一向專精的有機化學有關，於是大膽決定傾全力投入此一剛開始發展的全新領域。

韋光華說明，豐田原本的目的是要製造在車上使用的尼龍，尼龍是有機高分子材料，熔點很低，用在會產生高熱的地方容易損壞，於是豐田的研究人員想到，如果讓尼龍和堅硬的二氧化矽結合在一起，說不定可以改變這種狀況。

豐田使用的二氧化矽來源是黏土，黏土是二氧化矽混合了氧化鋁、氧化鎂的層狀結構，帶負電荷，會和層與層之間的鈉離子形成離子鍵，成為一層二氧化矽、一層鈉離子等以此類推的三明治結構。

豐田的研究人員首先將黏土泡水，讓水分子進入層狀之間，形成氫鍵，把層間的距離撐開，因而使整塊黏土體積膨脹；然後，他們讓一種帶正電荷的有機小分子擴散到二氧化矽層間，取代鈉離子，結果這些有機小分子就像一把把起子一樣，把一層層的二氧化矽撬開，變成分散成一片一片的奈米級薄片材料。

接下來將這些薄片材料泡在尼龍基材裡。尼龍是醯胺類（amide）的聚合物，其單體是含有氮原子的帶正電荷小分子，與二氧化矽內氫鍵的親合力比較強。加熱讓它們發生聚合反應後，就形成以尼龍為主、中間隨機分布許多黏土單層的奈米複合材料（黏土單層的面積約一百奈米乘以一百奈米）。

這種材料既有尼龍的柔軟度、可以拉伸，又有二氧化矽提供的剛性，具有機械強度，也就是結合了兩種材料的優點。這種材料的成敗關鍵在於兩種材料之間的結合界面必須縮小到奈米等級，若不是奈米級，則尼龍和尼龍分子之間的作用力，以及二氧化矽和二氧化矽之間的作用力都很強，界面之間的作用力卻相對較弱，應力傳到界面時就會破裂，因此必須讓尼龍和二氧化矽兩者的其中之一縮小到奈米等級，使兩者變得無法區分，於是應力傳到界面時，兩者合而為一共同抵抗應力，就不會破裂了。

在這種材料中，比例最高的是尼龍，縮小到奈米等級的薄層二氧化矽只占百分之五到十。豐田汽車將這種材料應用於引擎傳動軸的皮帶，可以增加耐熱度；後來他們授權出去，應用在很多耐熱的材料上。

韋光華仔細研究豐田的研究成果，思考自己能做些什麼。他首先想到，尼龍是極性分子，還有哪些分子有類似性質呢？例如醯亞胺（imide）也是藉由碳氧鍵（CO）和氮（N）鍵結而產生的極性分子，胺基甲酸乙酯（urethane）則會產生氫鍵，可以從這些類似的東西下手。於是他和學生開始使用可以做防火塑膠的聚醯亞胺（polyimide），以及可以做人工血管的聚胺基甲酸酯

（polyurethane，簡稱聚胺酯），以之取代尼龍。他們設法在奈米等級的二氧化矽表面修飾官能基，造出結合力更強的共價鍵，來和聚醯亞胺及聚胺基甲酸酯這些高分子材料結合。

韋光華的實驗室是全世界最早開始研究奈米複合材料的團隊之一，經過兩年多的努力，他們在一九九六年成功合成出新的奈米複合材料，發表第一篇論文，也申請了專利，而在當時，國內還沒有多少人聽過「奈米複合材料」這個名詞呢。

## 以奈米複合材料改進太陽能電池的發電效率

這方面的研究一直做到二〇〇二年，隨著半導體材料的需求，韋光華開始研究量子點，也就是把半導體材料做成一到十奈米大小的顆粒，然後做一些相關研究。二〇〇五年，石油價格開始上漲，從一桶二十美元快速上漲到六十美元，能源成為人類未來將面臨的重大議題，韋光華認為應該轉而研究能源相關的問題。以自己的高分子化學背景，加上研究過奈米級黏土，他決定研究另一種奈米複合材料的應用：結合共軛高分子與奈米碳球的新型太陽能電池。

共軛高分子的主鏈是由單鍵和雙鍵交替連接而成，具有和半導體類似的特性，都會吸收光能而產生一對電子和電洞。新型的太陽能電池便是利用此特性來發電，優點在於相同厚度下，共軛高分子的吸光能力是矽半導體的一千倍，換句話說，只要一般矽晶材料厚度的千分之一，就可以吸收到相同的光能。

可是以目前市面上的矽太陽能電池來看，光能轉換電能的效率已可達到百分之十八，若只用純共軛高分子來做太陽能電池，轉換效率卻低於百分之一，這是因為共軛高分子的成分是有機材料，與矽的性質不一樣。以矽太陽能電池而言，只要外界提供的能量達到零點零二五電子伏特，電子和電洞就會往兩邊移動而分開，而一般室溫所能提供的能量就大約有零點零五電子伏特，足以使其分開；可是若用共軛高分子，必須提供一電子伏特的能量才行，因此室溫能提供的能量不夠，吸光之後電子和電洞不但不容易往兩邊跑走，還很容易再結合而放出光子，卻不會產生電能。

然而美國物理學家希格（Alan. J. Hegger，二〇〇〇年諾貝爾化學獎得主）發現，只要在共軛高分子基材中加入奈米碳球，就能解決這個問題。韋光華舉例說，共軛高分子吸收光能後會產生一對電子、電洞，它們就像一對浪漫情侶，坐在公園裡相依偎，由於有機材料的介電係數很低，周遭的事物（弱電場）無法影響它們，即使稍微分離，也很容易再靠在一起。但若公園裡有另外一男一女（強電場）和這一對情侶互動，就可以把情侶分開。如果在共軛高分子中混入奈米碳球，因為電子喜歡奈米碳球，而電洞喜歡留在共軛高分子材料中，兩兩就會分離，於是電子一路經由奈米碳球跑到陰極，電洞則走共軛高分子材料路線跑到陽極，結果產生電能，可以使轉換效率提升幾個百分點。

韋光華一開始的工作，是從他的高分子化學老本行出發，研究能夠吸收更多光能的共軛高分子。他指出，太陽光的能量約有百分之五分布於紫外光，但紫外光的能量太高，會將原子之間的鍵結打斷，因此一般都不考慮使用；另外約有百分之四十五分布在波長四百到八百奈米的可見光，百分之四十九分布在八百到二千奈米的紅外光。共軛高分子主要是吸收可見光波段，這個波段的波長範圍小，能量卻高，因此容易設計。當時世界上共軛高分子最好的吸光效率只有百分之二十，韋光華將其逐步提升到百分之二十五，看起來不多，但事實上提升了四分之一的吸光能力，進步相當大。

接著可以做的是改變高分子的結構，讓高分子能夠結晶，這樣可以提升電洞的傳輸速度。在高分子材料中，電子的移動速度比電洞快，不斷照光產生電子、電洞時，電洞會累積在材料內，很容易與電子再結合。如果可以提高電洞移動的速度，就能降低二者再結合的機率，進而提高光電轉換效率。韋光華的實驗室在二〇一〇年找到結晶性非常好的高分子，電子和電洞在其中的移動速度相當接近，使元件的轉換效率提高到百分之四點七。

## 奈米碳球團引導電子一步步跳躍

接著，他又從奈米碳球下手，捨棄常用的碳六十而改用碳七十，他的考量是碳六十幾乎不吸光，而碳七十可以吸收波長四百到四百三十奈米的藍光，這個波段正好是共軛高分子較少吸收的，形成互補作用，因而擴大了整體的吸光範圍。就這樣，他們在二〇一一年初達到了百分之六的轉換效率。

接下來的工作則是改造奈米碳球。韋光華表示，現在已經知道，若兩個元件的奈米碳球比例、重量都一樣，但發電效率不同，主要是受到奈米碳球分散方式的影響。目前把奈米碳球混在共軛高分子裡面，遇到的最大問題是完全不知道混合結果會變成怎麼樣，只能在混合之後測量元件的發電效率。若能找到奈米碳球最適當的分散方式，就能有效改進光電轉換效率。

這部分有兩個問題必須同時解決。第一個是界面的問題，若奈米碳球聚集成團，則只有最外面一層能和共軛高分子接觸，總表面積小，不利於引導電子移動；分散性越好，表示總表面積加起來越大，界面越多，可以幫助電子移動。

可是也有另一個相反的問題，就是電子和電洞順利解離之後，還要把二者傳遞到電極去。奈米碳球是電子移動的路徑，如果奈米碳球分散得很開，每個奈米碳球周圍都有高分子包圍住，則電子必須不斷在奈米碳球之間躍遷；同時，電洞是沿著高分子材料移動，結果電子在每個奈米碳球間躍遷時，很容易碰到高分子中的電洞而再結合。

根據韋光華的研究，最好的方式是讓每個約一奈米大小的奈米碳球，適當聚集成二十奈米大小的奈米碳球團，如此一來，在這二十奈米的範圍內，電子不會碰到高分子中的電洞，然後再跳到另一個奈米碳球島，這樣做會讓電子和電洞再結合的機率最低。於是，他在溶劑中添加界面活性劑，幫忙把奈米碳球分散開，但又不會完全散掉，最後達到了百分之七點三的光電轉換效率，是世界第二、亞洲第一，僅次於美國芝加哥大學華人科學家俞陸平的百分之七點九。

這樣的轉換效率當然與矽太陽能電池仍有一段差距，不過韋光華指出，共軛高分子太陽能電池的優勢在於非常輕薄，將來可以用於手機、筆電甚至帳棚、衣服上，憑著這種優勢，他相信只要能將奈米碳球團的大小精準控制在二十奈米左右，理論上轉換效率應該可以超過百分之十，就會有商業價值。

而從百分之七點三要進步到百分之十絕對是有機會的，韋光華仔細計算過：他正在設計吸光範圍較偏向八百奈米紅外光的共軛高分子，目標是將吸光率從百分之二十五再提升到三十；他也努力研發可聚集成二十奈米大小的奈米碳球團的技術，如此一來，吸光後產生的一對電子和電洞順利擴散到奈米碳球和共軛高分子之間界面的機率可以從百分之五十提升到六、七十，而電子和電洞不會再結合、能順利傳到兩側電極形成電流的機率也可從百分之五十提升到六十，總合起來，光電轉換效率就可突破百分之十了。

## 有適當題目、適當對象，才能合作愉快

目前，韋光華正在和中研院原子與分子研究所副研究員李連忠合作，打算以石墨烯取代現有的氧化錫銦做為電極，利用石墨烯既有彈性、機械性質又強的特性，製作出可撓曲的太陽能電池。不過，單層石墨烯的電阻太大，氧化錫銦的電阻是每單位面積二十歐姆，而單層石墨烯高達三千歐姆。他們現在用三到

五層石墨烯堆疊在一起，再以有機分子修飾，已將電阻降到一百歐姆出頭，但仍需要更進一步的研究。

韋光華和李連忠的合作過程相當愉快。「因為他主動，我也很主動。我們兩個是論文的共同作者，他改好論文寄給我，我一定放下手邊所有工作，先看這篇論文，然後很快回信給他。我們兩個都很重視這項合作案，研究進展就很順利。」不像有些學者，會因為論文不是自己單獨掛名，把處理的優先次序擺在後面，就會影響另一方的合作意願。

韋光華曾有一次很失敗的合作經驗，那時他擔任一項太陽能電池相關研究計畫的總主持人，將任務及經費分配給各分項主持人，大家分頭進行，最後再整合。但有一位分項主持人拿到研究經費後，卻自顧自地研究，結果做出來的元件無法和其他人的元件配合，這位分項主持人也不在乎，反正自己可以發表論文就好。結果可想而知，整項計畫並不太成功。

韋光華本身擅長的是合成化學高分子，並以適當的方式混入奈米碳球，達到理想的分散程度，但要把這些東西做成元件卻非其所長，因此經常要和其他學者合作。不過他只停留在能源領域，並未跨足另一項最熱門的生醫領域，他的考量是，光是在能源領域，太陽能電池就是很好的題目，同領域的學者很容易溝通，也可以將研究做到很完整；而生醫領域和他所擅長的項目相差很遠，所使用的語言也不盡相同，光是決定題目可能就要經過長久溝通，也不容易找出最合適的合作方式，那麼不如不要跨入這個陌生領域，以免失控。

## 做研究就像煮開水，一口氣煮沸才能關火

研究共軛高分子太陽能電池這個題目有一個最大的特點，就是這項研究具有很高的競爭性。一般的基礎研究只要做成一種新的材料、把材料的性質分析出來，基本上就可以發表論文。可是做這種高競爭性的研究，除了比賽誰的材料新、現象新，元件的轉換效率還必須高到某一個程度，期刊才會接受。「光電轉換效率」是一個清楚的標準，一翻兩瞪眼，無可辯駁。韋光華於二〇〇五年投入相關研究，二〇一二年論文才登上頂級期刊，就是因為開發新材料非常困難，導致早期發展的太陽能電池效率不高，很難發表於好的期刊。

韋光華說，他和學生最大的壓力，就是每天都要看期刊裡面有沒有人發表更高效率的元件，有的話只好儘快追趕。所以他總是要求學生，要拚著一股熱忱，在適當的時間集中力量，也許兩、三個月都不能休息，一口氣把研究做出來，等論文發表了再好好休息；不然讓別人搶先做出、發表，自己的研究就完全沒機會發表，過去的努力完全泡湯。他說，這像是煮一壺水，不能煮一半就把瓦斯關掉，那樣永遠不會達到沸點，而是要等煮沸以後才能關瓦斯，做研究要有這個心態才能成功。

他的親身經驗就是二〇一〇年發表的轉換效率百分之四點七的元件，當時負責這項實驗的學生，工作模式是上午十點進實驗室後，一直做到凌晨四點，一口氣將實驗完成後才回家休息，等第二天來，又可以直接進行下一步。當時元

件做出來後，他們馬上投稿，因為期刊論文是「誰先刊登誰贏」，就像諾貝爾獎，只有第一個做出來的人有機會。

至於後來百分之七點三、世界排名第二的那項研究成果，則讓韋光華有些扼腕。當時，加州大學柏克萊分校的佛雷契（Jean M. J. Fréchet）、西雅圖華盛頓大學的任廣禹，以及韋光華，都使用同樣結構的共軛高分子做一些改進，結果前兩組團隊比韋光華早一個月發表，雖然韋光華團隊的轉換效率較高（當時還不到百分之七點三），但價值降低，沒辦法登上頂級期刊。主要原因在於他的實驗室人力較少，負責這項工作的學生需要休息，拖了三個月才做完實驗。韋光華說，幸好他當初叫這名學生必須集中力氣做三個月研究，否則若拖到半年，就根本不用發表了。

後來他們使用添加劑使奈米碳球分散，將轉換效率提高到百分之七點三，才投稿到很好的期刊。儘管如此，他仍得引用佛雷契和任廣禹的論文，因為這兩人比他先發表那種分子結構的研究結果。

這項研究也是奠基在轉換效率百分之四點七那個元件的基礎上，韋光華表示，實驗室必須要有一、兩個很優秀的學生，做出很棒的成果，這樣可以帶動整個團隊快速發展，因為其他學生可以承接這些很棒的成果，做出很好的後續研究。「我們從小到大，都是由考試成績決定一個人在校表現優秀與否，可是到了研究所，就不再是由考試決定，而是看做事的表現，而表現好壞和一個人的態度及認真程度有關。」

韋光華表示，做研究這件事，有點像走進一個隧道，進去時一片黑，有非常多的未知數在前方等待你探索，即使花了很長時間，可能仍不知道何時可以走出隧道。這時最重要的是不要一直思考「我何時才能走出隧道」，這樣會干擾做實驗的態度，而是要讓自己專注於實驗本身，直到窺見前方出現微弱亮光，才會知道快出隧道了，接著一下子走出來，達到目標，獲得了實驗成果！唯有這樣，才能成為成功的研究者，能在世界舞台上與他人競爭。

# 新一代電晶體先驅，帶領半導體產業邁向高效能、低耗能的未來

交通大學電子工程學系特聘教授 荊鳳德

撰文／李名揚

半導體工業可說是台灣最重要的產業，也是應用「奈米科技」的大戶，例如預計到二〇一四年，台積電的十六奈米製程（即積體電路上的導線寬度僅十六奈米）將進入量產階段。積體電路上的各種元件不斷縮小，各種新問題也會不斷出現，這些奈米等級的問題，當然只能依賴奈米科技相關研究才能解決。

交通大學電子工程系教授荊鳳德就是其中的佼佼者之一，他的研究成果可以有效解決電腦過於耗電的問題，預計未來幾年內就會造成半導體界的重大改變。

## 改變傳統思維，發明創新成果

傳統的電晶體是「金屬氧化物半導體場效電晶體」，做法是讓矽基板半導體的表面氧化，成為一層二氧化矽的薄膜，之上再以摻入雜質的多晶矽製作一層導電層。

金屬氧化物半導體的製程已經發展了半個世紀，隨著微縮技術的進步，現在那一層二氧化矽的厚度已經減到僅有一點二奈米，只有幾個原子那麼厚。這一層二氧化矽越做越薄的優點，是可以提高電晶體的「電流驅動率」，這是因為積體電路中有許多電容，電流要從導電層穿過二氧化矽去為電容充電，所以這一層二氧化矽越薄，電流就越

大，而用大電流為電容充電可以提高整體的運作速率。

然而這麼薄的二氧化矽，從量子力學來看，電子有機率直接穿透，從導電層漏到矽基板上，這種漏電會增加電晶體的耗電量。

一九九七年，荊鳳德在電機電子工程師學會（IEEE）的期刊上發表一篇論文，說二氧化矽厚度可以做到一點一奈米，但這已經到達物理極限。他著手思考怎樣解決這個問題，有一次和一名想要攻讀博士的學生聊天，轉頭拿杯子時，看到鋁門窗，突然想到國中老師講過的話：「鋁門窗和鐵窗不一樣，鐵窗氧化後會一直鏽下去，直到完全崩解，但鋁只會氧化最外面的一層。」他靈光一閃，想試試看用氧化鋁來取代二氧化矽，看看是否能增加厚度、避免漏電，又能維持較高的電流驅動率。

金屬氧化物半導體場效電晶體的構造本身就是一種電容，電容的大小與兩片電極板的面積及中間介質的介電常數成正比，而與兩片電極板之間的距離成反比。當時所有人思考加大電容的方法，都是減少二氧化矽的厚度（即兩片電極板之間的距離），但荊鳳德從完全不同的角度出發，考慮增加介電常數，所以才會想到高介電常數的氧化鋁。

他的方法是先在矽基板上鍍一層氧化鋁，取代二氧化矽，由於氧化鋁的介電常數值較高，因此即使稍微厚一點，電容一樣可以很大，而厚一點可以減少漏電；另外，他的導電層也用金屬取代多晶矽。荊鳳德在一九九八年發表全世界第一個用金屬氧化物（氧化鋁）取代二氧化矽製作的電子元件，立刻引起學術

荊鳳德於研究室留影，背後是無數的學術界榮譽。荊鳳德提供。

界和各個半導體大廠的注意，然而一直到將近十年之後的二〇〇七年，英特爾才開始量產這種新一代的半導體元件。

會拖這麼久，是因為相關技術非常困難，而且難度遠超乎想像。直觀來看，這似乎只是要在矽基板上鍍一層金屬氧化物，但是金屬氧化物和矽基板之間會產生反應，使場效電晶體的特性發生衰減。

荊鳳德第一次發表氧化鋁的研究成果之後，學術界及產業界紛紛開始尋找其他適合的金屬氧化物，並進行後續實驗。後來德州大學奧斯丁分校的華裔科學家Jack Lee提出了介電常數值更高的氧化鉿，英特爾在二〇〇七年開始量產時，採用的正是氧化鉿，這種材料的實際厚度為三奈米，因此可以有效避免電子穿透；而電流要從導電層穿過氧化鉿去為電容充電時，相當於只穿過厚度一點〇奈米的二氧化矽，比量產的一點二奈米更薄，因此整體運作效率相當高。

後來IBM也在二〇一〇年開始量產，用的是荊鳳德的新發明，他在氧化鉿中加入氧化鑭和氧化鋁，實用性更高，相關研究成為這個領域引用率高達前百分之一的高引用論文。這種材料的優點在於製作的技術比較簡單，與傳統用二氧化矽和多晶矽製造晶片的方法完全一樣，只是鍍了一層氧化鉿之後，上面再多鍍一層氧化鑭和氧化鋁，雖然鍍了兩次，但是技術與過去的電晶體製程彼此相容，而且具有面積較小和積體電路密度更高的優勢。

這種方法還有另一項優點，就是電晶體的起始電壓比較低。荊鳳德舉例說明，英特爾最近有一顆中央處理器的工作電壓是零點七伏特，若起始電壓是零點二伏特，兩者的電壓差是零點五伏特；但若起始電壓高達零點五伏特，則電壓差僅有零點二伏特，而電晶體的電流強度與電壓差成正比，因此起始電壓越低越好。不過整體來說，英特爾和ＩＢＭ做出的兩種成品效果接近，荊鳳德認為將來的競爭誰能領先還很難說。

這種高介電常數的氧化物電晶體可以節省能源消耗，而且節省程度高達將近兩個數量級，依照英特爾共同創辦人摩爾（Gordon Moore）的說法，這乃是過去半個世紀以來電晶體最重要的發明，甚至有機會獲得諾貝爾獎。台灣發表的論文不但是研究方面的先驅，也成功應用於十二吋晶圓的量產，表示台灣的研發實力已達世界級的水準。

## 出身不同，因此能有革命性想法

荊鳳德認為，當初他會想到把二氧化矽換成金屬氧化物，有一個很重要的因素：「我不是這一行出身的，否則誰敢把矽換掉？」

荊鳳德畢業於清華大學電機系，他大學時期曾經對物理很有興趣，去聽了一些課，考試成績也很好，可是後來想想，還是懷疑自己念物理是否真的能做出重大突破，所以最後還是留在電機系。

一九八四年，荊鳳德前往美國密西根大學深造，研究三－五族（即元素週期表中的三A族和五A族元素所組成的化合物）微波光電，是當時最熱門、最具有未來性的領域，美國國防部提供了很多資金委託大學教授進行相關研究。畢業後，他先後去貝爾實驗室、奇異公司的電子學實驗室和德州儀器公司的半導體元件中心工作，繼續研究光通訊和微波積體電路，很多研究成果都賣給了美國軍方。

一九九二年他接受健康檢查時，X光掃描發現淋巴腫大，醫師說這種情況有百分之九十五的機率是癌症，必須做切片詳細檢查，幸好發現他剛好屬於不是癌症的那百分之五。「待在美國雖然不錯，但這次萬一真的得了癌症，我就要客死異鄉了！」想想自己的人生，荊鳳德不希望出現這樣的結果，於是決定收拾行囊，返回故鄉，進入交通大學任教。

回台灣後，他發現學生沒興趣研究三－五族的砷化鎵半導體，因為台灣的發展重點在於矽半導體，於是他轉行研究金屬氧化物半導體。但是他欠缺這方面的背景，只能自己看書、聽演講、讀論文，從頭開始學。「好像又念了一個博士！」荊鳳德笑著說。

正因為這樣的背景，他有一些想法和傳統研究矽半導體的想法不一樣，例如他剛開始想把二氧化矽換成高介電常數材料時，有次去新竹科學園區一家著名的公司演講，講到這個構想，結果現場的研究人員和工程師都認為：「絕對不可能！」可是後來證明他的想法是可行的。荊鳳德說，對他來說，這是一個全新的領域，因此不會受到傳統想法的羈絆，他認為要突破材料本身的限制，當然只有換材料，而這是學矽半導體的人從不敢想像的做法。

荊鳳德也認為，只要是對的事，就該全力以赴，遲早會證明你的堅持是對的。他從二〇〇四年開始，將高介電常數材料及金屬閘極應用於快閃記憶體，其後並發表了一系列的論文，成為這個領域的先驅。後來，他發表的論文受到「國際半導體技術藍圖」（The International Technology Roadmap for Semiconductors）所引用，成為製造快閃記憶體的必須技術，最後終於在二〇一一年由英特爾（Intel）和美光科技（Micron Technology, Inc.）合資的「英美快閃科技」（IM Flash Technologies）量產成功，成為全球最成功的一二八快閃記憶體。荊鳳德貢獻的高介電常數快閃記憶體專利，使台灣進入產值高達數百億美元的「次二十奈米」（即二十奈米與小於二十奈米）快閃記憶體市場，能夠與三星電子、英美快閃科技、東芝等國際級公司競爭。

至於未來，荊鳳德認為矽電晶體會逐漸轉換成鍺電晶體，也就是在矽基板上面鍍一層很薄的鍺，因為電晶體的速度如果要更快，電流驅動率就要更大，而鍺的電子遷移率比矽快。雖然這樣會增加成本，但可能只增加百分之三的成本，效果卻增加一倍；還可以降低耗能，比英特爾最先進的技術減少一半的耗能，於是散熱也很容易。他形容這是半導體界的千里馬，這匹馬不必吃草、喝水，卻是世界上跑最快的一匹馬，英特爾和ＩＢＭ都看好這方面的發展。

更有利的是，世界上研究鍺電晶體的傑出團隊只有三個，荊鳳德的實驗室是其中一個，目前全世界電流驅動率最大、運算速度最快的N型鍺電晶體，正是他的實驗室開發出來的。而現在奈米國家型計畫仍繼續支持他做後續研究，讓他大有可為。

## 足以讓半導體產業翻盤的研究，再困難也值得投入

荊鳳德曾經應邀到新加坡國立大學和微電子研究院擔任客座教授，他認為那裡的做法值得台灣參考。為了發展微電子領域，新加坡國立大學從世界各地招聘了許多優秀的教授，也建立非常好的團隊合作精神，他們固定每兩週開一次會，如果有不同人的研究主題重複了，就互相協調，或乾脆合作。此外，由於他們的目標就是要追求最好的研究品質，因此評審系統完全國際化，投稿論文也一定選擇最頂級的會議和期刊。

他強調，合作的效果有時不是一加一等於二，而是大於二，透過互相討論，激發智慧的火花，確實能做到「三個臭皮匠勝過一個諸葛亮」，做出領先世界的研究成果。他和新加坡合作發表了一百多篇頂級論文，現在希望這種模式也能在台灣實行。

他自己的實驗室就先這樣做：任何一個實驗室成員碰到問題，都可以在會議中提出，大家一起來討論，思考解決方式。舉例來說，鍺電晶體的研究曾經遇到很大麻煩，就是鍺和矽的晶格不一樣，讓鍺在矽上面自行堆疊時（實驗室的

用語稱為「長」），會產生很多缺陷。這個問題一直無法克服，有一次討論時，他們突然想到：「是否可以不用長的，改用黏的？」於是那名學生開始進行這方面的實驗，花了半年時間，失敗了一百多次，後來荊鳳德告訴這名學生：「再試一個月，還不行的話就想其他辦法！」最後這名學生終於想到，讓矽基板上面先氧化出一層二氧化矽，當成黏著劑，再把鍺放上去，才做出無缺陷的鍺電晶體。

荊鳳德表示，他的實驗室非常動態，好像有機體一樣，碰到挫折就想辦法繞過去，或用別的辦法取代。他希望盡量讓學生在三年內取得博士學位，因為「這一行一個東西做四、五年就已經過期了！」而祕訣在於他非常強調「智慧」的運用，他認為很多台灣的博士班學生都在做苦工，較少用到智慧，而「我的團隊能幫助大家發揮智慧的部分」，一起動腦筋解決困難的問題。尤其學校的實驗設備比工業界差很多，所以「所有的研究，一定要領先工業界五到十年，否則絕對無法和工業界競爭！」他強調要達到這一步，唯有靠智慧，以及團隊合作。

荊鳳德希望做到的，是等到英特爾或是ＩＢＭ的晶片走到極限後，他的研究成果能幫助人類解決下一步的問題。他指出，一般預測英特爾可在二〇一七年做到七奈米線寬，而在那之後的未來該怎麼辦？「其實在不能更小的情況下，還是有其他的進步空間，就是設法從根本上改變，改善性能，例如我發明的高介電常數材料和鍺電晶體，就是這樣的東西！」他認為人類對高品質、高速度、低能耗材料的需求是無止境的，只要內心有這個需求，就有發展空間。目前他研發的鍺電晶體技術已移轉至國際級設備公司研發量產的機台，現在的研究主題則是想創造出更佳的「終極」電晶體及記憶體。

這種研究的難度非常高，除了必須找到正確的材料、新的元件結構、加入不同的物理機制，還要設計出簡單的製程，因為製程太複雜就會影響產品良率。這是非常基本的研究，但也因為難度太高，全世界在這個領域持續研究的傑出學者大概只剩不到二十人，可是荊鳳德強調，這種研究只要成功，就會是重大突破，甚至可能讓半導體產業整個翻盤，「我認為絕對值得投入！」

# 由傳統電鍍廠到蘋果iPhone電池廠，化工學者的奈米蛻變之旅

台灣科技大學講座教授、永續能源中心主任 黃炳照

撰文／王心瑩

走在台灣科技大學的國際大樓長廊上，教室內有不少外國學生，許多看似來自東南亞和南亞，也有白皮膚的歐洲人。黃炳照的學生研究室位於國際大樓六樓，進入研究室，大家埋首於一個個小隔間的電腦前，迎面而來一位印尼女孩客氣打招呼，黃炳照則和一名來自歐洲的博士後研究員討論問題，感覺是個非常國際化的研究團隊。

在這次訪談計畫中，黃炳照是唯一一位任教於科技大學系統的學者，除了帶領學生研習基本技術應用，更展現強大的基礎研究能量，不但組織了包含三位助理教授的大型團隊，也與各方學者廣泛合作，並善用科技大學研究題目和產業應用緊密結合的特點，長年與企業界深度交流、互惠，延伸的觸角既深長又綿密，是一位非常有代表性的學者。

## 參與傳統電鍍研究，埋下跨足奈米科技的種子

走進會議室，黃炳照一邊風塵僕僕地脫下鴨舌帽，一邊輕聲打招呼，很客氣地謙稱自己的研究歷程也許沒有包含太精彩的故事。「別看我現在做的研究和奈米科技有關，其實一開始做的是傳統化工業的表面處理，最常見的應用是電鍍，」電鍍的原理是電化學，利用電解的原理，在導電體的表面鍍上金屬膜，「所以我早期跑了很多電鍍

黃炳照實驗室內的新設備，希望能在鋰電池觸媒顆粒表面沉積奈米等級的粉末材料，增加鋰電池的運作效率。

廠，在台灣各地交了很多好朋友。聽起來一點都不先進吧！」

但故事的這個起頭令人眼睛一亮。想到當年從成功大學拿到化工博士，剛進台灣工業技術學院（台灣科技大學的前身）任教，到各地與電鍍廠老闆搏感情、熱心提供各種技術諮詢的年輕學者，如今跨足光電領域最熱門的先進鋰電池、燃料電池和太陽能電池，掌握界面觸媒反應的關鍵奈米技術，再回首看開啟他學術生涯的這個「不先進」經歷，反而是更引人好奇的一把鑰匙。

「當時電鍍廠經營得很辛苦，因為一九八〇年代，台灣開始注重環境保護的議題，而電鍍過程包含各種添加劑，坦白說，傳統電鍍廠沒有那麼講究廢水處理，所以很多工廠電鍍槽都做成移動式，可以隨時搬移，躲避檢查！」舉座大笑，警察追著電鍍槽跑的景象，彷彿活生生在眼前上演。那是台灣工業發展史的一個片段。

「為了拓展電鍍的應用範圍，我當時研究的第一項技術是『無電鍍』，也就是化學鍍，不必通電，而是依靠還原劑，將金屬鍍上目標表面。」黃炳照說，因為不必通電，目標表面就可以不是導電體，而是運用化學方法，將金屬膜鍍上塑膠、木材等材質的表面。「那時候並沒有想很多，結果後來發現，當時建立的這種金屬離子的還原技術，對我以後的研究產生滿大的影響。」

別的不說，無電鍍技術目前在積體電路產業就很重要。「舉一個最簡單的例子，基板上面有穿孔的時候，如果要讓基板上下兩邊的線路連接起來，就要幫不能導電的穿孔鍍上銅才能通電，於是要採用無電鍍的方法。」這是其一。而黃炳照同樣沒想到的是，當時研究的金屬離子還原技術，不僅埋下了跨足奈米科技的種子，也讓他第一次有機會參與跨領域的大型團隊研究計畫。

「無電鍍的研究是一個大型整合計畫的一部分，我是最資淺的，與許多資深學者一起做研究，等於我一開始就和很多不同領域的人合作、激盪，看到不同思維，這對年輕研究者來說是很幸運的經驗。」團隊中包括師大物理系鄭秀鳳教授、成大材料系蔡文達教授，還有成大化工系周澤川教授，他是黃炳照的博士論文指導教授，以及清大材料系胡塵滌教授、逢甲材料系楊聰仁教授等。

「我印象最深刻的是和鄭秀鳳教授的合作，她研究測量電子元件阻抗的方法，一開始她用的術語我都聽不懂，了解後才知道那等於是測量電化學的阻抗分析，雖然與我們電化學使用的名詞不同，但原理是共通的。」透過這個經驗，黃炳照學習到材料、物理等各領域學者的不同觀點，以及思考問題角度的差異、每個領域的強項等，充分體會團隊研究的運作與力量。

## 以傳統化工訓練背景，轉進新式能源材料研發

由於電鍍是高汙染產業，黃炳照研究一段時間後，重新思考未來的方向。這

時他想起，剛從成大化工所博士班畢業、進入學校任教之前，曾在中國技術服務社（現稱中技社）的能源服務團擔任專案工程師，在第一線觀察工廠使用能源的情況，負責設計節能製程。他只在中技社工作半年，卻深刻體會到能源的重要性，於是決定把自己在表面處理、電化學和界面化學方面的專長，應用於研究新式能源，例如提升各種電池的界面催化反應和新材料開發，致力於降低成本、增加電池運作效率與壽命等。

黃炳照說，攻讀博士期間，本來做的是以觸媒為主的傳統界面化學，後來做電化學，過程中不斷學習新知識和其他領域的長處，再轉回到電化學觸媒研究時，已經進入完全不同的奈米層次。「我一路以來的學習研究歷程，一直不斷跨領域，也與產業有連結。我很喜歡和不同領域的人聊天，每次都可以學到東西。視野愈廣，愈能激發出自己的新想法，而且愈了解基礎的知識，愈能想出不同的應用層面，這些是很重要的。」

「如果一開始就固守傳統化工的方向，把自己綁死，我現在一定很難做研究啊，」黃炳照回顧二十多年來的研究歷程，以自身經驗對學生有所期許，「所以我很鼓勵學生不要關在象牙塔裡面，多和別人聊，無論是科學領域或產業狀況都好。一定要慢慢拓展視野，不要自我設限，例如有些人覺得自己做鋰電池，看到燃料電池就沒興趣了，其實很多事情都是息息相關、觸類旁通，敞開心胸接納各種知識很重要，對人和對科學研究都是如此。」

## 熱血教授多次遠赴國外進修最新技術

最能夠體現「不斷學習、對研究要有熱忱」的例子，莫過於這二十年的研究歷程中，黃炳照數次前往世界各地學習最新的技術與研究工具，絕不以擁有博士學位、穩坐教職而滿足。

一九九四年，剛由化工系副教授升上正教授的那一年，黃炳照自費前往美國普渡大學化學系的威佛（M. Weaver）教授實驗室，花了兩個月時間，學習臨場的表面增強型拉曼光譜（in-situ surface-enhanced Raman spectroscopy, SERS）技術。眾所周知，這已是當今奈米研究的基本配備，可以把奈米結構所產生的拉曼散射訊號增強到百萬倍以上。早在這項技術受到廣泛應用的大約十年前，黃炳照就有先見之明，認為這對於分析電化學的界面反應不可或缺。「我算是很早以前就把這個技術學起來。要學一項技術，最好去當地與學者合作研究，順便學習。」

兩年後的一九九六年，台灣建立了同步輻射中心，可以提供紅外光、可見光、紫外光及X光等各個波段光源，讓光譜方面的研究推進一大步。黃炳照研究界面反應時，一直希望能有更好的工具可以觀察界面的反應變化。「我覺得新的光譜技術很值得學，於是在升上教授的第三年，申請到國科會的補助，去德國杜塞道夫的海涅大學（Heinrich-Heine Universität Düsseldorf）進修了一整年。」也就是在那一年，黃炳照學到後來應用廣泛的X光吸收光譜（X-ray absorption spectroscopy）。「現在回想，那時候膽子還真大，我以前從來沒見過史崔布婁（H.-H. Strehblow）教授，直接寫電子郵件去，他也很高興接受了，到了機場，兩個人才第一次見面認識，」回憶起這個趣事，說話輕聲細語的黃炳照開心地笑了，「印象很深的是他接到我以後，兩個人推著行李，居然在機場找不到車子！」

進修一年後回到台灣，黃炳照開始做電池方面的研究，在同步輻射中心建立臨場X光吸收光譜技術。「那個時機很特別，同步輻射中心剛設立，提供很多資源，我們可以做大量的實驗，與國外動輒要排隊很久，也許一整年只能排到兩天的實驗時間相比，台灣在這方面競爭力很強。」黃炳照說明，臨場光譜的實驗是以光譜連續觀察實驗中的變化，例如觀察奈米材料的生長過程、充放電之間界面反應的變化等等，要花費很長時間，如果一年只能排到一、兩天，根本不可能做臨場實驗，可見研究的競爭力必須要有資源配合才行。

同步輻射中心提供的光源，可以應用於材料、生醫、物理、化學、化工、地質、能源、電子、微機械、奈米元件等各種不同領域的研究，因此那裡像是匯集了各路高手的武林擂台。年輕時曾歷經大型研究團隊洗禮的黃炳照，再次感受到知識匯集與跨領域研究的莫大魅力。「那段時間收穫非常多，我在同步輻射中心認識很多不同領域的人，慢慢感覺到科學研究其實不分領域，同一個問題可以從很多不同的角度去思考。」

研究工作持續一段時間後，黃炳照深深體會到，他做的雖然是應用性研究，但做到深處，就必須追究背後的科學理論基礎，必須知道「為什麼」，研究才能做得好。「那時候從事教職也有一段時間了，還是覺得要不斷進修才行，總之做研究必須要時時保持學習的熱忱。」於是在二〇〇二年，利用休假期間，黃炳照再次背上行囊，前往美國麻省理工學院材料工程系的塞達（Gerbrand Ceder）教授實驗室，花費一年時間，學習理論計算。黃炳照完全放下教授身段，重新當起學生，努力吸收新知。

「那時候我比他們的學生還用功呢，甚至去物理系聽很多課，學習最基礎的理論。」黃炳照說，當時學習的理論計算，通常是針對一些物理、化學現象做計算，探尋可能的情形，再以實驗做驗證；或者先有實驗結果，再以計算結果去印證。「我後來運用最多的，是設計鋰電池的各種新材料時，先以理論計算篩選出效果可能比較好的材料，然後再做實驗，這樣可以節省盲目嘗試的時間；反之亦然，實驗結果很好的材料，我們也可以透過計算，了解這種材料好在哪裡。」

「我們現在握有的一點優勢，就是能夠橫跨理論計算與實驗，先觀察到一些現象，然後從理論和實驗兩邊同時著手了解原因。」黃炳照說，其實許多做理論的人常常很困擾，他們空有工具，卻不知道可以做什麼題目；實驗導向的研究者則是觀察到一堆現象，但不知道背後的原因是什麼。所以，做理論的人要經常與做實驗的人溝通，談著談著往往可以找到好題目，不僅可以解決問題，甚至可以回頭修正理論工具。「像我們了解計算，即使碰到極大量的數據沒辦法處理得很好，也知道可以找誰合作。因此去麻省理工學院的這個經驗，又讓研究視野更擴大了。」

於是結合表面增強型拉曼光譜、X光吸收光譜和理論計算工具，黃炳照開始跨足奈米科技領域，將原本著重於巨觀現象的電池研究，一舉推展到奈米層級，從分子觀點來改進界面上的觸媒反應效率。

## 以奈米科技的角度改良鋰電池的效能與壽命

以出身傳統化工研究的學者來說，黃炳照的蛻變是相當有意思的例子。他很早就看出他做的反應劑和觸媒其實就位於奈米的範圍內，因為觸媒的大小多半介於二到五奈米之間，只不過早期還沒有使用「奈米」這個名稱，而是直接稱為觸媒反應。

過去研究觸媒時，如果發現反應效果變好，往往認為只是顆粒變小、表面積增大的關係，然而後來發現，效果變好的程度遠超過表面積增大所能達到的效應，因為增加的幅度不只是線性關係，而是突然間暴增很多個等級，是非常劇烈的變化，這就顯現出奈米層級的特殊性質了。

黃炳照以現在做的「鋰電池」這個研究主題為例，說明奈米科技為傳統化學反應帶來的嶄新視角。鋰電池早在二十世紀初期就開始有人測試，因為鋰的電化學活性相當大，理論上很適合做成小型電池；但也因為活性大，不容易處理，直到二十世紀後半，製造技術才漸漸成熟，並搭上個人化電器逐漸風行的潮流，成為最常見的電池產品之一。近來電器輕量化、電池發電時間長等方面的要求愈來愈高，鋰電池的技術改良變成非常熱門的研究課題，從奈米角度進行改良也是最便捷的途徑。

鋰電池內部有正極和負極，正極一般使用的是鋰鈷氧化物，負極目前都是用石墨等碳材，而正、負極都浸泡在有機化合物電解液內。黃炳照說，鋰電池內與奈米有關的地方有兩個，一是有些材料希望能提高導電性或導離子的性質，研究後發現，導電性在奈米範圍內改變很大，於是可以在材料表面覆上一層奈米薄膜，以改變材料的導電性；其二，電池運作時，固態電極和液態電解質之間會形成一個界面，稱為固態電解質界面（solid electrolyte interface, SEI），這個界面也屬於奈米等級，對電池性能和壽命有很大的影響。

研究鋰電池的固態電解質界面時，會使用這部氣相層析質譜儀，了解電池充放電之間會放出什麼樣的反應物，以便深入研究界面的反應機制，才能回頭對反應做更好的控制。

電池剛通電時，電位比較低，所以第一個反應循環是負極的碳材表面會發生還原反應，形成一層膜，這層膜就是所謂的固態電解質界面。這層界面膜扮演很重要的角色。首先，在往後的幾個反應循環中，這層膜可以抑制同樣的還原反應，因為形成膜的反應等於是副反應（side reaction），會讓碳材鈍化，不再與電解質產生其他的化學作用，因此電池接下來運作時，最好不要再有這樣的反應，效率才會好。

其次，這層膜又有類似半透膜的特性，可以讓鋰離子通過。一般鋰離子在溶液中會有溶合反應，即四周包圍著溶劑，使整個離子變得很大，問題是目前的鋰電池（例如3C產品的鋰電池）為了做得很薄，負極的碳材多半做成一層層的層狀構造，等到充電時鋰離子要進入、放電時鋰離子要跑出來時，如果是體積很大的溶合鋰離子，進入層狀碳材時會把材料擠壞，造成很大的問題。這時，負極表面包覆的界面薄膜就很重要了，它像是具有篩選作用的網子，可以擋住與鋰離子發生溶合反應的溶劑分子，只讓裸露的鋰離子進入膜內，也就能保護負極材料不會擠壞。

再者，鋰電池最怕過度充電（過充），產生鋰的樹枝狀結晶（dendrite），刺穿正極與負極之間的隔離膜，使電池短路而造成爆炸。就這方面來說，碳材上的SEI薄膜剛好有保護作用，可避免負極長出鋰金屬結晶。

由此可見SEI膜有多重要，關乎電池的壽命和運作效率。「一方面讓負極碳材鈍化，另一方面又不會讓溶合鋰離子擠壞碳材，所以我們建立的很多技術，都是希望了解SEI這層物質究竟怎麼形成，以及對電池的安全和壽命有什麼影響。」黃炳照說，要從更多種角度去深入了解問題，就必須橫跨更多領域，就這方面來說，奈米國家型計畫很類似他過去參與的國家同步輻射中心計畫，聚集了不同領域的科學家互相交流，激盪出新的想法和解決問題的方法，對研究很有幫助。

## 以新式光譜技術直接看見薄膜變化

就以ＳＥＩ膜為例，這種界面薄膜非常薄，厚度大約只有一、兩奈米，又位在電池內部，如果沒有特殊技術，很不容易觀察它在負極表面如何生長。「我之前去普渡大學進修學到的表面增強型拉曼光譜，就是一種觀察表面奈米結構的方法，但一般的應用是讓表面附著一些金顆粒，在表面產生電漿共振效應，把拉曼光譜的訊號增強好幾個等級，」黃炳照原本認為，這種方法的實驗條件恐怕沒辦法應用於電池研究，幸好奈米國家型計畫建立了很好的平台，經常舉辦研討會，可以聽到不同領域學者的最新進展，「一次在奈米研討會上，我發現有人在金顆粒的表面做奈米塗層，我想到那種塗層的粒子可以放在我的研究材料表面，也就可以運用拉曼光譜來觀察ＳＥＩ薄膜表面的狀況了！」

黃炳照說，他那時候的感覺簡直像阿基米德一樣大呼「Eureka」（我找到了），興奮之情難以言喻。「假如純粹由自己領域的知識出發，很可能摸索很久都找不到解決方法。」以他的電池研究為例，一旦結合了光學、奈米等領域，研究速度一下子就加快許多。

事實上，ＳＥＩ薄膜會受到電解液添加劑的影響而有不同的組成成分，而每家電池公司的添加劑都是特殊配方，屬於商業機密。黃炳照著手建立光譜技術後，就可以觀察薄膜的生長過程與化學組成比例了。「什麼樣的ＳＥＩ薄膜比較好，目前沒有定論，我們也還在努力透過理論計算及合作研究，想要預測何

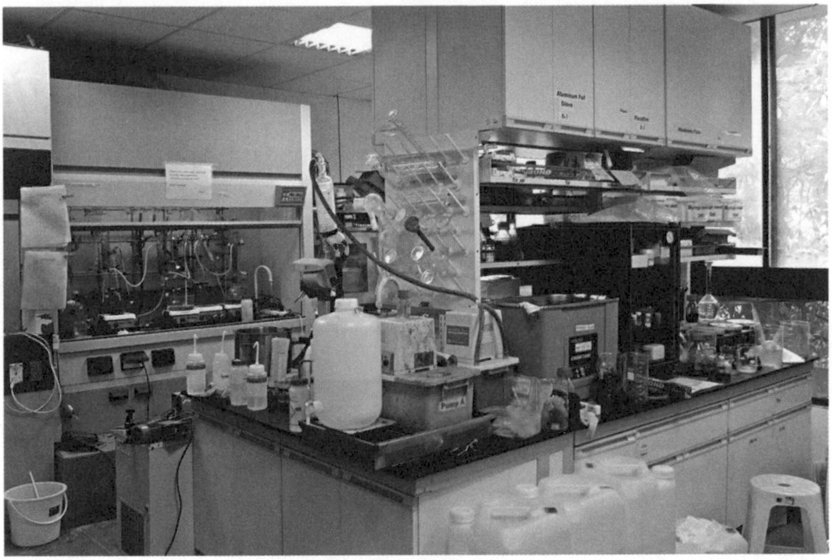

黃炳照實驗室的化學合成工作區，負責合成出各式各樣的新材料。

種組成的薄膜比較好，例如哪一些無機鹽類或有機鹽類形成的薄膜會比較好，以便提升電池的效率和壽命。」

話匣子一打開，黃炳照的態度輕鬆許多，樂觀地說起這種光譜技術的前景，透過奈米國家型計畫這個平台所推動的跨領域研究，預計未來可以應用於類似界面的組成鑑定。「例如我們目前和台北醫學大學的張君照醫師合作，利用表面增強型拉曼光譜技術，開始做癌細胞表面的鑑定。」他們在奈米顆粒表面接上抗體，送到癌症組織附近，一旦碰到與表面抗體相配對的癌細胞抗原，奈米顆粒就會與癌細胞緊密結合，使這些顆粒聚集在一起。「這時，我們把光纖深入到癌組織附近，用表面增強型拉曼光譜去偵測，會發現奈米顆粒讓光譜訊號增加很大，就可以透過組織表面的構造辨認出癌細胞的種類了。」這種方法有助於在初期鑑定組織有沒有癌細胞，譬如發現體內有個瘤，擔心可能為惡性，就可以用這種方法早期偵測。

除了應用拉曼光譜技術，把鋰電池的研發方法推進到奈米層次，黃炳照還有另一個研究主題，也是讓傳統化工題目改頭換面，轉變成研發先進材料。「其實我研究電池與能源材料之前，因為本行是做電化學，曾做過很長一段時間的化學感測器（sensor）研究，像是環保方面偵測汙染的感測器，以及檢測葡萄糖、尿素之類的生物感測器等等。」感測器的原理是接收某一種外來訊號後，透過物理或化學反應，轉換成另一種容易觀察或測量的訊號，例如可讓指針轉動或數位顯示的電訊號等。

黃炳照以糖尿病患者所用的葡萄糖檢測器為例，說明其中的運作原理：在血樣中加入葡萄糖酶，葡萄糖酶會使葡萄糖氧化成葡萄糖酸，另外有副產物是雙氧水，檢測時便是偵測雙氧水的濃度，例如讓雙氧水發生氧化或還原反應，偵測反應中產生的電流，就知道雙氧水的量，由此回推血液中葡萄糖的濃度。設計感測器時，雙氧水的氧化或還原反應效率很重要，如果效率高，感測器的結果就愈準確。因此，關鍵是催化這個反應的觸媒（催化劑），而這正是黃炳照這類化工專家的研究重點。

## 為傳統的感測器研發出先進的奈米顆粒催化技術

還原與氧化反應最常使用的是金屬觸媒。以前常用的是單一金屬觸媒，例如讓白金附著在反應表面上，執行催化反應。隨著對檢測精確度的要求愈來愈高，提升催化效果成為重要課題，而進入奈米時代後，科學家可以逼近觀察反應表面的狀態，從分子原子的層級來探討如何提高催化效果。

在奈米這個領域，「表面」是很重要的。運用單一元素做催化劑時，例如白金，其表面相形簡單，只有形狀、大小之類的因素會影響催化效果。後來大家發現，使用兩種金屬元素會讓效率更好，但是初期要讓雙金屬組成的奈米顆粒附著到表面上，通常只能採用化學還原法，也就是透過還原反應，讓A、B兩種金屬的顆粒隨意附著在表面上，萬一實驗條件略有改變，雙金屬顆粒分布方式不同，實驗結果會不一樣。如果沒有找到比較好的化學方法，就只能碰運氣了，既無法控制分布情形，也沒辦法鑑定。所以在研發初期，即使很大型的材料供應公司都沒辦法控制做出來的結果。

「我一直在思考該怎麼解決這個問題，後來想到去德國學的X光吸收光譜技術，可以鑑定出某個原子的周圍排列了幾個原子（即配位數），」原則上位於表面、邊緣的原子所形成的配位數較小，內部原子的配位數會比較大，「我心想，例如A原子的旁邊有六個B原子或八個B原子，會使A原子本身的電子分布不太一樣，利用這種概念，就可以知道A原子旁邊的原子分布情形了。結果證實這個方法很不錯，其他技術都很難達到這種鑑別力。」黃炳照說，由於原子之間會有電子的轉移，使彼此的電子分布情形發生變化，就會影響催化結果，所以了解兩種原子的空間分布狀況是很重要的。

不過事實上，X光吸收光譜技術看到的不是單一原子，而是一群奈米顆粒的平均分布情況，因此用化學方法讓雙金屬顆粒附著表面時，最好分布得很均勻，理論上鑑別結果會比較準確。「這時候，我以前去國外辛苦學的很多東西，全都派上用場了，」黃炳照笑著說，「因為不同的分布情況會有不同的催化效果，如果要知道哪一種催化效果比較好，可以先用理論計算得到初步的可能結果，再以實驗做驗證，這樣做起來比別人快很多。」

除了鑑定出雙金屬顆粒的分布情形，黃炳照還有更厲害的一招，他利用臨場X光吸收光譜，研究顆粒附著和堆疊的動態過程，一舉一動都逃不過他的法眼。「這是因為單一原子沒有配位情形，一旦開始有其他原子附著上來，就可以看到配位狀態。我們透過這種方法，可以臨場看到整個堆疊過程的動態經過，也就知道顆粒是怎麼長起來的。」於是，黃炳照可以先設計特定的合成方法，讓顆粒以特定方式長出來，就會達到他需要的催化效果，再也不必瞎子摸象、全憑運氣了。

目前，黃炳照所發展的雙金屬奈米顆粒技術領先全球，讓他掌握了電池內部的關鍵技術，研究成果不但發表於各大重要期刊，更厲害的是可以從前端的化學實驗一路做到最後端的電池元件。「所以我們實驗室和其他人不太一樣，表面上看起來很像化學實驗室，瓶瓶罐罐很多，但事實上，我們不但可以計算出哪種材料可能比較好，更可以用研發出來的最新材料自己組裝成電池元件，立刻做測試。」整個流程一氣呵成，研究競爭力盡現於此。

這項厲害的雙金屬觸媒技術能使反應效率更好，因此很多舊時的觸媒反應都可以拿來重做，產生新的突破。先前提到的葡萄糖感測器就是很好的例子。「我們試過效果最好的是鈀和鉑雙金屬，可以比較專一地催化雙氧水的反應，不受其他物質干擾；另外，如果再讓電極表面覆上一層薄膜，擋住其他干擾物質，結果又會更精準。」黃炳照試過的方法例如讓這層膜帶負電，於是血液中一些帶負電的物質無法通過，而葡萄糖不帶電所以不影響，於是其他物質就不會干擾主要反應了。

黃炳照對葡萄糖感測器寄予期望，希望能設計出更便宜的糖尿病家用檢測器，造福為數眾多的糖尿病患，讓他們每天做測試更加方便、精準。目前除了為研究結果申請專利，他的學生也預計開設公司生產自家產品，因為與現有產品相比，反應選擇性和結果的正確性都高了很多，值得期待。

許多活性較大的材料容易發生氧化反應，因此不能接觸空氣，必須放在灌有氦氣的手套箱內處理、組裝。

## 完善的講座教授制度，組成極具競爭力的研究團隊

投身於能源材料的研發工作，特別是鋰電池和燃料電池，國際間的競爭非常激烈，同一個領域大約有上千人在做。「例如鋰電池，我們在做的一個題目是希望讓電池容量變成過去的兩倍，去日本參加研討會時，發現同一系列的材料，也就是取代傳統鋰鈷氧化物的鋰鎳錳氧化物，光是日本就有兩百多名科學家正在研究，還不包括沒與會的人！」同樣的，即使黃炳照的雙金屬觸媒技術已經領先全球，依然不能鬆懈，因為相關論文多到數不清，「愈是做尖端的研究就愈緊張，因為隨時都有人可能超越你。」

此外，由於語言的關係，國外研究者寫論文比較快，他們彼此的聯繫也比較緊密，甚至與期刊編輯很熟，投稿時多少占了一點便宜，至少剛投稿時不會立刻被刷掉，可以說人脈和知名度還是造成一些影響，因此黃炳照認為，與國外研究者保持一定的合作關係是必要的，否則台灣的研究實力有時候遭到低估。

關於研究競爭力，黃炳照舉了一個有趣的例子。他趁輪休年去麻省理工學院學習理論計算時，觀察到那裡的科學家發現一個重要主題時，立刻推舉一位教授組成團隊，很快就把問題解決了，甚至兩、三個月就把論文寫好，而且如果知道相同問題也有其他人在做，他們不會投稿到《自然》或《科學》等大期刊，因為經常得卡住很久，所以會找個比較小一點的期刊，很快就刊登出來，搶得先機，即使別人做得更好也沒用，已經不是領先者了。

國際間的競爭這麼激烈，組成研究團隊真的很重要，有人力才有競爭力。在這方面，台灣科技大學設置了台灣少見的講座教授制度，講座教授可以聘請好幾位助理教授，組成團隊一起做研究。「這些助理教授一邊參與團隊研究，一邊也保有自己的獨立研究空間，」黃炳照說，優點是在團隊中，年輕科學家一進學校就可以立刻發揮能力，成長速度比較快，不需耗費研究能量最大的幾年時間掙扎於適應環境、教學、申請經費、建置實驗室、等待收學生等等，否則很多研究構想慢三個月就慢很多，何況是三年，「等到他們升為副教授之後，也可以自己獨立研究，不過彼此的合作是永遠的。」

黃炳照於二〇〇六年獲聘為台灣科技大學的講座教授，目前他聘請三位助理教授，帶頭馳騁於先進電池領域的研究最前線。這個制度在台灣很少見，比較像日本，但沒有日本的教授制度那麼權威。中國大陸也有類似的團隊制度，助理教授和副教授有基本的研究補助，但不能指導博士班學生，也很難取得研究空間的資源，而是要找到一位正教授組成團隊，研究共同的主題，發表論文時雙方都可掛名且有等量的貢獻，直到升等後才有獨立的實驗室空間。這等於是要求年輕學者必須培養團隊研究的經驗和能力。

「台灣也有一些合作研究計畫，但成員之間的關係很鬆散，主要是名義上的交流，雖然不能說完全沒有效果，但其實是各自做研究，真正整合研究、團隊合作的效果並不明顯。」黃炳照認為，還是要設置制度比較能收到效果，因為台灣主要是學習美國，從助理教授開始就可以收博士班學生，但差別在於美國的資源非常多，人才也是全世界最頂尖，每個人都有獨立研究能力，甚至博士後研究員的競爭就非常激烈，「台灣相對沒有那麼大的優勢和資源，如果能結合成實質的團隊，力量會大很多。台科大的講座教授制度是不錯的範例。」

## 基礎研究、產業界到技職教育的省思

而身為科技大學的教授，黃炳照與業界一直保持密切合作。與產業界長年互動的過程中，有一個故事讓他津津樂道。「我們一直都和台灣的電池廠保持合作，提供技術支援，例如與電池組裝廠長期合作，他們對電池內部材料不熟，只做組裝，而我們則進行逆向工程，幫他們研究各種電池內部的狀況。這家組裝廠一直很重視新技術的研發，這是一門大學問。」

舉例來說，蘋果手機iPhone要求輕薄，所以不採用常見的圓筒狀電池，而是用鋁箔袋電池。一般流程是由蘋果公司採購電池廠生產的電池，交由組裝廠組裝起來，再交給手機裝配公司。「但是，蘋果公司一開始採用的電池品質很差，組裝廠只能被動接受，覺得很頭痛，很想知道問題在哪裡，於是請我們研究，再反映給蘋果公司知道。」黃炳照說，蘋果公司聽了很訝異，不曉得組裝廠怎麼會有這種知識，就希望索取資料，「但是組裝廠很聰明，知道不能只提供資料，而是要求與蘋果公司交換資料，於是掌握了電池內部的一些關鍵資訊。」最後，蘋果和這家組裝廠合組團隊，協助改善大陸電池廠的製程，組裝廠得到好的電池、組裝成好產品，蘋果也能讓消費者用到性能更好的電池，達到三贏局面。

黃炳照開懷笑說：「結果最高興的是那家電池廠吧，他們可說是最大受益者，不但製程改善，又得到穩定的訂單！」這是研究端與產業端長期合作的一個好範例。

黃炳照向來認為科技大學的老師一定要親自走進工廠，了解產業環境。近年來，台灣的技職教育系統崩解，紛紛改制為科技大學，衍生不少嚴重問題。黃炳照長期觀察這個發展，極為憂心，他認為教育部提出的技職教育改造方案缺乏長遠規畫，常只因為「某位科技業大老說我們缺少技術人才」就改變國家的發展方向。「政府應該要提出詳細的數據分析，確定我們缺少哪些技術人才，

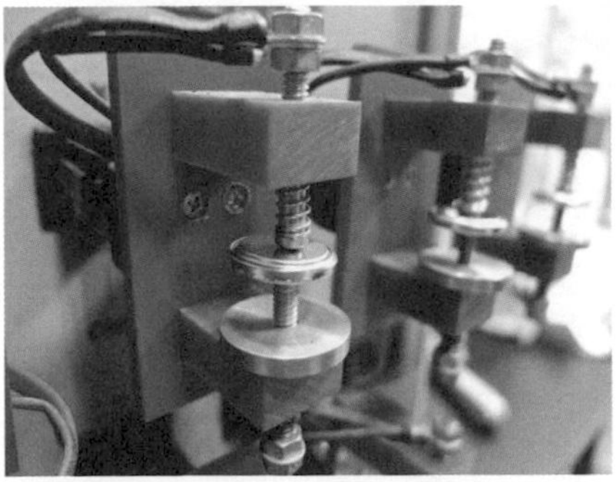

黃炳照的實驗室可由化學合成材料一路做到電池元件組裝，做出鈕扣形電池進行充放電測試，才能知道材料真正效果如何。

而且要有整體的配套方案，仔細了解以前為什麼做不好。」

黃炳照說，其實社會對技術人才的需求是會變化的，如果技術人才學成後沒有適當的出路，感覺不受尊重、待遇不好，自然不會有人想走這一條路，因此不能只是廣設學程，後面的配套措施也要做好。「例如德國的技職教育搭配證照制度，並保障薪水不會比大學畢業生差，自然可以培養優秀的技術人才，社會也會肯定人才的重要性。」他很希望大家不只是不負責任地批評，而是應該慎重思考相關的實施依據和配套制度，通盤考量。

這一位站在能源研究領域風頭浪尖的學者，個性謙沖，研究能量卻不可小覷，不但帶領自己的大型研究團隊開創出科技大學的研究典範，也極具整合力及推動能力，曾擔任奈米國家型計畫的燃料電池計畫總主持人，目前也是能源國家型計畫的鋰離子電池計畫總主持人，整合各領域的優秀人才，合力打出漂亮的研究仗。這一切成果，或許從他年輕時常與傳統業界老闆切磋各種技術、不斷自我充實學習、與各個領域的專家激盪想法拓展視野的特質，可以窺得一些端倪。

第三章

# 生物醫學

## 下一世代的醫療遠景

站在果蠅腦上的小巨人，解讀全腦神經圖譜 ——江安世

突破光學繞射限制，促成領先全球的奈米光譜技術 ——王俊凱

以全新的奈米光譜技術，發展出超快速的細菌檢測法 ——林奇宏

積極推動研究的應用面，用奈米光譜聆聽細菌和故宮古畫的「聲音」 ——王玉麟

手握全球獨創的「奈米剪刀」，勇闖分子醫學領域造福病患 ——謝達斌

化學家跨足生醫領域，研發智慧型抗癌奈米藥材 ——葉晨聖

首創口服胰島素奈米載體，為糖尿病患帶來一線希望 ——宋信文

# 站在果蠅腦上的小巨人，解讀全腦神經圖譜

清華大學講座教授、腦科學中心主任 江安世
撰文／王心瑩

就生物醫學研究來說，有三大領域因為極度精密、複雜難解，一直是科學家急欲挑戰的聖杯，一是基因組學的奧祕，二是免疫系統的百變之身，而另一個令人極度著迷的領域，便是腦神經系統錯綜複雜的精密運作，不但讓我們歸納出理性的百般知識，也創造出充滿感性的萬千世界。

二十世紀的生命科學研究有了重大突破。一九五三年，克里克（Francis Crick）與華生（James Watson）聯手解開DNA雙螺旋結構，緊接著破解DNA核苷酸密碼與蛋白質胺基酸之間的關聯，生物研究就此轉入分子生物學領域，我們得以從小分子的角度來觀看生命現象，對生命得到更基本的認識。二十一世紀初的前十年，基因定序技術逐漸成熟，人類基因組圖譜終於解碼，生命科學正式進入資訊密集時代。

近二十年來，與基因組學同樣具有「資訊密集」性質的神經科學，也隨著研究工具日益精進，逐漸進入百花齊放的階段。過去，神經科學著重於細胞之間如何傳遞訊息的基礎知識，而隨著資訊科學與電腦設備能夠處理的訊息量愈來愈龐大，神經科學也轉而研究腦神經系統的連線、分布、交互作用與整體訊息表現，進而標繪出神經網路圖譜，這個「神經網路體學」（Connectomics），已成為二十一世紀第二個十年的最熱門學科。

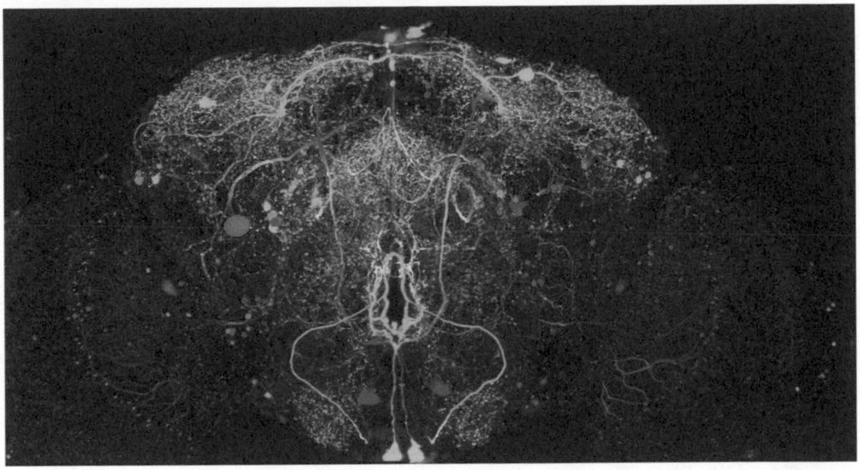

以血清素（serotonin）作為神經傳導物質的果蠅神經細胞網絡。江安世提供。

以歐盟為例，二〇一三年一月，歐盟剛通過人類基因組計畫以來最大的科研計畫，預計撥出十一點九億歐元（相當於新台幣三百六十八億元）的巨額經費，投入「人類神經網路體學」。歐盟將此設定為下一世代的旗艦計畫，不僅希望突破美國的科學研究盟主地位，也期待在經濟困窘的時代創造新世代的競爭力。稍早之前，美國也召集二十多位重量級學界人士，擬定提案送入白宮，敦促美國組織「功能神經網路體學」（Functional Connectomics）旗艦科研計畫。更早以前在二〇〇六年，致力於資助頂尖生醫研究的美國霍華休斯醫學研究中心（Howard Hughes Medical Institute）集合了全球最頂尖的精英，第一次設立實體研究機構「珍利亞農場研究園區」（Janelia Farm Research Campus），要投入五億美元的經費，預計花二十年時間，做出果蠅的神經網路圖譜，為未來的人腦圖譜鋪路；哈佛大學也曾在二〇〇八年宣布，預計花一百年的時間做出人類的神經網路圖譜。

台灣還沒有推動大規模的神經網路體學科研計畫，但是早有一位先行者，在這個頭角崢嶸的領域耕耘了十多年。自從二〇〇七年於馳名國際的《細胞》（*Cell*）期刊發表台灣第一篇長篇論文，江安世已經躋身神經科學領域一流研究者之林，不僅以獨步全球的嶄新技術，標繪出果蠅腦的神經網路圖譜，也同步研究神經細胞分布與功能之間的關聯，研究的質與量俱精，成為目前於國際學界能見度最高的台灣學者之一，彷彿站在果蠅腦上的小巨人，隻手迎戰國際間實力雄厚的大鯨魚們。

## 讓生物組織變得澄清透明的魔液

當年解開ＤＮＡ雙螺旋結構的華生，後來擔任美國冷泉港實驗室（Cold Spring Harbor Laboratory）主任，在任將近四十年期間，帶領冷泉港成為生物醫學研究重鎮。華生除了號召全世界科學家解開人類基因組圖譜，也認為下一個最重要的研究主題是人類的記憶與學習，於是在冷泉港招募多位科學家，進行這方面的研究。江安世曾在二〇〇一年前往冷泉港，與當地的科學家合作愉快；華生一直對他傑出的研究成果非常欣賞，二〇一〇年他來台灣訪問時，特別拜訪江安世的實驗室，想看看這麼拔尖的傑出成果是怎麼做出來的。

當年趁著教職輪休年的機會，江安世前往冷泉港，浸潤於華生的傳承與當地的研究氣氛，是他學術生涯的重大轉折，對於後來在腦神經網路圖譜方面的研究產生非常重要的影響。

「在那之前，雖然我已經在一九九七年從副教授升上正教授，但是突然感覺階段性任務結束，有好一段時間對未來感到很茫然，沒有明確的目標。」江安世說，他也歷經所有科學研究者都走過的一段路，受教於傑出的指導教授、以優秀成績拿到博士學位、找到眾人欣羨的教職工作，在清華大學研究蟑螂內分泌，學生之間總是戲稱「到處都是蟑螂」來描述他的研究室。看似順遂的生涯，卻往往在升上正教授的那一刻，感到前所未有的失落。

江安世自問，未來該要怎麼走呢？有什麼題目是「我來做就會不一樣」的獨特研究？關於這個問題，其實他心裡一直隱約有個方向。「我心想，我的研究是運用光學顯微鏡，觀察昆蟲的細胞、組織和功能之間的關聯，而組織切片一直有染色的麻煩和破壞結構的問題。那麼，何不發明一種溶液，讓組織變得比較透明，像是照X光一樣，不用做切片，就可以讓生物組織看得很清楚，這樣不是很方便嗎？」

生物界有很多昆蟲和一些魚的身體是透明的，表示能讓光完全通過，關鍵在於物質的折射係數，如果能想辦法讓生物組織均質化，讓不同部位的折射係數都變得一樣，自然就會呈現透明狀態了。「為了這個想法，我那時候真的很狂熱，想盡辦法試驗各種不同的配方。像是升上正教授的那一年，我聽說法國有一種古老配方，還真的特別跑到法國去找，只可惜後來發現沒有用。」

江安世認清自己這個研究目標後，變得像是巫師一般，熱切嘗試各種可能的配方，不斷在失敗中尋找機會，終於在二〇〇一年找到適當的配方，發展出全世界獨一無二的生物組織澄清液「FocusClear™」。江安世把FocusClear滴到

江安世實驗室設置多部共軛焦顯微鏡（左側白色部分），每日掃描得到大量的神經網路影像和實驗結果。

大約一公釐厚的樣本上，宛如施展魔法一般，組織竟然變得完全透明，於是透過顯微鏡觀察，可記錄樣本中各個細胞的三度空間立體結構，甚至可以做定量方面的分析。

除此之外，當時研究細胞結構與功能的科學家已逐漸採用「共軛焦顯微鏡」（Confocal Microscope），可以屏除光束通過路徑上的其他雜訊，只對焦於組織深處的單一對焦點，因此能清楚觀察到樣本內部的顯微影像。於是江安世先用組織澄清液將樣本處理成透明，再配合共軛焦顯微鏡，就可以將細胞內部的各種構造、分子甚至離子的立體分布情形和瞬間變化看得非常清晰，成為一項獨門利器。近十年來，共軛焦雷射掃描顯微鏡已經成為生命科學研究者不可或缺的工具，廣泛應用在細胞生物學、神經科學、發育生物學等方面研究，可以想見，江安世發明的組織澄清液為他帶來多麼大的研究利基。

FocusClear是江安世研究生涯的第一項重大成果，經過十多年至今，效果依舊最好，即使日本和美國也有科學家發展出其他組織澄清液，但若非浸泡時間久、造成細胞腫脹變形，就是要先以 FocusClear處理過，尚未能達到大幅突破。擁有這項核心技術，讓江安世的腦部影像研究一直搶得先機。

## 由蟑螂轉而研究果蠅的重大轉折

同一年，江安世還有另一項突破性的成果，而且將為他的研究生涯帶來意想不到的大轉變。在中樞神經系統的運作中，一個神經細胞接收到訊號而活化，緊接著會釋放出「麩胺酸」這種訊息傳遞分子，而負責接收訊息的神經細胞表面必然有麩胺酸受器，與麩胺酸結合後，再將訊息繼續傳遞下去。科學家發現，人類的記憶牽涉到麩胺酸受器的一種亞型，稱為「ＮＭＤＡ受器」，這等於是學習與記憶的「閘門」，很像是守門員的角色。「我們很幸運地找到蟑螂的ＮＭＤＡ受器，而且是有功能的，用來調控內分泌的合成，與蟑螂的變態有關。」江安世說，過去認為只有哺乳動物的神經元才有ＮＭＤＡ受器，因此一發現蟑螂身上也有ＮＭＤＡ受器，他馬上就意識到，這也許是個好機會，可以研究昆蟲是否與人類一樣，利用ＮＭＤＡ受器進行學習與記憶。

然而，蟑螂並不是很適當的研究對象，因為沒有蟑螂的基因組資料，也沒有遺傳方面的研究工具，主要是蟑螂並非受到廣泛使用的模式生物。

江安世寫信給他的博士指導教授蕭爾（Coby Schal）尋求建議，蕭爾說，冷泉港有研究者找到好幾個果蠅的記憶基因，其中一個關鍵人物是塔利（Tim Tully），蕭爾建議江安世去找他。於是那年秋天的教授輪休年開始，江安世啟程前往冷泉港實驗室，向塔利學習果蠅記憶的研究系統。

塔利採用的實驗動物是果蠅，當時最簡便的研究方法是突變法，也就是讓單一基因發生突變，觀察果蠅失去哪一方面的記憶或能力，藉此研究基因與記憶之間的關係。他們設計出「果蠅學習機」，例如釋出某個氣味的同時也給予電擊，等於是教導果蠅躲避那個氣味；接著給兩種氣味，結果發現果蠅會避開曾經遭受電擊的那個氣味，顯示牠可以記住那個氣味。「利用這個方法，塔利真的發現好幾個果蠅的記憶基因，如果有某個基因發生突變而壞掉了，果蠅就沒辦法學習記住氣味，或者會失去短期、長期記憶等等各種面向，非常有趣。」後來與塔利一直保持密切合作關係的江安世，講起第一次看到果蠅學習機，語氣依舊非常興奮。

然而，研究哺乳動物的科學家，基本上並不相信果蠅的這些研究結果。「他們認為，果蠅這麼簡單的動物，為什麼需要記憶和學習呢？」江安世說，那些科學家認為果蠅和高等動物的記憶機制一定不一樣，不管找到什麼樣的果蠅記憶基因，都只是茶餘飯後的談話材料而已，不值一提。對此，塔利本來覺得非常挫折，而江安世來冷泉港之後，有一天聊起他剛剛證明了昆蟲（蟑螂）也有NMDA受器，塔利高興極了，後來經過幾年研究，江安世與冷泉港的科學家合作發表三篇非常好的論文，顯示果蠅的NMDA受器和老鼠、人類大同小

目前江安世實驗室養了無數種基因型的果蠅，試管內的黃色部分是富有營養的果蠅培養基。

異，無論是學習區、短期與長期記憶區都需要這種受器。

「當時，《當代生物學》（*Current Biology*）期刊還邀請一位很有分量的科學家撰寫專欄文章，告訴大家不必再吵了，所有的生物的記憶模式都是一樣的，長年的爭論終於結束了！」江安世笑著說，這是一個很重要的里程碑，大家接受了這樣的結果，使果蠅這個容易研究的模式系統可以做出更大的貢獻，此後全球各地找到很多有關學習的基因，關於記憶機制的各種描述也紛紛冒出頭。

因此，雖然江安世一開始找到的是蟑螂的ＮＭＤＡ受器，但果蠅才是最常使用的遺傳研究模式生物，科學家已經發展出各種研究工具，可以隨心所欲地控制任何果蠅基因，時至今日更可以在任何一個時間點控制活體的任何一個基因、細胞和神經網路，其他生物難以企及。「由於果蠅的這個好處，加上受到塔利做的嗅覺學習機制的啟發，我認為有機會用果蠅來研究記憶和學習。」江安世研究生涯的這個巨大轉變，連其他科學家都感到很好奇。二〇一一年，《當代生物學》期刊主編還特別以問答方式，邀請江安世暢談背後的故事。

江安世說，在冷泉港，華生曾對他說一段話，令他畢生受用無窮：「生命科學最重要的問題，就是理解生命如何從一個世代傳到下一個世代。」從研究的角度來看，這個問題首要是「遺傳」，即解開DNA雙螺旋結構，以及完成人類基因組計畫，華生都參與了。其次是「資訊」，即資訊如何從一個個體的腦中傳給另一個個體，而關鍵就在於腦。江安世說：「這值得用一輩子的時間投入研究，只要能做出一點點小貢獻，就不枉費過去所接受的這麼長久的科學訓練。」

## 研發奈米研究工具，以螢光果蠅研究記憶與學習的形成機制

二〇〇二年，從冷泉港回到台灣後，江安世自認進入學者的成熟期，確立了未來研究學習與記憶的方向。雖然改用果蠅已經方便很多，但是研究規模、實驗室和人員經費等的挑戰都很高，需要得到更多補助。「我算是很幸運，奈米國家型計畫預計由二〇〇三年開始執行，我回台灣後剛好可以申請。」

在一般想像中，奈米科學多半是材料、物理等方面研究，江安世的學習與記憶研究看似沒有太大關聯，當時的生物學界也多半做傳統的問題，沒有太多人參與奈米計畫。「但是清華大學認為，奈米計畫應用廣泛，應該要包括生物方面的研究，當時的國際潮流便是如此。當時清華化工系的朱一民教授擔任生工中心主任（現稱生物醫學科技研發中心），負責協調校內的跨領域研究計畫，他徵詢幾位生物學家的意願，剛好我很缺少研究經費，便開始思考比較符合的可能研究方向。」

江安世心想，生物分子本來就屬於奈米等級，可不可以發展一些新的奈米等級工具，用來觀察、解決重要的生物問題？「我一直對研究腦神經網路的硬體和軟體很感興趣，也就是腦神經網路如何連結、運作，進而控制行為的表現，於是想要開發新的工具，達到硬體和軟體這兩個研究目標。」

他想起在冷泉港與塔利聊天時，自己曾談起一個想法。「記憶摸不著也看不到，蟑螂或果蠅又不會說牠們記住了什麼，因此別人很難相信你的研究，但假如能夠直接看到特定的記憶或學習發生之後，腦神經細胞內有什麼樣的分子變化，可信度就很高了吧？甚至能夠操控這些過程，例如使那些分子不產生、於是不形成相關記憶，可信度也會很高。」江安世曾對塔利說，有這樣的研究工具就太棒了。

坦白說，連他自己都覺得這純粹是科學家的幻想，不過因為有機會申請奈米計畫，就把發展這種工具的想法提出去。「提案名稱是『觀察、操控及量測記憶奈米分子在活體果蠅腦內的活動』，完全就是我剛才所說的幻想研究內容。」江安世心想，沒有爭取到經費也沒關係，因為本來也還沒開始做，沒有什麼可以損失的。「我問朱一民教授的意見，他覺得很值得試試看，於是組織一個研究團隊，將提案送去國科會，結果運氣很好，提案通過了。」

當時，日本科學家宮脇敦史從聯合瓣葉珊瑚（*Lobophyllia hemprichii*）找到一種螢光蛋白「Kaede」，這是一種「光轉變螢光蛋白」（photoconvertible fluorescent protein），吸收太陽光的紫外光之後，會由綠色轉變成紅色。

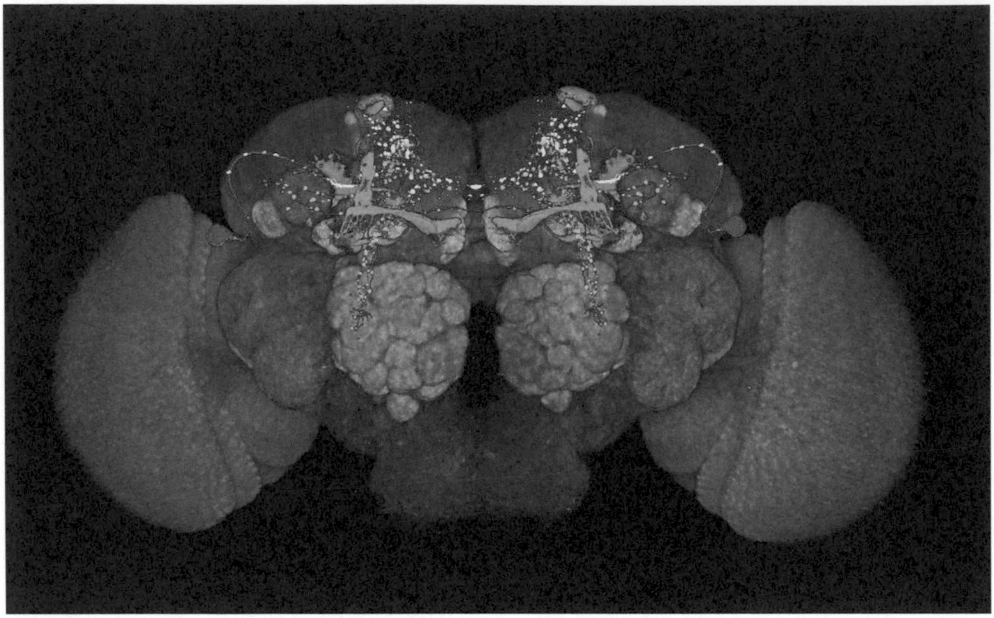

「Kaede這個字的日文意思是『楓葉』，秋天的楓葉會從綠色變成紅色，名字取得相當巧妙吧！」江安世以此延伸，把Kaede的基因放在特定細胞、特定基因的啟動子（promoter）的控制之下，一旦啟動子開始作用，讓基因開始表現，同時也會合成出Kaede，一舉做出會表現Kaede這種螢光蛋白的基因轉殖果蠅。

之所以做這種基因轉殖果蠅，江安世是打算用來觀察記憶蛋白的合成。過往沒辦法看到記憶蛋白的合成，最主要的困難在於腦中本來就已經儲藏許多記憶，本來已有許多記憶蛋白。「今天我們與人談話，到了明天還記得，那麼如何測量這些新形成的記憶蛋白呢？假使腦中有一百億個分子，今天只增加三個分子或減少五個分子，這種動態變化肯定是看不到的，更別提把組織拿出來研磨、跑膠分離那種分析蛋白質的舊方法了。」於是江安世心想，如果能夠發明一種方法，可果蠅腦內儲存長期記憶的DAL神經細胞，《科學》期刊論文便是以螢光蛋白Kaeda，研究DAL神經細胞的長期記憶運作模式。江安世提供。

以像夜晚的天空一樣，讓整個天空是黑的，豈不是可以看到閃閃發亮的星星？「於是我們做出帶有Kaede的基因轉殖果蠅，先以紫外光照射，讓全部原本的Kaede變紅，等於重新設定背景資訊，也就是讓整個天空變成紅色，則任何新合成出來的Kaede，就會像是閃閃發亮的綠色星星了！」

雖然江安世在奈米計畫初期就發展出這項工具，但深入應用所做的研究，一直到足足九年之後的二〇一二年才開花結果，而且成為有史以來台灣第一次在頂級科學期刊《科學》發表的長篇論文，漫長的努力與醞釀得到最大的回報。「在這篇論文中，以組織澄清液為基礎，讓組織變得透明而容易觀察，再運用Kaeda的表現，可以看到不同時間、不同位置的神經細胞陸續亮出綠色、逐漸消失等等，我們便知道哪些地方產生記憶、形成長期記憶時有哪些神經元會活化、歷經什麼樣的過程等，甚至可以做定量的測量，看每一個細胞產生多少個記憶分子。」他們甚至讓一些神經細胞的突觸無法合成某個蛋白質，果然就無法形成長期記憶，而且只要干擾少數細胞就有效果。江安世熱切講解這篇精彩論文的發想與結果，發亮的雙眼與螢幕上的點點綠光相呼應。

利用Kaede這種工具做各種變化，江安世帶著學生們全面理解長期記憶的儲存和訊息處理等，也找到前人未知的新發現，例如過去認為果蠅的記憶中樞是蕈狀體，但他們找到另外兩個腦區也與記憶有關，顯示記憶機制也許不像過去所想的那麼簡單、只有一個記憶中樞，而是很多個腦區互相搭配、組合、調控，才會讓記憶有那麼複雜的多樣面貌。

## 科研長路漫漫，急需有遠見與魄力的管理人才

一項研究工具從發展開始，足足經過九年才豐碩收割，可見科學方面的投資往往要經過漫長的時間才會看到成果，也可看出願景加上堅持有多麼重要。江安世說，他特別要感謝賞識的伯樂，也就是奈米計畫的吳茂昆、李定國等幾位主持人，以及計畫審查學者的眼光。「我記得吳茂昆在初期特別強調，奈米計畫要選擇有突破性、很有創意的研究提案，台灣就是要選擇最創新的研究才有路走，不必考慮風險高不高、可不可行。」對一位研究能量正要火力全開的年輕科學家來說，看似異想天開的研究提案能夠獲得支持，很需要有長遠眼光、廣闊願景的計畫管理者，包容這種研究前期的探索工作，因為最後能不能有真正的成果，誰也不敢說。

「其實真正最好的研究成果，一定不是在執行計畫的那三年內產生的，」江安世語重心長地說，「往往需要更多的時間，這一點只要是做科學研究的人都理解，但是管理的人總是不容易理解啊。所以很希望有眼光、有擔當的科學行政人才，能夠更深入主導台灣的科技發展政策與方向，而且就算事前沒有眼光，事後也該知道什麼是好的科學，如果已經有好的成果卻還不懂得支持，實在很可惜。」

談到學術管理，江安世認為台灣已經有長足進步，但仍可嘗試將眼光放得更遠。以先前提到歐盟的「人類神經網路體學」計畫為例，主持人是南非籍神經

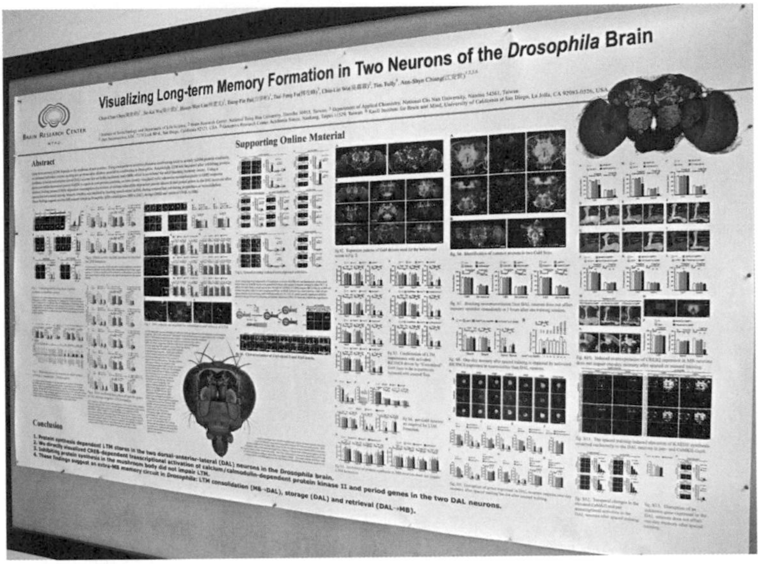


二〇一二年的《科學》期刊論文是江安世研究歷程的重要里程碑，清華大學腦科學中心特別將之製作成大型海報展示於走廊牆上。

科學家馬克拉姆（Henry Markram）。馬克拉姆是個很有雄心的人，江安世曾聽好友中研院物理所研究員胡宇光提起，大約七、八年前，胡宇光的指導教授邁格理唐多（Giorgio Margaritondo）擔任瑞士洛桑聯邦理工學院（EcolePolytech Federale in Lausanne）的學術副校長時，馬克拉姆曾向學校申請「藍腦計畫」（Blue Brain Project），希望以人工模擬方式研究腦部的分子運作機制。計畫規模龐大，需要兩百萬歐元的研究經費，全校所有人都反對，但是邁格理唐多決定支持。

如今，馬克拉姆的雄心遠見獲得更大的支持，成為全球最大科研計畫的主持人，胡宇光說，他的老師邁格理唐多認為，過去決定支持馬克拉姆的計畫，是他在科學行政方面所做的最正確的投資。

「我提出這個故事，想要表達的是：吳茂昆也經常做這樣的事！」江安世大笑著說，「我相信他會感覺到，在科學的路途上，他經常是孤獨的，但只要是正確的事情，無論再怎麼孤獨，科學家還是會做。」江安世認為，吳茂昆過往所做的許多決定，面臨的狀況和邁格理唐多非常類似，有時候支持比較前瞻性的創新研究時，會面臨不少爭議，其他人不見得同意，而科學研究又經常要等待很多年才有成果，馬克拉姆的例子剛好也是這樣。「以我為例，當時參與奈米計畫所研發的Kaede工具，經過了九年才發表《科學》期刊論文，我認為應該要歸功於吳茂昆在科學行政方面所做的正確決定，他很有擔當和氣魄。這是一個很好的例子，對於正確的事情要有信心。」

江安世很感慨地說，很多人太過短視，總是認為科學投資要看到成果很困難，殊不知最急的人其實是做研究的學生。「像Kaede這個研究歷經九年，做這項工作的學生陳俊朝也足足做了九年，從大二開始做到博士班，」江安世驕傲地說，陳俊朝至今就只出了這一篇論文，不過第一篇論文就是《科學》期刊的長篇論文，「這是很不容易的，因為過程中沒有任何論文發表，學生心裡難免會慌，所以這也是他非常優秀的地方，很耐得住性子。」其實陳俊朝在碩士時期做的工作就已經很傑出，然而和國外的研究結果不一致，「於是我對他說，全部歸零，重新來過，他也接受了。最後能得到這麼好的成果，我為他感到非常驕傲。」

江安世說，在學校教書，培育人才是最重要的，「出現一個優秀學生，我就沒有虧欠了，兩個更是賺到！」他說著大笑起來，「再加上其他人，可以說是bonus，額外獎勵！」也因為他的實驗室成果驚人，甚至有些學生還沒畢業，就有其他學者來預訂了。

## 點點綠色螢光，照耀出果蠅全腦神經網路圖譜

奈米計畫的第一期得到不錯的成果，江安世再接再厲提出第二期的研究計畫，從二〇〇六年開始發展另一項研究工具，稱為「可受光激發的綠色螢光蛋白」（Photoactivatable GFP），簡稱光激發螢光蛋白。他把原本發出綠色螢光的蛋白質經過突變處理，使之不發螢光，直到受到紫外光激發才恢復成綠色螢光蛋白。

然而紫外光不太適合用於生物實驗，必須要做一些改良。紫外光的波長較短、能量高，可能會使樣品受到漂白或燒灼等光化學毒性，特別是活體樣本就無法長時間觀察，因此江安世決定採用「雙光子雷射」，讓受激發的蛋白質同時吸收兩個波長較長的光子（例如紅外光），加起來的激發能量大約等於一個紫外光光子所產生的效果。這樣做的好處是紅外光的波長較長，對樣本影響較小，可以比較深入樣品內層，觀察到深層

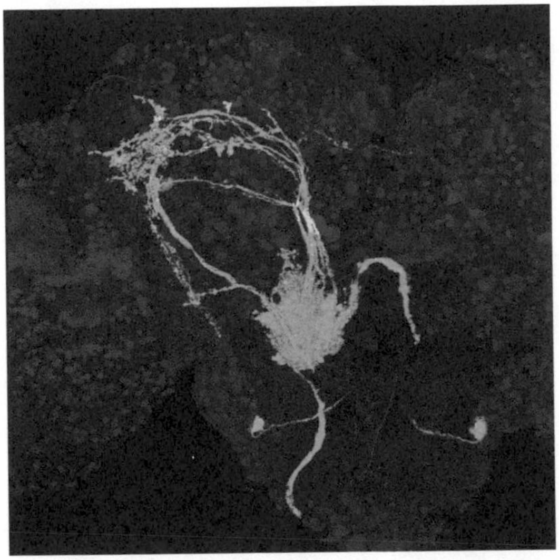

江安世實驗室發展出光激發螢光蛋白技術，可以追蹤神經網路的訊息傳遞過程。圖為參與二氧化碳逃避行為的神經網路。江安世提供。

的影像，也不會造成漂白或燒灼等傷害，很適合長時間觀察活體細胞。再者，單光子的光束會穿透樣本，無法聚焦於某一定點，於是光線穿透路徑上的所有蛋白質都會受到激發；一旦採用雙光子，則可以聚焦於單一定點，只有這個定點的蛋白質會受到激發而發出螢光，也就可以觀察特定的精確位置了。

「利用這樣的工具，我們可以一路追蹤神經網路的分布情形。」江安世舉例說明，我們聽到別人講話，聲音會從耳朵裡的毛細胞接收訊號，再由感覺神經元經過一層、兩層、三層的神經元傳遞到大腦，但每一層包括哪些神經元、它們彼此如何連結就不知道了。「我們的想法是製造出帶有光激發螢光蛋白的基因轉殖果蠅，讓神經細胞內產生夠多的光激發螢光蛋白，分布到整個神經元末梢，再用雙光子雷射對準要觀察的某一個神經元，激發出它的綠色螢光，」江安世用筆指著螢幕上的圖表，像是揮舞著仙女棒一樣，「於是先讓一個神經元亮起來，接著和它相連的下一個神經元再亮起來，就可觀察到一個個神經元的相連情形了！」

用這個系統來看活體組織，可以看到隨著時間變化，一個接一個神經元的訊號傳遞情形，無聲的影像彷彿重現出訊號由外界傳入腦內的接力賽跑過程，最後把陸續活化起來的神經線路連接圖繪製出來。「就是利用這個方法，我們開始建立整個果蠅腦的神經線路圖譜。」於是在二〇〇七年，江安世在《細胞》期刊發表了果蠅蕈狀體內的嗅覺神經圖譜，不僅是台灣學者第一次在頂尖的《細胞》期刊發表論文，他們做出的高解析度細緻圖譜和身歷其境的三維影像更是技驚四座，令神經科學領域學者大為驚嘆。

「可以想見，我們發展出來的光激發螢光蛋白這項工具，應該也是重要得不得了，與Kaede蛋白的應用一樣，是過去所沒有的好工具，也是我們自己創造出來的工具，對吧？」江安世說，當時是二〇〇八年，他們信心滿滿，準備發表論文。

「沒想到，就在我們著手寫論文的時候，竟然有其他科學家搶先發表了。」原本氣氛處於故事的最高潮，這個急轉直下的結局，令人不禁驚呼出聲。「搶先發表的是艾克塞（Richard Axel）的團隊，他是二〇〇四年諾貝爾生醫獎得主，他們做的是一模一樣的工具，也是光激發螢光蛋白。」對江安世來說，畢竟事過境遷，即使是這麼大的挫折，他說話的聲音仍十分平靜。「所以科學研究不是只有成功，也有失敗，不需要太難過，只能承認我們的速度就是比別人慢，沒辦法。」

## 一時的挫敗，醞釀出更好的成果

由事後來看，江安世的實驗室花三年時間發展出Kaede技術，九年後才在《科學》發表論文；至於第二項技術，光激發螢光蛋白，本來預期可以在兩年左右就有收穫，但是競爭非常激烈，艾克塞的團隊搶先在《自然》期刊發表論文。「對手發表在這麼好的期刊，你可以想見學生有多傷心啊，事實上兩個團

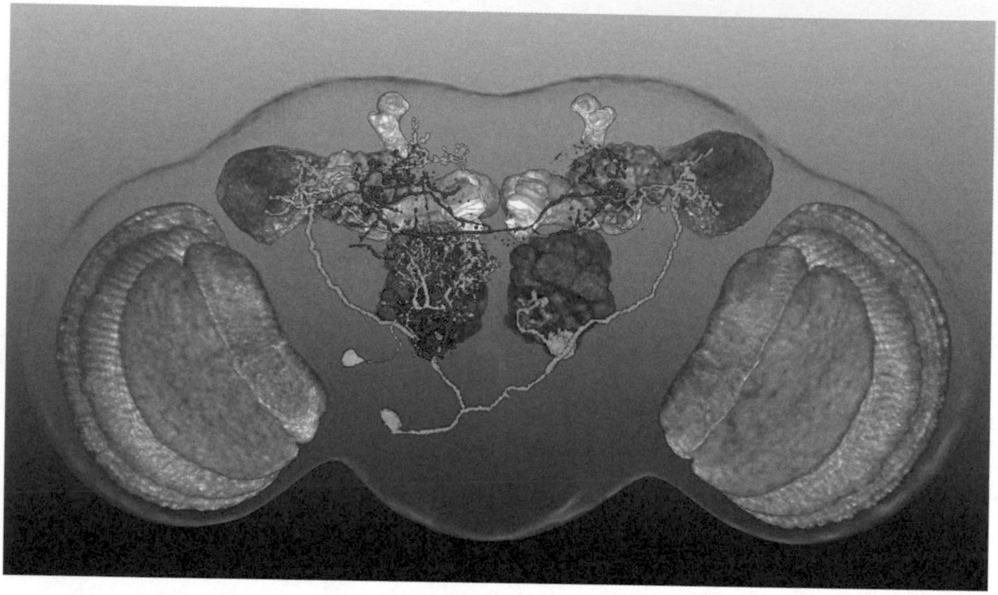

隊做得一樣好，但速度一慢，即使可以發表到小一點的期刊，新穎度就沒了，心裡會很不甘心。」江安世說，這就是科學研究，也許你覺得自己做得很棒，但也許下個星期就被搶先發表，永遠無法預測。

「做為一個科研人員，一定要做好這樣的心理準備，總是會有某一個人先做出結果，我們要想的是如何比別人早一步。」要能夠「早一步」，一方面研究經費的支持很重要。江安世聽說艾克塞的團隊也做相同題目時，對方再過幾個月就要發表了，而且對方也知道他們在做，總之研究速度是關鍵，而這與經費補助很有關係。以這個研究為例，畢竟競爭對手是經費非常充裕的諾貝爾獎等級團隊，經費多，就表示人手多、儀器與器材充裕，研究時間容易縮短許多。

「另一方面，解決問題的眼光也很重要。就這個例子來看，只能說我們的眼光沒有輸給別人，」江安世停頓了一下，才又說，「嗯，雖二〇一三年六月的《科學》期刊刊登江安世團隊的最新研究成果，圖為在果蠅腦中，低濃度的二氧化碳所啟動的逃避行為神經網路。江安世提供。

然學生當下非常痛苦，但是沒關係，我們後來以這個研究為基礎，做出了更好的東西。」

他口中說的「更好的東西」，便是震驚各界的「果蠅全腦神經網路圖譜」，二〇一〇年底發表在《當代生物學》期刊。研究團隊以透明組織液為基礎，為一個個神經細胞繪製出三維影像，並精確描繪彼此的聯繫方式，重建出腦中的神經網路構造。在果蠅腦的十萬個神經元中，江安世一出手便解出一萬六千個神經元的分布與聯繫，達到百分之十六，進度之好之快，令其他人無法想像。而利用逐漸建構的神經網路資訊，江安世也帶領學生研究神經訊號在複雜網絡中的訊息傳遞方式，例如發現嗅覺神經偵測到不同濃度的二氧化碳後，會啟動躲避或接近等不同的神經線路，顯現出訊號轉軌與彼此調控的複雜機制，對於進一步了解腦神經系統的傳訊與調控很有幫助。這項最新的研究結果，也在二〇一三年六月刊登於《科學》期刊。

到二〇一三年為止，重建果蠅腦神經圖譜的最新進度已經到百分之二十，有兩萬個神經元了。「自從有歷史以來，做果蠅的實驗室加起來大概一萬個有吧，但是有人統計過，已知的神經元只有不到三百個，所以我們的論文一發表，啪，一萬六千個，一下子把進度推到這麼多，下一個階段要繼續朝十萬個神經元的全腦圖譜邁進，連《紐約時報》都以半版做大篇幅報導喔！」江安世從書架上找出一份報紙，開心地翻閱，「文章一開頭寫的是『Taiwanese Researcher』（台灣研究者），我的朋友還幫我去街頭買報紙呢！」

## 為台灣培養頂尖人才的心意

江安世指著《紐約時報》上面「台灣研究者」的字樣，興奮地說了好幾次，如此強調身為台灣學者的驕傲之情，令人不禁聯想到眾所皆知的一段往事，即冷泉港曾經重金禮聘江安世前往任職，他卻做出留在台灣的決定。

談起那段往事，江安世並不特別強調自身榮譽，而是苦口婆心地點出冷泉港惜才、邀才的用心，以及學術管理者的格局，希望能為台灣至今依舊保守的徵才做法與嚴重的人才流失問題指出一條明路。

冷泉港第一次向他提出聘任邀約是在二〇〇六年，當時他連第一篇《細胞》論文都還沒有發表，初次聽聞邀約，其實心裡很惶恐，「因為冷泉港高手如雲，很多年輕科學家都有《自然》、《科學》等期刊論文，我還沒有呢，而他們給我的居然是最高等級的教授職位。」提出邀約的是冷泉港的研究事務主任克萊恩（Hollis Cline），她也是相當知名的神經科學家。江安世對克萊恩說，他估計要再過一、兩年，真正好的結果才會做出來，在那之前只有一些比較小的論文。聽了江安世的說明，克萊恩對他講了一段很重要的話，話中所包含的遠見與氣度，令江安世極受感動，對他有著很深的影響。

克萊恩說：「有兩個原因，就足夠讓我們決定聘請你。第一，我們知道什麼是好的科學，不需要《自然》、《科學》期刊來幫我們評斷。第二，你上次來到冷泉港（即二〇〇一年輪休年那一次），我們神經科學學門大約有十位研究者，從那時候到現在，與你合作研究的人，有將近十篇的頂級論文都是受惠於你（主要是FocusClear組織澄清液的應用），我從來沒看過這樣的事情，一位來訪的客人，竟然帶來這麼多的加乘效果，不只是嘴巴說說而已。這樣的研究態度和個性，加上好的科學，任何一個研究單位都會受惠。」

「那個機會真的非常吸引人，」事隔多年，江安世依舊激動，嘆了一口氣，沉默許久，「非常吸引人，說真的，有人這麼賞識我、提出這麼好的條件，對我來說真是很大的誘惑。但是我放不下台灣的團隊，當時很多工作已經上軌道了。」考慮再三後，雙方決定採取合聘的方式，讓情況單純些，於是江安世繼續留在清華大學，同時在冷泉港擔任兩年的兼任教授。

等到克萊恩卸任後，冷泉港盛情更熾，這回換成華生親自提出聘任邀約！二〇〇八年，華生邀請江安世夫婦拜訪他的住所，雙方相談甚歡。「華生說，我知道你喜歡待在台灣，但也許你可以在這邊設一個實驗室，讓幾個學生留在這裡，兩邊都運作，你只要暑假來這裡就好。啊，我真是受寵若驚，這是吉姆自己講的啊，那真是美好的一刻。」江安世的臉上流露出純真的表情，如同每一位科學研究者親炙大師、親炙重要科學現場時所流露的興奮與敬畏。「但後來我還是沒有接受，我也不想講得太熱血，只覺得自己是個單純做科學研究的人，實驗室又有太多事情正在運作，學校方面也正如火如荼地進行邁向頂尖大學計畫，總之我在台灣工作得很高興就是了，所以決定留在台灣。」

江安世這一輩的台灣科學家，許多人都在歐美取得博士學位，受到良好的研究訓練，最後決定回到台灣，為下一世代的研究與教育環境盡一份心力。放棄國外的好機會留在台灣，做這樣的決定並不容易。對照江安世說自己是「台灣研究者」的熱切神情，想想現今搶奪人才競爭激烈的國際學界，再回首尋思台灣目前保守的招募條件而導致人才流失的窘境，江安世的例子與更多其他學者的例子，為我們帶來許多省思。

江安世說的另一件趣事，或可作為不錯的注腳。二〇一三年初，他剛去以色列訪問回來。「以色列有好幾位諾貝爾獎得主，他們說得很好，以色列什麼都沒有，周圍除了沙漠，就是想要殺他們的敵人，他們唯一擁有的是腦袋。事實上台灣的處境也很類似，但是好的腦袋似乎並沒有獲得應有的尊重。投資好的腦袋，讓他們做出更多好的東西，不是很好嗎？」

## 推動未來的跨領域合作，共同追尋神經科學聖杯

如今，江安世已是台灣最有國際知名度的學者之一，他帶領清華大學腦科學研究中心的四十多人大型研究團隊，其中包括二十多位助理，每天負責取出果蠅腦，再交由二十多位研究生，進行神經元聯繫與功能方面的研究。他們目前解出果蠅腦內兩萬個神經元的網路圖譜，為了做出這樣的成果，保守估計，前前後後大約有一百萬隻果蠅壯烈捐軀！

此外，為了讓做出來的神經網路儲存為資料庫，得到的影像必須進行標準化

處理，以便日後與不同研究者的成果互相比對；在這方面，實驗室與電機系以跨領域的合作方式建立影像資料庫，並與國家高速電腦中心和冷泉港實驗室三方合作，在高速電腦中心設置「神經網路3D影像知識資料庫系統」，一方面為未來的科學研究設置標準化系統，希望能進一步推廣到人類腦神經網路，另一方面戴上立體眼鏡所呈現的絢麗神經網路，也可達到新鮮有趣的教育功能，觀者莫不興奮地呼喊出聲。

放眼未來，面對國際間「神經網路體學」大規模科研計畫的競爭，江安世有著急迫感。「目前我們已解開百分之二十的果蠅圖譜，為了避免別人快速趕上，我們要做得更聰明、更有效率，同時也開始研究功能與行為的關係，因為我們比別人早拿到這些圖譜。」合作關係也不可少，因為這個研究領域非常大，光靠一個實驗室之力，進展不夠快。「我們與很多人都有合作，從不同的角度去看一個大的問題，所謂『大的問題』是解開腦的運作機制。」目前清華大學積極運作，結合二十個實驗室之力，研究項目廣布雷射顯微技術、影像資料庫、果蠅學習機等，例如清大動機系就有四、五個實驗室參加，包括國科

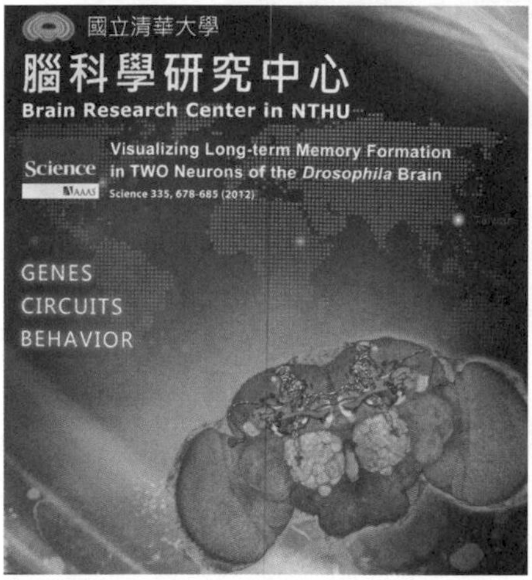


設置在清華大學生命科學院內的腦科學中心。

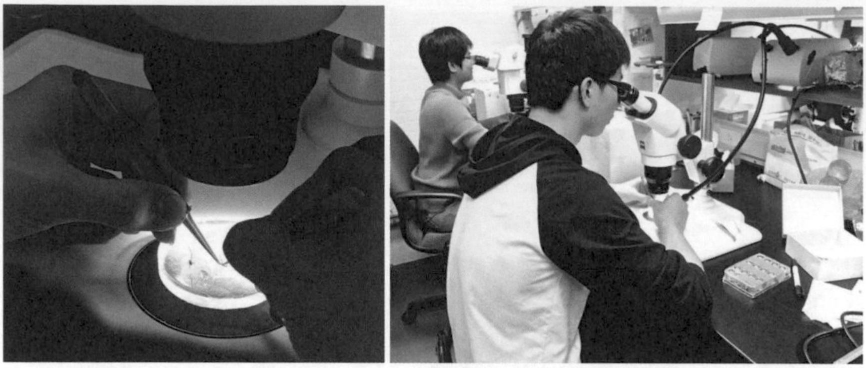

研究助理群每天解剖取出果蠅腦，提供給研究生們進行神經元功能與網路的研究。

會副主委賀陳弘，負責帶領微機電研究團隊研發果蠅的自動學習訓練機。

「現在做的自動學習訓練機非常好玩，裡面裝了黃光和藍光雷射，把果蠅放進去，雷射會追蹤果蠅的位置，而且可以隨時瞄準果蠅身上特定的神經細胞，細胞裡面對光敏感的蛋白質就會發出螢光，再用感應器記錄訊號，就可以自動分析細胞內訊號和果蠅行為的關係，」聽起來簡直像科幻電影才有的情節，江安世講得眉飛色舞，「或者更進一步，讓某一條神經網路暢通，或抑制某個途徑，用這種方法操控果蠅的行為，例如讓牠們交配多少次、跑到特定地方等，即時自動記錄數據、分析，資料就出來了。」

江安世說，機械方面的研究者，一直對果蠅這種微小生物的精密運作方式非常感興趣，因為以機械學的理論來說，像果蠅這麼精巧的機械幾乎不可能存在，所以他們有一個願景，希望操控這種小昆蟲的行為、從中學習，也許能夠激發靈感，開創出結合生物特質的新世代機械運作模式。「舉例來說，他們希望能修改小昆蟲的基因表現，變成只需要很微弱的光，例如奈米級的ＬＥＤ光源，放在果蠅的頭殼上，就可以控制果蠅的行進方向，那麼像是碰到大地震的時候，就可以遙控果蠅或蟑螂到地底深處，把倒塌建築物的內部影像傳到地面上。」這是對未來的美妙想像，藉由生物的精妙運作，啟發新的點子，或許能藉此發展出新一代的機械，或者徹底改變新一代電腦的運作模式。

「總之，我們就是從基礎研究找到生物的運作關鍵，讓其他科學家衍生出新的研究方向，這是其中一個範例。腦部能夠研究的題目實在太多了！」江安世認為，配合生物基礎研究所產生的靈感，衍生出技術的單點突破，很可能是台灣的大機會；乍聽之下很像天方夜譚，但有什麼人造的事物比生物更精巧厲害？大自然帶來的啟發無窮無盡，只要能夠做到，都很值得嘗試看看。

再純就神經科學來說，自然界產生的生物大腦極端複雜，精密的表現與行為令人嘆為觀止，對科學家來說是個永無止盡的追尋之旅。江安世目前選擇研究的是果蠅腦，但他心裡很清楚，這方面研究終將要回歸到人類的大腦，畢竟果蠅腦和人腦的運作方式與複雜程度無法類比。然而，愈是複雜困難的研究，就愈需要更新的工具，才能為我們開創出新的眼界。

以哈佛大學為例，他們在二〇〇八年宣布要花一百年的時間，做出人類的神經網路圖譜。然而目前應用於果蠅的基因轉殖法不可能應用於人體，我們不可能做出會發螢光的「基因轉殖人類」，因此人腦研究仍處於缺乏工具的階段。目前哈佛使用的方法，可用「蘋果環剝法」來做比喻，就像削蘋果皮一樣，把人腦標本削成厚度六十奈米、長度可繞地球一圈的帶狀樣本，放到顯微鏡下觀察，再把觀察結果綜合在一起。江安世說，根據估計，其中包含的資訊，足足等於目前全球的資訊量！可以想見人腦精細複雜的程度。

「不過你也看得出來，這等於是最基本的解剖學方法。」江安世認為，若要達到夠好夠快的成果，不可能靠這種苦工夫慢慢做，必須研發新的研究方法。就像過去做人類基因組圖譜的年代，必須靠全球非常多的實驗室接力定序，但以今天最新的定序技術，速度快上幾百倍，早已不可同日而語了。「所以，我們現在也開始發展一套新的方法，希望能用於人腦！」這個豪語令人興奮，但江安世認為距離真正能夠應用還有一段長路要走，堅持暫不透露，讓人聽了更加期待。「問我未來能不能實現呢？我也不知道，有太多變數，但任何一個人只要做出這樣的方法，必定拿諾貝爾獎，這是毫無疑問的。」江安世笑著說，即使最後不是他做出來，也很希望研究人腦的方法可以拿到諾貝爾獎，那麼果蠅腦是基礎原型，做果蠅腦的人說不定也有機會！

這是全球科學家擠破頭都想奪取的聖杯，江安世的形勢看好，他在這個領域鑽研了十多年，算是卡位在馬拉松比賽很前面的位置。腦部極其複雜，研究長路漫漫，但是面對清楚的目標、懷抱著不忘初衷的熱情，江安世看待國際間的爭相投入，只覺得距離知識的殿堂更加近了，促使他更興奮地認真追尋，別無旁鶩。

# 突破光學繞射限制，促成領先全球的奈米光譜技術

台灣大學凝態科學研究中心研究員 王俊凱

撰文／黃奕瀠

一位台大醫院創傷科醫師來到台大校總區的研究室，和王俊凱討論用拉曼光譜檢測細菌的方法。一通電話打斷了談話，這位醫師掛上電話後表情略顯沉重，王俊凱好奇詢問原因，醫師悠悠回應：「人都死了，報告現在出來有什麼用？太慢了。」

這個病人是因敗血症而死。

敗血症號稱「加護病房的頭號殺手」，人體受傷時特別脆弱，若遭細菌感染，很容易危及生命，車禍或創傷病患約有三分之一是因敗血症死亡，致死率極高。但細菌檢測相當耗時，動輒數天乃至一個星期才有結果，往往來不及搶救病患的生命。

「一般的治療方法都是所謂的雞尾酒療法，就是投下所有的抗生素，為的是救急。」王俊凱指出這種療法並不好，首先是究竟哪種抗生素起了效用並不清楚，但病人後續仍得一直服藥；其次是細菌會產生抗藥性，病患往後將面臨無藥可醫的問題；最後，人體內有相當多的好菌，特別是腸胃道，因此大量投入抗生素不只殺掉壞菌，連人體的好菌都會受到破壞，影響甚大。最好的方法就是快速檢測出細菌種類及其抗藥反應，精準投藥。

二〇〇四年，中央研究院原子與分子科學研究所研究員王玉麟、台灣大學凝態科學研究中心研究員王俊凱、陽明大學微生物及免疫學研究所教授林奇宏組成一個跨領域的研究團隊，在奈米國家型科技計

畫的支持下，結合王玉麟的奈米材料製程、王俊凱的雷射光譜學、林奇宏的生物醫學等各自的專長，以拉曼光譜發展出一套辨識分子訊號的技術，並製作出能夠將訊號放大的底板，以這種「增強型拉曼光譜技術」來檢測微小的細菌，讓檢測結果只需要半個到數個小時之內就能跑出來，大大嘉惠醫學檢測技術。

這項技術不但突破了數十年來科學家在「加強表面拉曼效應」中遭遇的瓶頸，他們所做的底板將訊號放大的強度也領先全球，成果獲得國內外肯定，並榮獲行政院二〇〇九年傑出科技貢獻獎。而比起技術獎項，這個研究團隊結合三個不同領域科學家的合作方式和默契，在台灣更是少見；獲得傑出科技貢獻獎之時，王俊凱對媒體所說的「我們是彼此的研究助理」，或可成為這個團隊合作方式的最佳註解。

## 光學專家的夢想：做出奈米等級的光學顯微技術

二〇〇〇年前後，奈米研究在國外開始盛行，專長為光學研究的王俊凱思索著：「我能為這個領域貢獻些什麼？」後來他發覺，有個關鍵性的問題可以著手切入，就是透過光學來觀測奈米尺度的特性。

「尺寸小到奈米等級時，物質的功能與特性都會隨著大小而有變化，這點激起很多人深入探討，但尺寸和特性之間的關係究竟如何，並沒人好好去了解。」王俊凱說，儘管電子顯微技術能夠得到原子等級的解析度，例如穿透式電子顯微鏡、掃描穿隧顯微鏡等，但對於特性仍不清楚。所謂的特性，是指光電、磁性等物理特性，若特性不清楚，就無法深入解釋和運用。因此，王俊凱想要研發能夠觀測到特性的儀器，然而這挑戰不可謂不大。

從物理學的角度來看，若要精確了解特性，就要掌握能階的變化，而最好的方法就是光學。王俊凱說：「量子力學在二十世紀發展出來，就是因為利用光譜，終於可以看到過去用古典方法看不到的樣態。」但是光學的限制就是繞射極限，亦即以光學方法進行觀測，會受到波長的限制，能夠分辨的最小尺寸只到波長的一半，例如綠光的波長約是五百奈米左右，則能夠看到的最小尺寸只有二百五十奈米左右，有其極限。

於是，王俊凱想要發展新一代的光學顯微鏡，讓解析度可以小到奈米等級，打破繞射極限。一開始，他想利用原子力顯微鏡的探針掃描樣本表面，「我運用一種特殊的物理效應，稱為『電漿子光學』（plasmonics），也就是光沿著金屬片的一側行進時，會少掉一個維度的波動，變成只剩兩個維度的電漿子，如果把電漿子固定住，光場就會集中在非常小的範圍內，而且對外在環境的變化極為靈敏，可以打破繞射極限。」電漿子的概念，正可運用於「表面增強型拉曼光譜」（surface enhanced Raman spectroscopy, SERS），把奈米結構所產生的拉曼散射訊號增強到百萬倍以上。王俊凱知道當時中研院原分所所長王玉麟是這方面的專家，便求教於他，希望能運用奈米結構加強光學性能。

所謂的拉曼光譜，看的是分子的振動模式，也就是雷射光打到一個分子的時候，光子會與分子的振動模式產生交互作用，使分子的能量從基態跳至激發態，等到激發態又釋出能量回到基態時，我們會觀察到釋放出來的光子能量增加或減少，由這種能量變化的些微差異來得知分子的振動模式；如此的散射效應，很類似由入射光和散射光的差異來判斷樣本的光學特性。這個現象最早是在一九二八年發現，因此以發現的印度科學家拉曼（C.V. Raman）命名，他也以這項成果獲頒諾貝爾物理學獎。

雖然拉曼光譜在分子鑑定上很有用，但是訊號太弱了，要偵測少量的分子樣本就會很困難。這情況一直到一九七〇年代才有新的突破，科學家發現，如果將分子放在一片粗糙的金質或銀質表面上，或者讓底板附著金或銀的奈米粒子，這些表面粒子具有電漿子的性質，受到雷射光的激發會產生強大的光場，進而增強拉曼散射訊號的強度，甚至可以增強到原本的數百萬倍，因此稱為「表面增強型拉曼光譜」。但隨後的三十多年，這項技術始終停留在實驗室階段，原因是一般製造的拉曼增強底板變異性很大，導致實驗的再現性不高，無法成為實用可靠的分析技術。

## 與拉曼光譜專家聯手，做出領先全球的訊號放大底板

王玉麟是表面增強型拉曼光譜的專家，他聽到王俊凱想結合這兩項技術以突破光學的繞射限制，不確定能否成功，只覺得在理論上設想並無問題，可以嘗

試。他們在二〇〇一年向中研院提出計畫，不過初期中研院僅給了一百萬元經費，剛巧奈米國家型計畫成立，才真的有了奧援。

當時台灣專門從事奈米研究的人不多，多半是剛從國外回來、延續先前所做的研究，台灣的科學家還不太能掌握這個領域的最新發展，往往著手做了某個題目才知道別人已經做了。在這樣的環境下，就算有新的概念，要說服別人投入資源也是比較難的。

「一個在國際上還沒有人實現的想法，有沒有可能在台灣發生呢？」王俊凱忍不住反問。國外的人力資源比台灣多，如果台灣的科技研究想要有競爭力，一定不能如同以往保守、只跟隨國外的腳步，而是要有自主性的想法。「要做前瞻、獨創性的研究，一定要比國外提早做出來才有機會。」此外他也認為，還得把不同領域結合起來，才容易做出這樣的成果，因此王俊凱先找上王玉麟合作，而後林奇宏再加入，這個跨領域的奈米研究團隊逐漸構成。

不過，研究概念的實踐過程並不是這麼簡單又順利，總是反覆嘗試又修正。尤其科學研究最重要的是「再現性」，必須再三得到同樣結果才行，然而剛開始他們以原子力顯微鏡的探針測量訊號，有時測得到數據，有時無法。

有一天，王玉麟突發奇想：「那麼，不要只用一顆奈米粒子，乾脆用一整片粒子好了。」也就是說，本來是用一顆奈米粒子去放大表面上分子的信號，這樣一顆一顆做實在有點辛苦，於是他們就想，是不是可以想辦法做成一整片底板，上面到處都有奈米粒子，就可以把分子所產生的訊號放到很大。

這時，王玉麟回憶起早在奈米計畫之前，他曾聽清華大學化學系的趙桂蓉教授提起一種很有趣的奈米材料，稱為「陽極氧化鋁」，這是一種最容易製造的奈米結構，用非常簡單的電化學製程，就可以製造出一堆很長很長的管子，每根管子的洞口只有幾奈米到幾十奈米，而且排列成整齊的陣列。當時他與趙桂蓉教授共同指導的學生王懷賢，利用陽極氧化鋁作為底板，在其表面製作出許多奈米等級的孔洞陣列，甚至可調整孔洞的大小和間距，看起來就像手工藝品，非常精巧。

因此思考該怎麼讓底板上到處都有奈米粒子時，王玉麟想起當時做的那種底板。二〇〇四年，王懷賢以充滿奈米孔洞的陽極氧化鋁為底板，成功地讓二十五奈米的銀粒子長進底板孔洞內，形成一個個乖乖排列好、彼此的間距僅有五奈米的銀粒子陣列。這些彼此非常靠近的銀粒子，可以讓光場變得非常大，但如果分布不均勻，測量時的再現性會很差，如今這個團隊做出的底板所形成的陣列整齊排列，不但可以將訊號放大到很強，測量結果也會很穩定，再現性很高。

這種布滿奈米銀粒子陣列的增強式拉曼光譜底板就像晶片一樣，讓樣本附著於「晶片」上面之後，可將樣本的分子振動訊號放大，王玉麟形容，這就像是「聽到分子振動的聲音」，而且他們做出來的放大強度領先全球，不僅申請到美國專利，也發表在國際著名的專業期刊上，深受學界肯定。

「沒想到用這麼簡單的方法就解決了問題。如果用半導體製程來做，可能會很昂貴。」王俊凱說，後來想想，若不是王玉麟先前便做過簡單的電化學製程，也不會衍生出這樣的結果，但這種難以預測的狀況，正是科學研究讓人著迷的地方。即使現在國際上已經有很多人嘗試做底板，方法卻很麻煩、昂貴，「成本很重要，如果希望有應用潛力，東西就不能太貴。」

## 以光譜放大細菌特性訊號，找到最佳應用

其實在增強拉曼光譜底板技術成功之前，大家都不知道這技術往後可以用來做什麼，即使具有醫學背景的林奇宏早已加入團隊，也還沒有想清楚生物醫學方面該怎麼應用。專長於細胞研究的林奇宏，最先想到的應用是觀測細胞的運動，他想要觀察細胞內的微管蛋白（tubulin），這種蛋白質的增長和縮短會改變細胞的形狀。微管蛋白的大小約為二十五奈米，林奇宏希望能用增強拉曼光譜底板技術觀察這些蛋白質的變化，甚至進一步觀察構型改變與功能之間的關聯。但後來發現這種分子還是太小，遭遇挫折無法成功，林奇宏心想，分子太小，那就找大一點的目標。「我原來做的細胞又太大，約在幾十到幾百個微米間，如果不要一下子做那麼大的東西，怕訊號太複雜，那麼兩者之間的最佳選擇，就是細菌了。」

林奇宏之前從來沒研究過細菌，幸好陽明大學資源豐富，很容易找到同事提供素材。他們改做細菌後，很驚訝地發現得到的訊號非常穩定，實驗的再現性

也高，是一種非常好的研究素材。

比起細胞，細菌有外殼，在自然界中容易生存也好培養，自然更適合他們的研究。他們轉而以細菌作為觀測樣本後，很快就找出一個很好的應用方向：鑑定細菌的種類，並篩選出具有抗藥性的菌株。細菌的大小約莫一微米（一千奈米），但很多分子特性很難用顯微鏡直接觀察，所以利用可以把訊號放大的拉曼光譜，便可觀察細菌的特性分子，不但是分辨細菌類別的利器，還可以看出細菌對抗生素的藥物敏感性（即抗藥性）。如果能快速辨認菌種、精準投藥，對於預防細菌感染與治療會有相當大的助益。

「世界上每年都有六千萬人死亡，其中四分之一都是死於傳染病，特別是上呼吸道感染。」王俊凱說，最麻煩的是都已經發明了抗生素，但細菌很快就出現抗藥性，這是因為細菌繁殖時，每次複製都會產生一定比例的基因突變，一旦環境改變，發生基因突變的細菌有可能適應環境而生存下來，繼續複製、繁殖，抗生素對之無用。「發展一種藥往往需要長達十年的時間，花費這麼大的成本，卻很容易產生抗藥性，這讓藥廠覺得研發抗生素不符合經濟效益。」

但隨著都市生活密集、現代運輸快速，細菌性傳染疾病的變化和發生頻率都高，就連原本只在動物間傳染的疾病也傳到人類身上，相形之下，人類對細菌的研究速度顯得很慢，難以救命。因此王俊凱認為，他們研發的這套細菌辨識技術，目前最需要補足的是「速度」，不能等基礎光譜資訊建立好，細菌卻已經變種了。

這是雙功能生物晶片的示意圖，在銀奈米粒子陣列晶片（右上角的銀色部分）的表面塗上一層萬古黴素（綠色部分），於是萬古黴素會把白色的細菌抓住，與紅色的紅血球區分開來。王玉麟提供。

不過為了準確判讀細菌種類，並防止雜訊干擾，通常為病人抽血檢驗時，必須排除血液內的血球細胞等物，將細菌做純化處理，但是培養細菌往往要花上幾天甚至一個星期的時間，這是必須克服的技術瓶頸。目前團隊已經製作出能夠捕捉並偵測細菌的雙功能快速檢驗晶片，也就是在銀奈米粒子陣列晶片的表面塗上一層萬古黴素，利用這種抗生素把血液樣本中的細菌抓出來，再透過晶片把細菌表面分子的拉曼光譜訊號放大，以之辨別細菌的種類和特性。利用這種方法，可望讓細菌抗藥性的檢驗時間縮短數日，因此能為醫師提供有效率的資訊，得以快速而準確地選用適合的抗生素。

## 建立團隊合作模式，走出突破現狀的新路

發展出核心技術後，如何確實應用就是下個功課了，但這並非他們三人的專業，因此必須與專家或產業界合作，訂出各類樣本的標準處理流程，並建立相關的資料庫。舉例來說，他們和衛生署疾病管制局合作篩檢結核桿菌，目前台

灣每年仍有至少一萬五千名新的肺結核感染者，多達所有傳染病通報數的七成左右，而且每年因結核病死亡的人數約有一千五百人，因此結核桿菌的篩檢、化驗是亟待解決的一環。除此之外，他們也和台大醫院眼科合作嘗試眼角膜感染測試、與婦產科等專科合作辨識感染類疾病，另外中研院資訊所也正在發展一套「細菌光譜辨識軟體」，方便未來快速查詢。

從研究到應用，這組團隊一路走得穩健，至今保持一個月開一次會、互相激盪討論的習慣。不過，訓練背景不同，思考方式自然也不同，王俊凱一直是學術導向的研究性格，王玉麟則心心念念著應用。「王玉麟從芝加哥大學畢業後，曾經待過貝爾實驗室，那裡非常講求研究的應用性；而我因為一直走學術路線，應用方面的思考沒有像他那麼深。」王俊凱笑說自己是科學的基本教義派，喜歡探究事情的原因，但他也肯定應用的重要，畢竟這樣科學發展才能持續下去。

「我們會彼此尊重，建立互相學習的關係，也會肯定對方的角色。我們不會特別放大彼此的差別，也不會守在自己的領域內，而是開誠布公，就事論事討論。」王俊凱表示，他們的合作關係很難得也很珍貴，將來很多科學研究都會是跨領域的，不同領域的研究者必須找到合作方法，「如果意見不同，還是要就事論事，或是做實驗來驗證。」

儘管學術領域的差異可以溝通磨和，但最現實的問題，還是從基礎研究要跨入臨床應用的門檻相當高。「和醫院合作較有困難，因為做任何事都和人命有關，醫學界的態度會比較保守。」王俊凱說，除此之外，技術開發不會一次就成功，必須長期研究、發展，但醫師很忙，不是所有醫師都能配合。

「我和王玉麟常說，醫師在前線打仗，我們做為後勤，他們需要什麼彈藥，我們就做出來給他們。」王俊凱說，「重要性」是由醫師來決定，而非科學家，但科學家必須仔細聆聽醫師的陳述，才能知道技術有沒有使用錯誤。雙方面都要磨和、折衷，才能不斷修正，有機會做到對的方向。

但無論如何，王俊凱仍肯定跨領域團隊合作的成效，成員間的彼此互補，使得研究更有競爭力，如果要追趕國外的研究速度，一定要透過這種方式才有機會。「創新是需要付出代價的。」王俊凱相當感謝奈米國家型計畫給了資源和機會，讓一群人可以腦力激盪，做出原本沒有機會實現的創新概念。但他也替年輕人感嘆：「現在國家經濟不好，沒資源支持怎麼辦？」然而正是因為經濟現況不佳，更不能目光如豆、什麼都不做而畏縮，而是應該讓科學家有機會好好發展研究，投資長遠的更新契機，這是台灣可以突破現況的一條路。

# 以全新的奈米光譜技術，發展出超快速的細菌檢測法

陽明大學微生物及免疫學研究所教授、台北市政府衛生局局長 林奇宏

撰文／黃奕瀠

林奇宏投入奈米國家型計畫，和王玉麟、王俊凱合作研發奈米粒子陣列增強式拉曼光譜技術，並不是一場偶然。陽明醫學系畢業後，林奇宏走了幾年臨床醫師訓練，決意轉而投身學術研究，於是到美國耶魯大學生物系攻讀博士，專精於研究細胞的運動，主要是研究構成細胞骨架的微小管（microtubule），以及構成微小管的微管蛋白，微管蛋白的增長與分解，可讓微小管改變長度，進而讓細胞改變形狀。要觀察細胞，便得與顯微鏡為伍，於是林奇宏從光學、材料科學到化學都有涉略，這讓他在進入王玉麟的團隊前，已先具備跨領域的知識，門檻因而不是那麼高。

## 為物理學家的新穎技術找到最佳生醫應用

「二〇〇〇年左右，奈米研究在台灣萌芽之時，顯微技術正在往前推進解像力，期望能夠看到更精細的構造。」一九九六年回國後不久，林奇宏迎上奈米時代，儘管光學顯微鏡還停留在幾百奈米的解析度，只能看到細胞等級，但各種電子顯微技術已經發展到幾十奈米乃至於幾奈米的精細程度，渴望直接觀測到蛋白質分子的林奇宏，因而開始接觸奈米知識。

「我去找王玉麟教授，是希望能夠看到分子，想知道能否在光學顯

微鏡下看到蛋白質分子構造？」林奇宏表示，做細胞研究的人，總希望能夠直接看到分子；看分子有兩個面向，一是透過細胞的表現，間接了解分子之間有什麼樣的交互作用；另一個面向則是直接觀察單一分子，但真正觀看分子的工作是很有挑戰性的。「我最好奇的是，能不能直接觀察分子的構型，從中了解分子的功能？例如微小管的直徑大約二十五奈米，那麼能不能用光學顯微鏡直接看到組成微小管的微管蛋白的變化？」

為了解答林奇宏的問題，王玉麟用剛做出來的增強式拉曼光譜底板觀察微管蛋白，希望可以看到分子結構的變化。但他們的嘗試立刻遇到問題：蛋白質分子太小，不容易做。但直接跳到大小介於幾十到幾百微米間的細胞，尺寸又太大，訊號複雜。最好的選擇似乎是細菌了。

其實對研究細胞生物學的人來說，要做就做細胞，不會想做細菌。儘管林奇宏原本想做細胞的奈米檢測，但也考量到現實的困難度，因而在團隊裡彼此討論、妥協後，提出解決方向。

「我從來沒有研究過細菌，幸好陽明微免所內什麼資源都有。」林奇宏將研究轉向後，驚喜地發現細菌可產生穩定的訊號，因而奠定了這項應用研究的起點。科學研究經常都是這樣，有時候沒辦法想做什麼就能做什麼，而是跟著實驗結果走，「走到哪裡就是哪裡」。林奇宏認為，研究者必須充滿好奇心，秉持研究的精神，跟著實驗數據走，不要太一廂情願、不知變通。

於是，團隊便把研究目標鎖定於細菌的光譜訊號，以之發展更快速的微生物

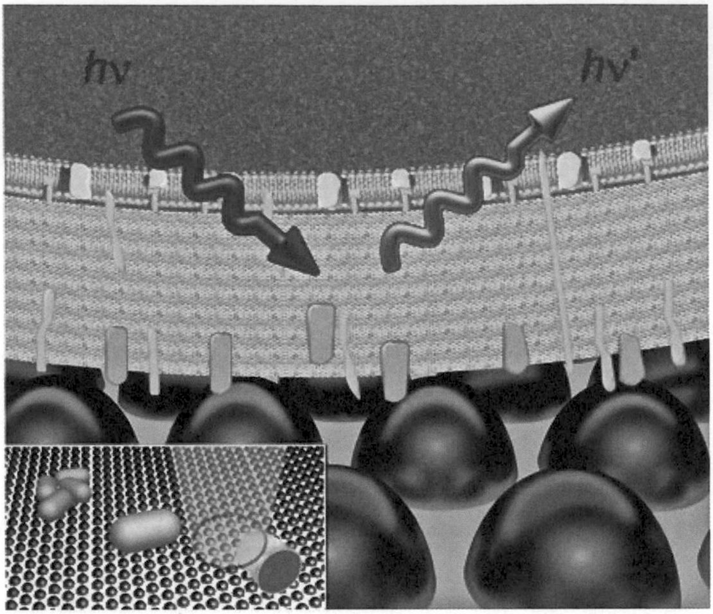


讓底板上布滿奈米銀粒子陣列（圖下方的銀色圓形物），運用表面增強式拉曼光譜技術，可以觀察細菌的特性分子（中央與銀粒子接觸的黃色分子），以之分辨細菌類別和抗藥性。王玉麟提供。

檢測法與抗藥性偵測。「以往的檢測法仰賴細菌培養，而培養、放大的過程多半冗長費時。透過奈米粒子增強拉曼光譜的導入，我們希望能擺脫過去動輒超過十六個小時的傳統辨識方式，利用光譜技術對細菌的高靈敏度，大幅縮短檢驗微生物的整個流程。」林奇宏說，研究團隊近來在抗藥性檢驗上有比較大的突破，得以在幾小時之內做到初步的抗藥性檢測，應用前景非常看好。

可以預見的是，隨著將來在光學硬體方面的日趨成熟，這樣的技術很可能發展為輕便的可攜式裝置，因而更加普及。不過，將實驗室的尖端技術導入實際應用的過程，有許多困難需要克服，「例如與現行檢測技術如何接軌，或者找到合適的應用主題，最能彰顯出光譜技術的快速和高靈敏度等等，都需要結合不同領域的專家，一同努力克服種種困難。」林奇宏表示，結合各個領域的專業意見，正是跨領域研究帶來樂趣的地方。

## 跨領域合作有如跳探戈，互有進退，教學相長

不過，就算團隊的研究方向達成共識，但跑出來的結果不見得能得到一致的解釋和看法，因為專長於物理和生物的人受到的訓練不同，對光譜訊號的解讀會有差異。林奇宏坦言，未知的部分仍然很多，大家必須互相學習。「過去是神農嚐百草，從經驗來論定結果，得出什麼疾病使用什麼藥物的結論，」但現在科技幫助我們了解更多知識，因此可以從「知」的面向往回推導原因。

林奇宏舉例，深具物理學背景的王玉麟和王俊凱負責把拉曼光譜訊號放到最大，而具備生物醫學背景的他負責找到適合應用這項工具的題目，產生結果後再共同解釋意義，而他在應用的過程中又會產生更多需求，發展工具的人再回頭尋找原因，讓工具更為精進。

例如林奇宏會丟問題給王玉麟：「你的系統告訴我可以放大這麼多的倍數，十的八到十二次方，照道理來說，這麼大的訊號就可以看到單一細菌了，那我能不能看到單一細菌的訊號？」王玉麟回問：「看到一隻細菌的訊號能做什麼？」林奇宏便會指出臨床檢驗的需求，如果能直接看到檢體裡面究竟有哪一種細菌，再搭配其他檢測方法，例如基因組、微生物學、光學等檢驗法，彼此相輔相成，更添時效性和準確性。

對林奇宏來說，跨領域合作就像跳探戈，各方要互有進退。具備光學、顯微鏡學知識的他，相當佩服王俊凱和王玉麟兩位科學家的勤勉好學，每次見面開

會，兩人的生醫知識又都更進一步，可以想像他們花了多少時間鑽研涉獵。

「一般非生命科學背景的人要跨足生命科學，相對都比較積極，比起生命科學領域的人接觸其他領域還要積極得多。」他不免感嘆台灣教育過度強調分科專業，缺乏創造力和整合能力，失去競爭力不說，對於專業也沒幫助。「過去很長時間以來，醫學已經發展得非常專科化，現在更是過度專科化，可是我們對一個人的照顧，應該是當作一個整體來看。未來必須要有改變。」

## 基礎科學研究對醫學發展的刺激與互動

此外，生物醫學的基礎研究和應用研究孰輕孰重，又該如何相輔相成，也是一個值得探討的問題。當各個科技領域拚命往前衝，醫學領域卻仍且戰且走，態度略微保守，但在醫學專業出身、後來轉做基礎研究的林奇宏眼裡看來，這卻是再正常不過了。

「應用和基礎研究是一個循環的過程，」他指出，二十世紀初發展出來的量子力學，讓我們對物質世界有了完全不一樣的知識，直到一九六〇年代登陸月球，當時大家疾呼「我們需要更多的基礎科學研究」，因為過去的舊知識已經應用到極致，亟需全新的未知知識。隨後進入分子生物學、半導體的時代，到了九〇年代成為基礎科學蓬勃發展的時代，台灣也產生了幾位諾貝爾獎得主，台大物理系、化學系的錄取成績高於其他科系，基礎研究掛帥。直到二〇〇〇年，另個聲音出來，直稱基礎研究已經夠了，這些研究經費都是由納稅人的錢支出，卻沒有看到真正的應用，因而時代又落到強調應用的循環中。

在這樣的循環之中，醫學面對的質疑尤為顯著。醫學是用在人身上的科學技術，必須非常審慎，得經過冗長的臨床測試，光是從實驗桌到動物實驗就是不小的門檻，而從動物到人體身上又是一大門檻，因而比其他科學領域更難求取突破。此外，醫學牽涉到人體，經常只能透過觀察來做功能測試，不若物理、化學可以想盡辦法追根究柢。「生物是很複雜的，」林奇宏說，生物的交互作用不像化學反應可以在控制精準的環境中進行，因為生物系統的變項太多了，只能以每次控制一、兩個變項的方法來描述。再者，物理學很容易歸納出簡單的公式來解釋，我們卻不能透過簡單的公式來描述生物學基本的道理。

這是物理學、化學和生物學的基本差異，需要很好的媒合方式來解決彼此的鴻溝。「我覺得最重要的是，不管做基礎研究還是應用，一定要勇於跳出自己的框架，積極想像另一個領域在做的事。」林奇宏說，近年來奈米技術精進，為現代醫學提供許多想像空間和期待，無論是改善藥物的運送與吸收、病灶的偵測、腫瘤的早期辨識等等，都有突破性的發展，未來也預期會持續為臨床醫學做出貢獻，「相信未來會有更多的新材料應用於生物醫學領域，在現代醫學的發展過程中，奈米科技將扮演舉足輕重的地位。」

# 積極推動研究的應用面，用奈米光譜聆聽細菌和故宮古畫的「聲音」

中央研究院原子與分子科學研究所特聘研究員 王玉麟

撰文／黃奕瀠

國科會最初開始規劃推動奈米科技研究，最核心的三位靈魂人物，是時任自然處處長的王瑜、化學學門召集人牟中原，以及物理學門召集人王玉麟。當時他們預計推動尖端材料研究，後來因為國際上發展奈米科技的氣氛達到巔峰，台灣學界也有共識應該跟上腳步，因此很快便將整個構想轉為國家型計畫。

奈米國家型科技計畫初始，為規劃工作執筆的團隊分為兩大部分，一是學術卓越，另一是工研院的技術相關部分；當年，王玉麟與中研院物理所研究員李定國（現任物理所所長）擔負起為學術卓越部分執筆規劃的團隊工作。從規劃階段開始，王玉麟便對奈米抱有很高遠的期望，希望有些團隊能夠進行比較應用導向的研究，甚至進一步做出一些產品，而不只是停留在學術研究階段。他的想法很簡單，如果只是純粹為了好奇而追求研究的話，那麼和過去的各種計畫有什麼不同？既然是國家型研究計畫，就有著產業化的期望，「我希望學術卓越的團隊中，至少有十分之一的研究可以產業化。」

這個企圖心，源於他過往在美國貝爾實驗室的經驗，貝爾實驗室自從一九二五年創立以來，一直是科技界的研究先驅，不但做出許多重要的學術研究，也對今日科技產業產生非常重要的影響。「貝爾實驗室有十分之一的科學研究能夠做出產品，其中十分之一的產品會真的上市，而上市的產品也許只有十分之一成功，也就是從研究到成功產品的機會大概只有千分之一。」但就是爭取這千分之一的企圖心，奠定了貝爾實驗室屹立九十年不搖的重要地位。

回顧過去十年來奈米國家型計畫的成果，王玉麟坦言，嚴格說起來還不算有非常成功的產品，還有一段漫長的路要走，就像嬰兒學走路一樣總是顛顛簸簸的，有很多進步的空間。「這小孩子現在算是站得還不錯。只不過，長大成人之後是否能真正闖出一片天，還有待大家一起努力。」

## 物理學家做給生物學家的玩具：聆聽細菌和古畫的聲音

王玉麟、王俊凱和林奇宏所做的「奈米銀粒子陣列增強式拉曼光譜研究」，便到達了應用的層次。王玉麟說，他正在思考未來要做一些應用的研究時，剛好王俊凱來找他，但主要是想做奈米電漿方面的基礎科學研究，所以他形容一開始其實有點半推半就；大概做了一期計畫之後，他開始對未來產生一些想像，便對研究團隊說，希望能做一點可應用的研究。這時陽明大學的林奇宏教授剛好加入，後來將研究導向生物醫學應用。

「我小時候光是殺青蛙就快昏倒，怎麼樣也不會想到自己做起生物方面的研究。」對王玉麟來說，這個跨領域合作相當不可思議也很有趣，直說自己和王俊凱對生物的知識只停留在國、高中，等於一竅不通，但很想一起努力「做出玩具給林奇宏玩」，好讓他拿去應用於生物領域，「而他就癡癡地等了三年，等著我們做的東西真的能夠應用。」

剛開始的三年，研究成果都不盡滿意。有一天，王玉麟突發奇想，對學生說，本來是做一顆奈米粒子去放大表面上分子的訊號，但這樣一顆一顆做有點辛苦，不如乾脆做成一整片，表面上到處都有奈米粒子去放大分子的聲音，這就是後來做的增強式拉曼底板。剛好王玉麟過去曾和清大趙桂蓉教授合作陣列式奈米孔洞的研究，於是和研究生開始著手，一起將奈米銀顆粒長進底板裡，排成陣列，而這些整齊排列的奈米銀粒子，由於彼此距離非常接近，大約只相隔五奈米，一旦照射雷射光，這些奈米粒子的電子雲波動所產生的整合效應，可以產生非常強大的光場，拉曼光譜訊號也因而增強。

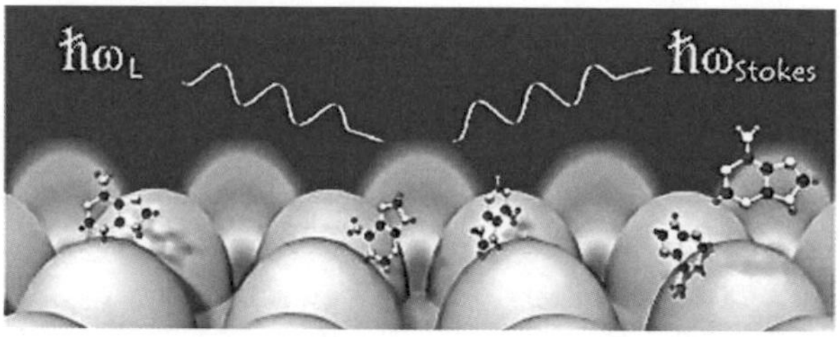


這張示意圖顯示奈米銀粒子附著在陽極氧化鋁底板上，會大幅增強雷射光所產生的拉曼光譜訊號，這項技術應用廣泛，可藉以偵測許多化學與生物分子。王玉麟提供。

林奇宏聽到有這個成果後，開始思考可以做什麼方面的應用，經過一番討論，就如今天所見，他們拿來觀測細菌。「我喜歡講得通俗一點，這就像是『聆聽細菌的聲音』。」王玉麟解釋，其實這聲音是聽不到的，頻率非常非常高，事實上聽的是細菌特性分子振動的聲音，而底板可以想成是放大器；把細菌貼上去，就像我們把耳朵附在牆上一樣，可以透過耳膜聽到牆壁振動的聲音，也由聲音去辨別包含哪些分子。

王玉麟一直認為，奈米技術應用在生醫領域是好事，而在計畫推動之初，這是一個幾乎未開發的領域。「細菌和人的大小比例，就像人和地球的大小比例，感覺已經很懸殊了，而奈米粒子又比細菌小得多。」王玉麟進一步解釋，把一個細菌放在奈米粒子底板上，如同一個人躺在碎石子路上，底下的碎石子就像是一顆一顆的奈米粒子；一旦用雷射光照射這些奈米粒子時，因為有特殊的電漿子效應，光會被這些奈米粒子放大，於是把分子振盪的訊號放到很大，偷偷帶出來，讓人聽得到細菌表面分子的聲音。「我常常用人來做比喻，這就像蛙人趴在沙灘上做蛙人操，於是我們可以聽見蛙人身體與沙子、鵝卵石的接觸點所發出的聲音。」王玉麟笑著說，這是同樣的道理，只不過細菌和奈米粒子的尺度小很多。

這項技術的另一個應用也很有趣，團隊與故宮博物院合作，以奈米分子陣列放大拉曼光譜訊號的技術，「聆聽」古代繪畫和字畫的「聲音」，也就是檢驗字畫墨色、顏料所包含的分子，例如藍色的染料是什麼樣的分子、黑色染料又是什麼分子，得到很多非常有趣的資料。王玉麟說，大部分的人一聽到要用到雷射光，都很害怕畫作受到傷害，「其實我們只需要非常微量的素材，只要拿每次撤展的時候，字畫自然掉下來的碎屑就夠用了。」

也因為是拿掉下來的微量碎屑去檢測，剛開始團隊說這是「破壞性的檢測」，故宮的人都嚇壞了，於是他們專程跑到故宮，說服了一位有意願合作的研究人員，趁撤展或設展時，准許他們在桌面上鋪一張很大的白紙，把字畫放上去，只要收集自然掉下來的碎屑，撿一撿就很夠用了。

## 台灣研究規模小，整合跨領域團隊是可行且迫切的方向

這是他們團隊研究十年的成果，是奈米國家型科技計畫當中一個漂亮的合作案例。王玉麟跳出來反思團隊合作經歷時，忍不住表示：「這牽涉到合作默契要怎麼培養，因為學術界有個比較大的難題。」台灣的科學家絕大多數在美國接受研究所教育，美國的研究方式多半是大學教授有自己的團隊，愛做什麼題目就做什麼，每個人自由發展，而且光是一個教授的研究室就非常大，大到像一個整合型團隊。「但台灣只是美國的縮影，約莫是美國除以十的規模，而很多事除以十之後就不能做了。」

他舉例說明，人可以做的事情，十幾公分高的動物未必能做，這是尺度不同所造成的影響。在美國，很多領域可能輕而易舉就有幾十個人在做研究，大家因著共同興趣，經常會申請經費組成一個團隊；但在台灣，這樣的規模除以十，往往只剩下一個人了，沒辦法做同樣規模的研究。「這是我們必須要面對的問題，小的國家有小的侷限，小的生物有小的侷限，但大生物也有大生物的侷限，因此大小不是問題，品質才是問題。」王玉麟時而對學生開一個玩笑，恐龍看起來很大，但隕石砸下來的時候是恐龍先死，我們的哺乳類祖先就贏了，所以大小不是問題，你要當餓得半死的恐龍，還是快樂的哺乳類？重點是能否在現實條件下，做出自己覺得很欣慰的事情？這才是重點。

「我們應該要建立一個團隊，每個人站在適合的位置上，有人適合打前鋒、

有人適合打後衛，身高多少、比較適合做什麼就做什麼，以團隊為主，而不是強調個人英雄主義，一定要自己一個人贏。」王玉麟認為，台灣社會多半在意鎂光燈是不是投射在自己身上，很少專注於團隊整體意義；反觀美國，也許是美國人從小看美式足球，了解各司其職的重要性，防守球員負責防守、攻擊球員負責攻擊，每個人都好好發揮適合自己的工作。「如果研究團隊也各司其職，各自站在自己熟悉的崗位上，聯合起來發揮一加一加一遠大於三的效果，這樣的團隊才有一點點的國際競爭力。」

可惜在台灣，過去的研究人才整合多半是同類整合，在王玉麟眼裡看來，那就像棒球隊裡全都是投手，只好有些人偽裝成二壘手，其實那些看來不怎麼樣的二壘手，放在投手位置卻相當出色，「這種組合怎麼會有戰鬥力？」而這些心得，正是從一次又一次的合作經驗中得到的。

## 由想要達到的成果回推研究方法，不斷修正、成長

此外在團隊合作過程中，王玉麟經常不斷自問：「最終使用者需要的是什麼？我們是否有適合的人力物力能夠發展出來？」他習慣從應用面開始發想，再回頭思考基本概念，如此不停自問自答，在研究過程中不停修正、成長。研究非常基礎的技術時，看似各個方面的應用都可行，但如果是讓純做基礎研究的人去發展，「都可行的結果其實是都不可行，」因為距離真正的應用還有很

多困難，王玉麟認為這是科學家要尋求突破和獨創性時，最要思考的部分。

舉例來說，對科學家和工程師而言，電腦的系統設計相對簡單，就是01001，但是這種心態設計出來的電腦就是PC；如果是由藝術家或使用者來發想，結果則是賈伯斯的麥金塔和蘋果電腦，操作非常直覺，完全由使用者的角度出發。「可見，從基礎研究到實際應用之間，有一大串的小困難要去克服，對使用者才是可能有用的。」王玉麟說，大部分的基礎研究者拒絕思考這樣的事情，都說：「那樣的東西太簡單了，不是我們要做的！」不過這就像跑障礙賽，每個障礙可能都不是特別高，不過要連續跨越一百個障礙的時候，跨越的難度就變得很高。「怎麼樣一步步跨越這一百個障礙，又要和人家比快？」王玉麟說，這就是他們這個研究團隊培養出來的文化，很像是他們的DNA，比較有能力去面對各種類型的挑戰。

「過往我和所有做物理、化學等基礎科學的人一樣，認為自己比一般人都還懂抽象的事情，因此覺得生物方面的知識相對簡單，並不想回答這些問題。」王玉麟坦言，直到和生醫學者合作後才知道，每個世界都有各自的困難問題，不是說物理學家很了解萬有引力和電子作用力，就能回答生命科學界的重要問題；而對生命科學來說，必須依賴儀器和一些方法來找到答案，這些就常是物理學家或化學家的發明。「我們要想辦法發明這些方法或技術，以便協助想要回答那些問題的人，這樣就構成合作的基礎。」

王玉麟認為，他過往做的研究只是純粹為了有趣、好奇，而現在還可以進一步幫助做生命科學或是材料研究的人，回答他們關心的問題。因此，儘管剛開始仍各有本位，但是為了共同目標，這些科學家漸漸放下自身的專業傲慢，各自找到擅長的守備和打擊位置，組成一個強隊，真正做到跨領域整合。

## 積極建立產學合作，尋求基礎研究的未來性

或許是跨領域的團隊火花，也或許是齊心斷金的企圖心，他們研發的奈米粒子陣列增強型拉曼光譜技術，一開始就有產業界願意坐下來聽他們描繪遠景。二〇〇八年，團隊取得底板的專利，隔年就把製造技術轉移給閎康科技。

閎康科技負責人謝詠芬，是清大材料系的傑出校友，自己創業開公司，專門做電子材料分析的技術服務工作。一次因緣際會，王玉麟建議她將材料分析的想法再往外擴展，把生醫材料納入，並提及他們團隊研究的光譜技術也可用於分析材料製造過程中的污染物，謝詠芬一聽就有興趣，有意願技轉，就此展開漫長的商業應用之路。「一個技術就算在實驗室裡用得純熟，卻不一定符合產業的需求。實驗室可以容忍百分之五十、七十的成功率，但產業界不行，他們要的是百分之九十。」王玉麟說。

事實上，產學合作並不一定會成功，有時一開始談得愉快，但幾次之後找不到簡單的方法可以解決問題，對方就放棄了，這種事情經常發生。「真的要到產業市場是很難的。」王玉麟再次談到，從研究開發到做出有市場競爭力的產

品，只有千分之一機會，然而台灣並沒有一千個團隊，特別是很多研究者寫完論文後，就不管接下來的事情了，沒有把事情完整做完。但若真的要往下走，他也直說：「一步一步接近成果，每一步都是加倍的困難。」

閎康科技推動這個技術等於是處於摸索階段，因為很多人在學校都沒有學過拉曼光譜，公司內部得先做再教育，「所以我們還要參與產品的開發、人員的教育、整個樣品的製備等等，每一環節都有很多的難關要度過，這是目前整個計畫最大的挑戰。」王玉麟也說，另一個挑戰是每個公司都有自己的現實考量。目前對閎康科技來說，這個技術只是個長遠的投資，短期內無法回收，「他們主要是基於團隊之間的互信，看到這東西的未來潛在能量。」

王玉麟於是提到「風險問題」，他認為政府一直鼓勵產學之間多建立這樣的合作，但這類投資風險很大，政府應該處於幫忙的角色，而不是在許多法規枝節上扯後腿，例如規範研究團隊人員不得與技轉公司有三等親關係等等瑣碎煩勞的事。對許多研究者來說，能夠在研究之外再繼續往前推進就已經很勞費心力，政府不應該在其中設立太多路障。

儘管路難行，王玉麟直認這是個難得的經驗，也期望有更多團隊去做。「有人可能會覺得，做這些事情占掉很多時間，發表論文篇數比較少，這樣值得嗎？我是很少從這個角度去看，而是覺得既然要做成國家型研究計畫，就應該朝這個方向努力。」王玉麟表示，以他自己的推算方式來看，台灣將來可能連一個成功的產品都沒有，但不能因此卻步。「你做一個高風險的投資，就要知道有個可能是把錢丟到水裡面，撲通一聲，就是你唯一聽到的。但是問題在於，如果因為風險高就不做，這樣對嗎？」他以宏碁施振榮的微笑曲線理論舉例，強調擁有品牌的重要，儘管做品牌的失敗率高，但總不能因為怕失敗，而繼續和人家搶代工的機會，「我覺得台灣已經過了做代工的階段，原因在於我們是這麼小的一個國家，如果只想幫人家做代工，很難競爭得過中國的十幾億人，更別提還有印度和南美洲，我們能夠生存嗎？」

「轉型並不是一定出於自己主動，也可能是被動、被迫一定要去做。」王玉麟表示，很可惜的是，台灣最有能量做研究的博士人才，百分之九十都在大學裡，這麼大的研發動力，卻沒有一套機制將它們整合起來，對經濟發揮一點直接的幫助，其實是非常可惜的。

也許相對成功案例不多，過程也是顛顛簸簸，但王玉麟肯定奈米國家型計畫是一個創舉，就像宏碁或宏達電等自創品牌的案例，只要有人走過，就會有一點成果和經驗累積，即便看起來風險高，都得要冒險。「面對後來的追兵，就是要往前走，去冒這個風險；要冒這個風險，則要整合團隊，如果整合得好，一定可以培養出這樣的文化。」

# 手握全球獨創的「奈米剪刀」，勇闖分子醫學領域造福病患

成功大學口腔醫學科暨研究所特聘教授兼所長 **謝達斌**

撰文／黃奕瀠

「我一直在想，做一輩子醫生，為病人看病，課本裡教導的知識是有限的；臨床上遭遇的問題如果沒有科學基礎與創新突破，能幫助的病人仍然是有限的。」成功大學口腔醫學研究所所長謝達斌感嘆，看著病人來來去去，有些疾病難以痊癒，有些病人就這麼離開，讓人感傷，但醫師的能力終究是有侷限的。因為有這樣的急迫感，儘管行政、教學和門診工作相當繁忙，謝達斌一直不放棄研究工作。

他認為，真正解決病人問題的根本，其實是開發新的診斷或治療方式。「想想看，在沒有抗生素以前，醫師能為遭受感染的病患做什麼事？給予解熱的藥，只是讓病患比較舒服一點，最後還是要靠自己的免疫系統。不過有了抗生素以後，整個世界都改變了。」時至今日，還是有一些情況與以前類似，例如目前醫師能對癌症病患做的也相當有限，就像謝達斌為口腔癌做的治療研究，從實驗室研究、到能夠和藥廠合作、再進入臨床試驗而最後拿到上市的許可，中間要經過漫長的五年、十年以上的時間才看得到成果，「儘管那時我們都退休了，還是覺得很值得。」

「我們這一輩子當教授、當醫師，其實只要能找到一種藥，不用多，只要有一種藥最後得到臨床證明說，本來只有百分之十幾的存活率，因為你的某個發明，現在提高到百分之五十，多救了百分之二十到三十的人，你不覺得這是一件很有成就感、很愉快的事情嗎？」謝

達斌笑著說，「這個貢獻比你一天看十個、二十個病人大得多啊。」謝達斌認為醫師是可以取代的，但如果能創造出得到臨床認可的新藥，最終真正解決一種疾病，這樣的創新和影響力是全球性的，「以全球人口來算，即使只多救了百分之三十的人，事實上是多麼大的數目，這不是很值得投入嗎？」

## 牙醫師與化學家聯手，投入奈米醫學新天地

謝達斌的背景十分特別，他由陽明大學牙醫系畢業，因為牙醫課程較多元的關係，學過力學分析，以及高分子、陶瓷、金屬等材料科學，也待過病毒學和醫學工程的實驗室，恰好與當今的奈米研究範圍不謀而合，只是當時完全沒想過會投身於奈米科技的研究。大學畢業後除了住院醫師訓練，他也參與分子生物和細胞生物學研究，以及醫學造影軟硬體設計等計畫，後來前往哈佛攻讀口腔病理學博士，整個訓練過程奠定了多元的跨領域基礎。

二〇〇〇年回到成大醫學院任教後，謝達斌持續臨床看診，同時著手建立實驗室，研究分子醫學領域的細胞調控與疾病分子機制，漸漸與多位研究奈米科學的學者建立合作關係，從而轉向他心之所繫的藥物篩選與投遞。最初，謝達斌在生技製藥國家型計畫裡負責建立組織銀行，並尋找一種能夠由檢體分離出癌細胞和正常細胞的高效率技術；在偶然機會下，他發現將磁性材料做得很微小，可以達到超順磁的效果，於是能夠有系統地自動分離細胞或遺傳物質，因

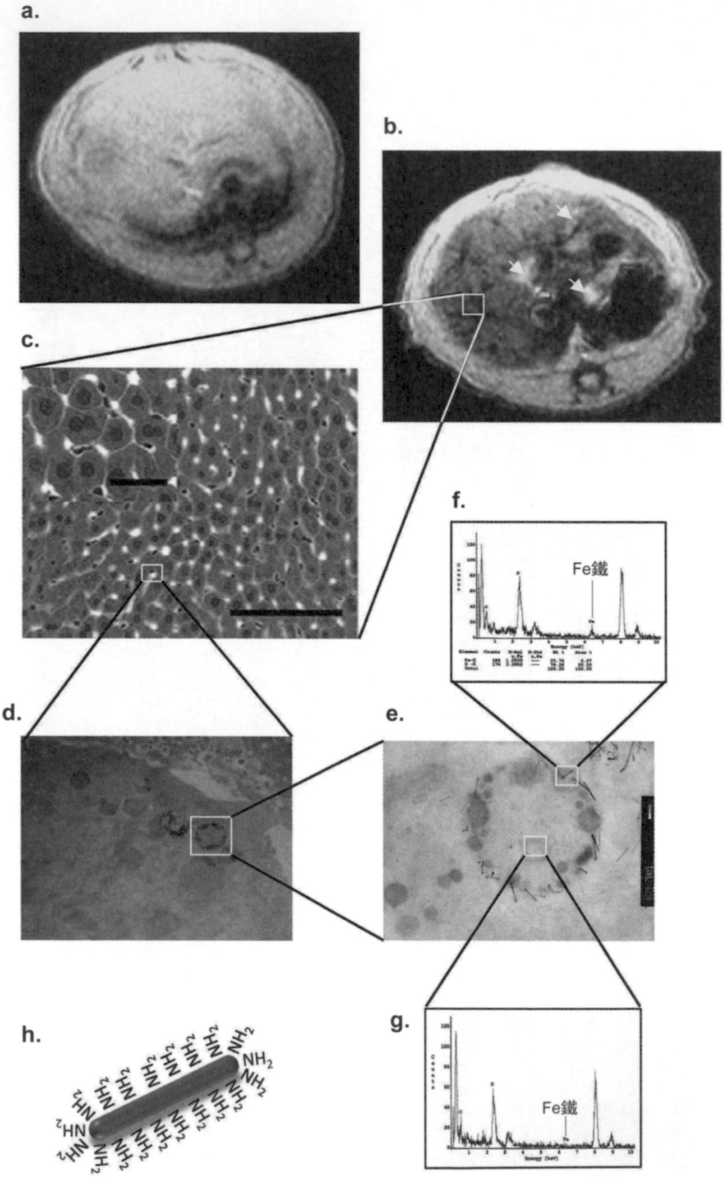


在磁共振造影的T2顯影模式下，肝臟是高亮度的組織（圖a），但注射超順磁奈米粒子之後，正常肝組織轉為暗色，腫瘤部位則持續高亮度，因而得以區別（b）。這是因為正常肝組織內有許多古夫細胞（c），而癌組織較少這種細胞。以穿透式電子顯微鏡觀察，可看到氧化鐵奈米粒子受到古夫細胞大量吞噬（d），經過高倍放大（e）並進行電子能譜分析，可偵測到奈米棒結構有鐵訊號（f），而細胞質內的訊號極低（g）。氧化鐵奈米棒表面修飾有胺基（h）。謝達斌提供。

此發現奈米技術的潛力。透過介紹，他和成大化學系教授葉晨聖合作，開始了奈米研究之路。

「我們從最基本的奈米粒子開始合成，葉晨聖合成出具有各種特性的奈米粒子後，我負責找出可能的臨床應用，例如探討在磁共振造影（ＭＲＩ）方面的效果、生物相容性等等。」對他們兩人來說，這個合作是全新的經驗，「我的專長是分子生物，他的專長是化學，結合起來是奈米醫學，從現在回頭去看是這樣，但那個時代還沒有這樣的學門，所以兩個人幾乎都是重頭學習。老實說，我們根本不知道最後是否會成功，但反正就試試看看。」

有別於其他醫學專業，一般牙醫師較少從事研究工作，不過由於學習背景剛好介於生物和材料之間，謝達斌自認相當適合投入生醫材料研究，當然這也是他的興趣使然。「其實剛開始和葉晨聖合作時，兩個人就像雞同鴨講，對彼此說的很多事情都不懂，只好像大一學生一樣重新翻書找資料，試圖了解對方在做什麼。」他認為這就是做學問的樂趣，年紀一把了還要學習新知識，非得要懂得享受新知不可。

謝達斌說，有了知識之後，可以在化學製程中加入一些生物專業才會想到的東西，如此才能創造利基。「同樣的，我們做生物相關研究時，也可以應用一些物理和化學的概念，這可能是很多醫師或生物學者比較不會想到的，相互的激盪可以創造出很多很有趣的觀察和發現。」

不過在這過程中，生物醫學有時會給物理學家和化學家諸多限制。「研究材料的人可以做出各種不同的材料，就像變魔術一樣，但研究生物醫學的人比較實際一點，只在乎臨床應用的可能性和前景，畢竟新東西要能用在病人身上，需要花個十幾二十年時間、經過重重的考驗才能實現，而一個人的學術生命不過就是三十、四十年。」謝達斌說，所以他必須對材料或化學的研究者提出諸多限制，包含不能選擇有生物毒性的材料、要考慮尺寸範圍、表面能不能接上生物分子等等，在這些條件的規範下，由化學家和材料科學家來變魔術，「但變來變去就是要符合我認可的規格。」

謝達斌認為，對化學或材料領域研究者來說，這種合作的好處是幫助他們踏進不熟悉的生物醫學領域，「剛踏進來或許會怕怕的，就像剛跳下游泳池一樣，但有我們支持、當顧問，就等同於有一個很大的知識庫做後盾，他們知道不會深得踩不到底，比較敢往前跨一步。對我來說也是如此，我知道有專業的人像魔術師一般，可以做出我想要的東西。」例如謝達斌會建議，先從美國食品及藥物管理局會准許的有機材料、鐵或金等具有人體相容性的成分著手，優先到他這邊做動物實驗，比較可能有臨床應用前景。

## 以奈米技術讓舊藥找到春天

在奈米領域摸索一段時間後，謝達斌越做越有興趣，發現醫學方面的可能應用更多更廣，也看到未來可以做的東西更多了。「一開始，我只是發現這些粒子的超順磁性，可以用在磁共振造影和治療方面，後來發現奈米粒子不只包含磁性，還有光學、生物學方面的特性等，就這樣越做越廣。」

目前他們最主要的合作目標是開發新的藥物劑型。謝達斌說，現今一種藥物從發現到最後成為上市的藥品，少說也要經過十年以上，而且時程越來越長，因為現今要求的條件、需要驗證的項目越來越多，使得醫療成本居高不下，而且很可能幾萬種候選藥物只有一種能成功。不過，這些失敗的藥物有的已經到達臨床試驗階段，只是因為一些因素而無法找到好的施藥方式，例如溶解差、吸收差、毒性等等，其實很可惜。「從這裡，我們倒是發現奈米科技在製藥方面的一個利基。」謝達斌說，他們篩選那些淘汰的藥物，找到還有機會的一些藥，交給葉晨聖用化學方式改良、修飾，以達到更好的臨床藥效，甚至產生新的療效，不但節省很多研發成本，也成為生技製藥產業的全新立足點。

其次，改變藥物的劑型也可以改善抗藥性的問題。謝達斌說，例如有些健保給付的藥物有一定的市場，但有些病人產生抗藥性，「而根據我們在體外做的初步實驗，發現本來癌細胞已產生抗藥性，做了奈米層級的改變劑型以後，舊藥又可以產生療效了。」謝達斌指出，現在還不確定在人體是不是也有效果，假如未來實驗成功，可以想像對整個醫藥界的影響多大，例如原本只能治療百分之二十的病人，以後就可以治療更多病人，而且對於藥廠來說，製造的藥還是一樣的，只是把藥物的劑型做一點修改就好。「一定還有很多其他的藥物也有這種現象，只是大家還沒有發現。」

除此之外還有很多利基。「比如說有一個藥物，本來吃進去有效，但代謝太快，病人得經常吃藥，就有可能忘了吃。那麼就得思考，有沒有辦法透過改變劑型的方式，讓藥物在體內維持更長的時間？甚至病人一天只需要吃一顆藥，就可以達到相同甚至更好的效果？」謝達斌說，這都是劑型的問題，而在其中，奈米技術扮演很重要的角色。這種「超級學名藥」的開發模式，謝達斌認為相當適合台灣目前生技醫藥產業的專長與規模。

## 奈米粒子顛覆傳統顯影劑，更可精準輸送標靶藥物

除了和葉晨聖合作外，謝達斌也和師大化學系教授陳家俊一起研發「雙重顯影劑」，於二〇一〇年九月登上了化學界頂級期刊《美國化學學會會誌》（*Journal of the American Chemical Society*）的封面故事。在健保十大檢驗項目中，磁共振造影和電腦斷層掃描（CT）經常位居前五名，所花費用每年增加約百分之十。然而目前的高劑量顯影劑對某些病患有副作用，而且兩種檢查至少要相隔一天，等待顯影劑代謝完才能進行下一項，花費時間長。

謝達斌和陳家俊的研究團隊以鐵鉑奈米粒子為核心，發現鐵鉑顯影劑可以同時作為兩種影像檢查的顯影劑，也能在人體內停留足夠時間，因此能夠「兩劑併作一劑使用」，讓兩種掃描一起做，不但節省經費、診斷時間減少一半，也可以減少傳統顯影劑對病人的多重副作用，還可以將相近的造影時間點的兩

個掃描結果立刻交叉比對。此外，鐵鉑奈米粒子的表面可以接上不同的抗體分子，用來辨識不同的癌細胞，專一性很高，能夠清楚確認該用哪一種化療藥物，也可以結合兩種掃描結果，找出腫瘤的立體影像。

「這個研究是陳家俊來找我合作的，他說有這種材料，問我有沒有什麼應用。」謝達斌笑說，醫師常會遇到學者來「兜售」技術，有些學者甚至是他的牙科病人，一邊看病，兩人一邊聊最近的新發現，而後問：「你覺得這東西有沒有什麼用呀？」對謝達斌而言，大部分都沒有應用性，就只能聽一聽，但有時候會激發出一些想法，陳家俊的材料正是這種狀況，他們兩方都認可，這能夠發展成為過往醫學界想做卻沒辦法做的新平台。「重點在於，人類有這樣的需求，以醫學的角度來看，這會是蠻重要的一種突破，而從化學專家的角度來看，可能不覺得這有多困難，所以雙方一拍即合。」

不過，真正有趣的是後續的故事。研究團隊意外發現，奈米粒子要進入細胞時，有各種不一樣的方式，這是因為細胞膜上有一種具有傳輸功能的蛋白質，會像海關人員一樣，管制奈米粒子進入細胞的數量和方式。因此若把蛋白質的基因變多，就等同於增加海關人員，則有比較多的貨物能更快通關、運進細胞；若把基因調降下來，貨物就進不去，或進去得很少。「這種現象以前從來沒有人發現和發表過，不過我們覺得蠻重要的，可以好好發展。」後來他們發現，這種運輸蛋白原本的生理角色與癌細胞的臨床特性有關，因而開創出可能有利基的全新治療方式。這也是奈米科技在製藥方面的利基之一。

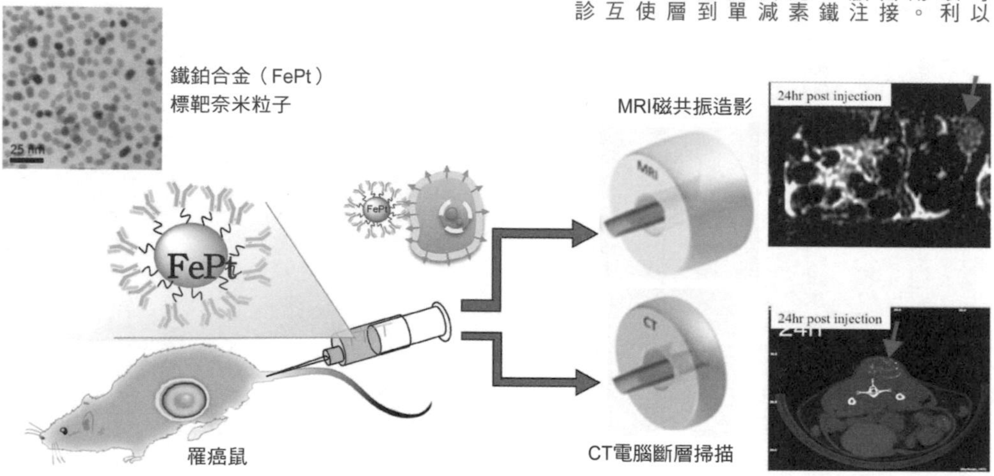


鐵鉑奈米合金粒子可以製作成不同大小，以利於各種生物醫學應用。讓這些奈米粒子表面接上抗體後，透過靜脈注射到腫瘤組織細胞；鐵元素具有磁性，鉑元素則有高CT值，能衰減陰極射線強度，因此單一種奈米粒子即能達到磁共振造影與電腦斷層攝影的雙顯影功能，使兩種造影模式能夠相互比對，有利於疾病的診斷。謝達斌提供。

「除此之外，過往大部分的藥物都包在膠囊裡，吃下去等膠囊溶解掉後釋放出來，但人體並非能百分之百吸收，傳送到病灶的過程中又會損失不少。」謝達斌表示，現在有許多治療方式是藉助一群藥物共同作用，亦即雞尾酒療法的概念，但要在同一個時間點把多種藥物送到同一塊組織、同一個細胞是很困難的，因為不同藥物有不同特性，吸收與代謝速率不同，在組織器官內的分布狀況也各不相同。但如果以奈米粒子為載體，便如同將這些藥物放在一輛交通車裡面，不但可以讓交通車開到目標的治療部位，也能保證所有的乘客一起下車、一起發揮作用，這就是另一個利基，「讓雞尾酒概念真正實現」。

其次，以往藥廠需要辛苦研究每種藥物與細胞的最佳作用方式、代謝速度、作用範圍等藥物動力學，一旦要調配複方來治療疾病時，才能知道每一種藥物該如何搭配而發揮最好效果。「這是因為藥物是小分子，每種藥物的作用與代謝方式，會與其分子架構有關。」謝達斌解釋，若利用奈米粒子當作載體，就不需要考量小分子本身，而是設計出最適合的載體即可，因此只要有幾種奈米劑型，把這些劑型的藥物動力學研究清楚，用藥的時候挑選合適的載體，把藥物搭載上去，就可以統一藥物動力學的架構。「這很重要，會產生革命性影響。」

因為這方面研究牽涉到生物標靶，於是謝達斌把成大口腔醫學研究所的陳玉玲、台北醫學大學的鄭財木以及成大醫技系的張權發拉進研究團隊，「他們做標靶已經很久了，非常熟，都是箇中高手，把他們拉進來之後，確實覺得他們的才能可以在這個領域發揮得很好。另外也把國家衛生研究院癌症研究所所長張俊彥、成大臨床試驗中心主任蘇五洲以及清大化學系教授胡紀如拉進來，他們在新藥開發到臨床試驗有許多實戰經驗。」謝達斌說，這很像江湖上有很多俠客，每個人會的「撇步」不一樣，若要組織成很強的團隊，彼此之間要能互補、互相信賴，而彼此的功夫整合起來又要有很好的特色，才會是好團隊。

## 把奈米剪刀送進細胞內，剪掉搗蛋作怪的壞基因

耕耘了六、七年，謝達斌與很多科學家合作，研究觸角延伸得相當廣泛，累積了不少有應用前景的研究，也發展出很多新平台，比較前瞻性的和已經接近

臨床試驗的都有，後者例如新型藥劑開發已經進入初步的量產測試；而比較前瞻性的研究，或許距離臨床應用較遠，例如可以修剪致病基因或抗藥基因的「基因剪刀」，還無法應用在病人身上，不過這是很有趣的創意，是值得人類探索的未知事物。「我手上做的各種研究就像分布成一整個光譜，有些非常基礎、有些可以應用、有些異想天開，而每個研究多多少少又會發展出很多不同的路徑，彼此交錯。」

「基因剪刀」雖然距離臨床應用尚遠，但發想的起始是很有應用價值的。謝達斌說，他們研發癌症藥物期間，發現每個病人的癌症都有不同的特性，同樣的藥物有的病人反應好、有人反應不好，沒辦法一開始就知道，而且很多病人做化療一段時間後會產生抗藥性，甚至經常是同時對好幾種藥物產生抗藥性，讓醫師感到很困擾。

現在科學家發現，癌細胞會調控一些基因的表現而產生抗藥性，「所以我們有一個比較天真的想法，假如給藥的時候，同時把產生抗藥性的基因序列刪除掉，它就沒有辦法搞怪了，甚至可以降低給藥的劑量而減少臨床副作用，不是很好嗎？」

這等於是經常談到的「基因治療」，然而過去發展的基因治療藥物多半是RNA干擾素，第一個缺點是只能降低RNA的活性，無法很完整地把製造RNA的基因DNA關閉掉；第二個缺點，就算讓RNA的活性降低得不錯，其實也不能持續很久，因為過一陣子RNA減少了，細胞裡的基因又會製造圖a是光激發標靶性奈米基因剪的構造示意圖，包含金奈米粒子核心載體、髮夾式結構的寡核酸序列，以及末端的光激發切割分子。圖b是以冷凍電子顯微鏡拍攝的奈米基因剪，小圖為局部放大圖，可看到表面輻射狀的寡核酸分子。圖c是示意圖，顯示奈米基因剪在細胞核內受到藍光激發，對DNA進行切割。圖d的左二圖是以相位差顯微鏡觀察，右二圖則是螢光顯微鏡；讓細胞帶有螢光基因後，上二圖的基因剪並未連接能辨識螢光基因的特定寡核酸序列，也就無法剪掉螢光基因，下二圖的奈米基因剪可以辨識螢光基因，因此能夠關閉細胞內的螢光基因。謝達斌提供。

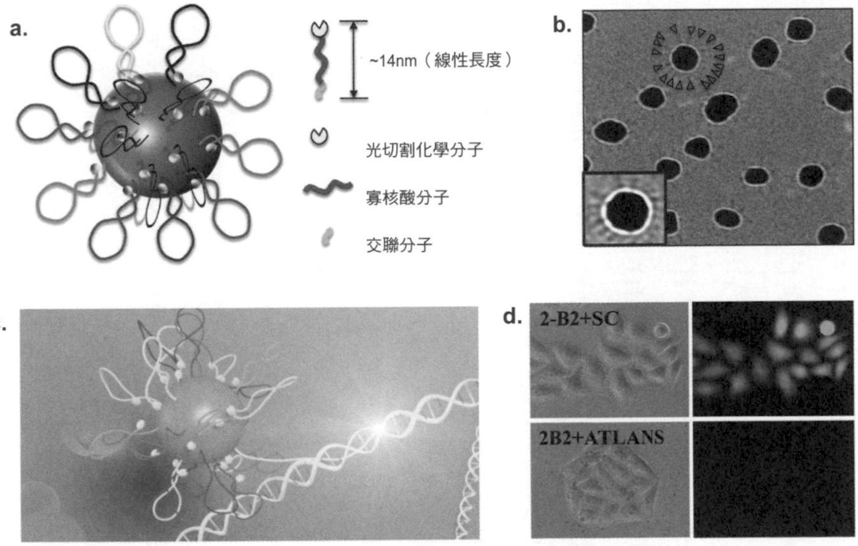


出RNA；第三則是數量的問題，技術上如果關掉一個或多個基因，只要刪掉兩段基因就好了（父源和母源各一個），但如果要關掉RNA，就需要關掉相當大的數量，因為mRNA會不斷透過基因轉錄製造出來。

因此，如果真的能專一地刪除癌細胞中的抗藥性基因序列，就太好了。這樣做有一個要素，最好能在給藥時或給藥前就抑制基因，然而傳統上，做基因治療和研發藥物的人是不同的，往往做完基因治療再給藥物，效果並不好。「如果可以利用奈米技術，把二者包裝在一起，就像禮物的包裹裡面有巧克力和卡片，你會知道送巧克力的人就是寫卡片的人；相對地如果我把卡片和巧克力分開寄，你可能不曉得兩個東西之間是有關係的，達不到治療效果。」所以就是在這樣的想法之下，謝達斌的團隊開始發展「基因剪刀」的概念。

這個跨領域研究計畫結合了很多優秀科學家，成員包括成大化學系教授葉晨聖、電資學院院長曾永華，以及蘇五洲、胡紀如和張俊彥等人，以先前研發的奈米粒子傳送藥物機制為基礎，開發出全球首創的「人造標靶性光激發奈米剪技術」（Artificial Targeting Light Activated Nano Scissor, ATLANS），等於是對基因做精密的外科手術。

謝達斌解釋，他們為奈米粒子接上一段單股DNA，以這段核酸作為導向裝置，在細胞核內找到可以與這段序列專一配對形成三股螺旋的特定基因；在這段運送過程中，奈米粒子可以保護與之相接的生物分子，不至於在體內分解掉。這段單股DNA與目標的雙股DNA結合後，可讓「切割子」這段基因離開奈米粒子表面電漿的抑制範圍，接下來對細胞照射特定波長的光子，以之激發切割基因的活性，把目標的抗藥基因或致病基因切斷，使基因失去功能。「因為切割的過程很像分子層次的剪刀，所以我們稱它為『奈米剪刀』。」

這項技術的關鍵在於照光之後才會切割，而且切割的位置必須非常精確，不能到處亂切，以免造成更大的困擾。謝達斌的團隊暱稱這種光學裝置是「基因橡皮擦」（Gene Erasor），就像把寫錯的文字擦掉一樣，在細胞核內找到標靶基因後，照光讓「光激發切割分子」產生活性，進行雙股DNA的切割。初期，研究團隊照射的波長是紫外光範圍，因為這種光子攜帶的能量高，比較好設計切割子，但紫外光這個波段會使細胞受損，只能在試管裡做實驗，不能用來照射細胞，所以後來改做可見光波段。「目前基因橡皮擦是用藍光來照射，不過藍光的缺點是不能穿透到皮膚深處，所以會開始往近紅外光波段做實驗，但能量更小，挑戰就更大了。」

## 奈米科技的前景，需要有好的制度才能大放異彩

基因剪刀技術固然是比較前瞻性的計畫，但目前已經有很多其他奈米產品應用在臨床上了，醫學上的很多科別都採用了奈米技術。謝達斌說，他們團隊的許多發展方向都是具有應用利基的項目，然而台灣在奈米技術的生醫應用方面缺乏較長遠的規劃，雖然經常談論產業界的參與介入，但從學校這端的研發一直到智慧財產權的保護，並沒有主動規劃良好的制度作為後盾。謝達斌相信台灣人才很多，「有創新力和影響力的人不少，但怎樣把影響力真正應用於產業，增加社會經濟基礎，相對上還有進步的空間。」

謝達斌認為奈米國家型計畫運作十年了，應該到了盤整的階段。以他們團隊為例，這十年來從無到有，到現在建立了有潛力的研發概念平台，接下來希望能把內部和外部的力量整合起來，利用這些平台與其他團隊橋接合作，最後讓彼此的力量一加一大於二，把有效的成果轉移給產業界，這是目前他們最想

做的事情。「因為我們現在已經不像十年前什麼都沒有，而是口袋裡有很多東西，這些東西如何成功地產生應用，由『階段性獲利』來長期支持較前瞻且有較高報酬率的應用開發，是很重要的。」

謝達斌認為，以台灣的現況來說，很難開張空白支票給他人，告訴他十幾年後這個東西會賺大錢，因為每個人都寧可三年後就有收入進來。「其實奈米科技有很好的特性，它是一種平台技術、致能技術，可以發展的層面很多元，從能夠很快上市獲利的東西，到風險高、發展時程很長但高報酬的都有，只要能建立很好的商業模式和策略，大可在發展過程中不致匱乏，可以很早就有些先期回收，然後漸漸有中程、遠程的收穫陸續進來。」

謝達斌很希望學術界這邊的優秀成果能夠得到創投公司的青睞，但台灣目前受限於制度規範，不像國外的大學教授可以出去開公司，或者由學校專業團隊主動協助專利布局或技術轉移規劃。「台灣技術人才很多，但有眼光的創投人才相對缺乏。」謝達斌說，他很想找到好的經理人才來談後續的發展。目前學術界正積極推動基礎科學、工程設計與臨床試驗的垂直整合，未來希望能與生醫產業界密切合作，將學術研究成果加速轉譯成臨床用途，造福以後的病患。

# 化學家跨足生醫領域，研發智慧型抗癌奈米藥材

成功大學化學系特聘教授 **葉晨聖**

撰文／黃奕瀠

國際頂尖的材料科學期刊《先進材料》（*Advanced Materials*）二〇一二年七月號的封面故事，是來自台灣研究團隊的成果：金奈米棒複合抗癌藥劑。這個由成大化學系特聘教授葉晨聖及其研究團隊耗費兩年所研發的抗癌藥劑，是以金奈米棒將藥劑帶到癌組織附近再釋出藥物，可以降低運送路徑中的損耗，以及提早釋放藥物所造成的副作用。實驗發現，這種藥劑的療效比傳統抗癌藥物提高三成。

一般抗癌藥物注入體內後，往往還沒送到病灶，藥物就已經釋放出來，不但療效大打折扣，也會產生例如嘔吐、掉髮、食慾不振等副作用。為了讓藥劑直達前線，葉晨聖團隊試著用具有孔洞的二氧化矽包住金奈米棒的表面，往孔洞內填裝藥物，然後以雙股DNA封住洞口，如此一來，藥物便不會在運送過程間漏出來；等藥物抵達病灶後，再朝病患身體照射近紅外光，金奈米棒會吸收近紅外光而發熱，原本封裝洞口的DNA受熱會遭到破壞，於是孔洞大開，藥物也就釋放出來，直接攻擊癌細胞。

葉晨聖形容抗癌如同上戰場打仗，藥物必須要能衝到前線殺敵，但傳統藥物如同讓士兵自己往前衝，時常未到達目的地，就已陣亡。現在有了用近紅外光啟動的金奈米棒複合藥劑，就像用卡車載送一群士兵前往第一線，到達前方戰線後，再依照近紅外光的指令，把士兵卸下，不僅不會造成無謂傷亡，還能大幅提升戰鬥力。「我們身體組織

圖a是金奈米棒，圖b到圖d則是具有孔洞的二氧化矽金奈米棒。葉晨聖提供。

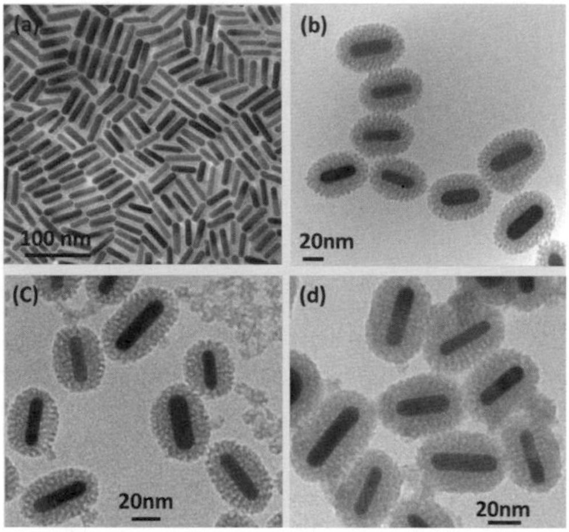


對近紅外光這個波段的吸收很低，因此近紅外光容易穿透皮膚組織，傳到癌細胞附近時，金奈米棒可以吸收這些近紅外光，等於是接收指令，釋出藥物。」葉晨聖解釋。

根據成大指出，這項技術已申請台灣與美國專利，目前與成大醫院合作進行動物實驗，預計最快於二〇一五年向衛生署申請人體實驗，預估未來能為癌症病患找到更大的生機。

## 跨足生醫的第一步，研發無副作用的新一代顯影劑

從一九九五年學成歸國到現在，將近二十年來，葉晨聖大多將心力投注於奈米材料的研究，從一開始的純粹化學合成，到上述針對癌症的生醫治療材料。近十年來，他和生物醫學界共同合作，讓他從一個化學家、生物醫學門外漢，如今以鑽研各種生醫奈米材料為主要研究方向。

「約莫二〇〇三年左右，成大醫學院的謝達斌教授來找我，那時奈米國家型計畫還沒開始，他就希望將奈米科技應用在生物醫學上。」葉晨聖回想自己踏

入生物醫學材料領域的契機。

當時葉晨聖回國已經七年了，回台灣做的第一個計畫正是奈米研究。「那個時候沒有奈米這個名詞，我還把它翻譯成『微釐米』呢。」他原本在國外研究的尺度比奈米更小，做的是原子或分子團簇（cluster），是包含數個原子或數個分子的原子團，反應活性比奈米尺度的團簇更強，但也因為活性太強，化學家不太有把握可以拿到空氣裡來做實驗，是其缺點。回到台灣後，葉晨聖心想，原子或分子團簇的特性與奈米等級的分子團非常相似，便改而做奈米尺度的研究。

謝達斌開始想把奈米技術應用於生物醫學方面後，經人介紹，認識了以化學方式合成奈米材料多年的葉晨聖。葉晨聖還記得，當年兩人第一次討論合作方向時，印象最深的是，謝達斌想要將奈米科技和人類的DNA結合在一起進行基因治療，這個構想在當時聽起來覺得像科幻電影一樣遙遠，但謝達斌非常堅持，而他最近真的以「基因剪刀」實現了當年的構想。不過，謝達斌和葉晨聖合作的第一個成果，則是以氧化鐵的奈米顆粒發展出非離子型顯影劑。

做磁共振造影時，一般健保給付的離子型顯影劑含有釓離子（$Gd_3^+$），雖然釓離子已與有機分子結合（Gd-DTPA）而降低毒性，但時常有病患會產生副作用，因此醫護人員通常會詢問是否要自費使用非離子顯影劑，也就是氧化鐵顯影劑。原本這類顯影劑中的氧化鐵顆粒大小約是一百奈米以上，葉晨聖的團隊將顆粒做得更小，顯影效果更好。這篇論文在二〇〇五年左右完成，引用率

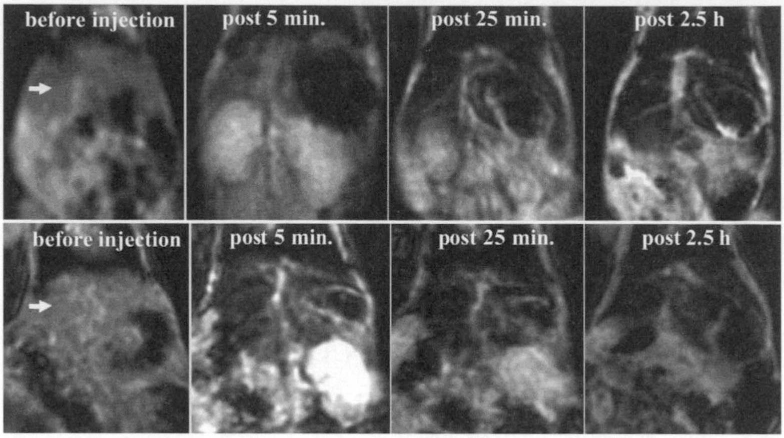


上排為注射氧化鐵奈米材料的結果，影像對比較好；下排則是醫院一般注射的Resovist顯影劑。箭頭指處為肝臟。葉晨聖提供。

高達兩百多次，目前各國科學家也爭相研究更好的氧化鐵奈米顆粒顯影材料。

「磁共振造影的顯影效果和磁性有關，一般來說，磁性要好，顆粒就要變大，但變大就不方便用在人體和動物身上了。我們卻可以把顆粒變小，磁性依然很強，就是這點吸引人。」葉晨聖解釋，磁共振造影的原理，是對體內水分的氫原子核加上磁場，使氫原子核的磁矩繞著磁場運動，這時我們發射與磁矩運動頻率相同的電波，氫原子核會吸收能量；等到去掉電波後，氫原子核又釋出能量，於是以儀器接受釋出能量所產生的數據，便可判讀身體各部位的狀況。顯影劑的作用則是加強磁共振造影的影像對比，使訊號更容易判讀，因此顯影劑分子和水分子的作用親和性很重要。葉晨聖說，這就牽涉到磁性顆粒的表面修飾，即使將顆粒尺寸變小，但他們對磁性顆粒的表面做適當的化學修飾，讓它更親近水，顯影效果就會變好。

## 研發新興奈米材料，為癌症病患爭取更大生機

葉晨聖團隊與謝達斌合作，從化學領域跨足到生物醫學

各種不同的奈米材料結構，右三圖是銀奈米珊瑚結構，左圖是奈米花。葉晨聖提供。

奈米材料後，也與其他科學家合作研發其他顯影劑，例如發展金銅合金奈米膠囊，他們發現這對心臟血管的顯影效果很好，可以大幅提升影像對比。葉晨聖也繼續研發許多奈米材料，例如奈米花，這與奈米碳管、奈米粒子和奈米球一樣，都是具有特殊性質的奈米構造，科學家正在嘗試找到最好的應用項目。奈米花是一種立體的奈米結構，包含數十片奈米薄板，構成類似花朵形狀的構造，整體大小約是幾百個奈米。如果用半導體材料來製造奈米花的薄片，則這些薄片所產生的巨大表面積可讓導電效果非常好，是未來製作薄型電池或超級電容的好材料；假使薄片的材料具有很高的生物化學活性，例如成分含有銅離子，則奈米花釋放出來的銅離子可以產生殺菌效果。

另外，葉晨聖持續研發新興的抗癌藥物。他對癌細胞的光熱治療很有興趣，因此研發具有光熱轉換特性的奈米材料，讓這些材料吸收特定波長的光能後，轉換成熱能，殺死局部區域的癌細胞，減少正常細胞受到傷害的風險。葉晨聖也繼續運用近紅外光不太受到人體吸收、容易穿透皮膚組織的特性，合成出各種能吸收近紅外光的奈米材料，像是金奈米棒、珊瑚形狀的金銀奈米中空球、包覆二氧化

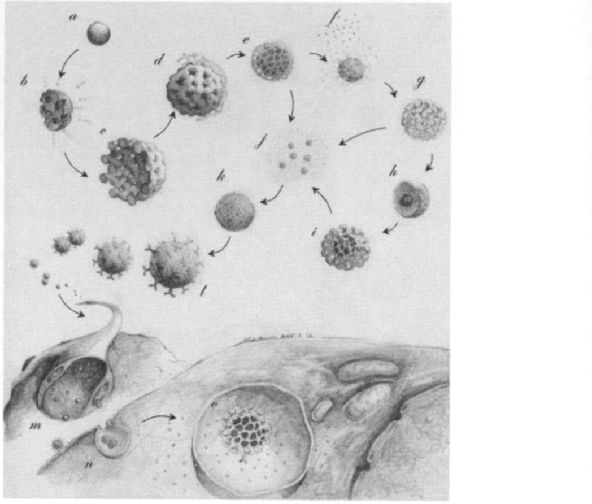
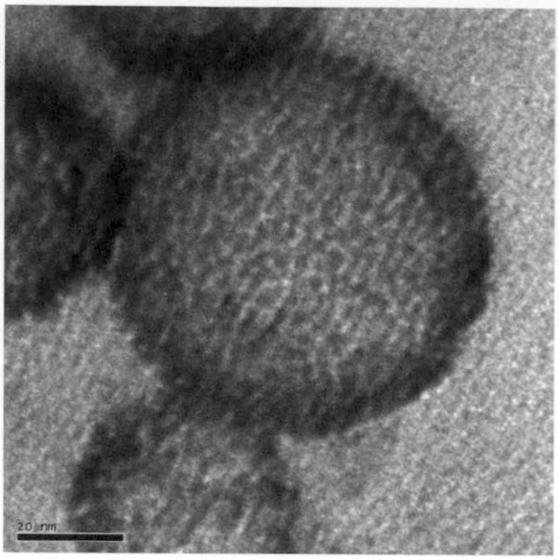


葉晨聖繼續設計各種智慧型多功能藥劑，右圖是中空型金銅奈米顆粒的作用原理，左圖則是顯微鏡下的樣子。葉晨聖提供。

矽的金奈米棒等，它們吸收近紅外光後產生熱，而癌細胞怕熱，大約攝氏四十五度就可以把癌細胞殺死，甚至打了三分鐘之後就能將癌細胞殺死。

更厲害的是應用性更加廣泛的多功能奈米材料，他利用化學修飾設計出智慧型奈米材料，同時具有極佳的顯影性質、外接抗體能夠精準辨認癌細胞、可用近紅外光精準控制光熱治療或釋出特定藥物的時機等，讓治療效果不斷升級。另一種光動治療策略則是在奈米材料外面接上有機分子，吸收近紅外光後，活性很高的有機分子釋出單氧，可以治療一些表層疾病，例如挫傷、眼疾等，效果很好。

## 病患生命不能等，盼望新材料更快做臨床試驗

葉晨聖總像是變魔術一樣，不停變出各種生醫材料。然而這條路走得並不輕鬆，葉晨聖直嘆，跨入生物醫學領域就像隔行如隔山，幸運的是，他遇到的合作者都能相互教導、學習，「我們都很願意教對方，就像教小學生一樣，用不會聽得很煩的簡單語言來回答、解釋，而且不懂就要問。」他相當珍惜和謝達斌的合作，兩人一點一點地互相

教導，傾囊相授，也因為這個合作機緣，謝達斌介紹葉晨聖認識更多醫學院的學者，「他們有不同觀點和切入點，我又學得更多。和不同的人談話，讓我收穫最大。」

分析他身為化學家和醫師之間的差異時，葉晨聖評論理工專業的人很理想化，只要求研究做得很好、很漂亮，但不常想到實際層面；醫學領域的人則很實際，他們會問：「可以用嗎？怎麼樣用最方便？」

學無止盡，長達十年的合作，也代表這是一段漫長的學習吸收過程。葉晨聖坦言，直到合作第五年，他才對公開演講有信心，自覺能講出個所以然來。「因為合作過程中，得到的都是片段的知識，特別僅止於與醫師們合作的部分，我不知道其他案例是否也適用。」直到遇過許多不同的案例後，葉晨聖才整理出類通性，開始能夠掌握大方向，也才敢放膽出去演講討論。

只是，關卡並不是這麼容易跨越的。「某一個材料實驗結果成功，卻不表示能夠適用到人體，要先放到老鼠身上看新陳代謝如何，還得做各種毒性測試，這是最大的難關。」葉晨聖完成了材料研發後，便得放手等待生醫學者接棒進行之後的生物醫學資料測試，例如衛生署一定要知道應用於老鼠後，存活率多久、肝臟和脾臟有沒辦法將藥物代謝掉等等，但這些工作的前提是生醫學者也欣賞這種材料、願意投入心力。因此，即便他的研究成功，也不代表真正的成功，畢竟能應用到人體上才是終點。

這讓葉晨聖時而感到沮喪，他形容自己的工作是不停製造材料，宛如不停

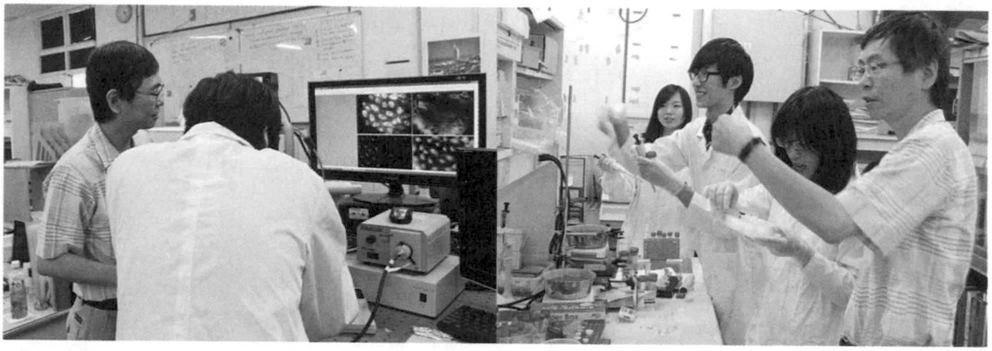

葉晨聖（右圖右、左圖左）與學生們一起做實驗、討論研究結果。葉晨聖提供。

發球，而生醫領域的人負責接球，但他往往發了一百個球，有兩球被接到就很高興了。「我的材料即使醫生護士有興趣，他們也不見得能夠接手，因為每個人都得為自己的計畫打拚，不一定能抽出心力承接後頭的研究工作。」他說，即使材料看起來有用，也發表在很好的期刊，都無法繼續前進，特別是現在研究經費有限，這類整合型計畫也不是說提就能提，仍有許多關卡要克服。

「每當有人問我做的材料是不是有用，我都說放在儲藏室裡，還不知道。」葉晨聖說，往往是有人探問他是否有某樣材料時，才能把之前的研究成果拿出來。有時候他也會像推銷員一樣，和不同人接觸，探詢合作的可能，「或許出現另一個人有不同的觀點，認為可以合作也說不定。」但葉晨聖也常常受挫，因為對方要材料，卻把他當成廠商或供貨員，不告訴他究竟要做什麼樣的研究，「像這樣，我就不合作了。」

在葉晨聖看來，台灣缺少跨領域合作的媒合平台，必須靠個人廣伸觸角。他自己有許多跨領域的經驗，比起其他化學系老師有更多機會到工學院、醫學院演講，但也是要靠個人獨力和不同領域交流，才能開拓更多的管道，讓很有潛力的新材料有機會獲得進一步的研究與評估。「奈米國家型科技計畫設有橋接計畫，就是要在學界和產業界之間搭建合作橋梁，但如何運作又是另一門學問。」葉晨聖說，橋接計畫就像是技術轉移中心，但有時也施不上力，特別是台灣的產業界如果一直不升級，沒有能力承接學術界的先進技術，技轉常常只是一場空。例如他和謝達斌的奈米計畫成果已經申請到專利，成功大學的技轉中心也一直非常積極推動，已經算是大學之中做得不錯的了，但藥廠前來探詢，只是了解一下就沒有下文，很難走到下一步。「研發的成果要真正走到應用，中間的鴻溝好大。」

台灣的奈米研究起步相當早，但經過十多年，由整體趨勢來看，發展力道似乎已經減弱。「國外現在還是蓬勃發展，我們比大陸起步快，但奈米材料設備遠遠落後，蠻可惜的。他們已經迎頭趕上了。」葉晨聖的觀察是，儘管過去十年來奈米研究氣氛旺盛，但近幾年國家將發展方向專注於能源議題，許多人的研究也轉向能源，這確實重要，無可厚非，但對於橫跨化學與生醫領域的葉晨聖來說，他走的這條路雖是國際間的熱門道路，在台灣感覺卻有點寂寞。

# 首創口服胰島素奈米載體，為糖尿病患帶來一線希望

清華大學化工系講座教授、生物醫學工程研究所所長 宋信文

撰文／黃奕瀠

二〇〇七年，一位焦急的母親打電話到清大化工系教授宋信文的辦公室，說她七歲的兒子因先天性糖尿病，一天要打三次針，滿手都是針孔。打針對大人來講都不容易，何況是小孩，那位母親看在眼裡痛在心裡，哀求宋信文讓她的孩子吃口服胰島素。「可是，這項研究還沒經過美國食品及藥物管理局的大型動物實驗與人體試驗，怎麼可能給他吃呢？」宋信文既不忍又無奈。

那一年，宋信文的團隊在《生物巨分子》（*Biomacromolecules*）期刊上刊登一篇〈口服奈米蛋白質藥物制放載體〉研究論文，這項由宋信文擔任計畫總主持人，國家衛生研究院副研究員陳炯東、萬能科技大學教授糜福龍、清大化工系助理教授湯學成等人共同參與的口服胰島素研究成果，似乎為全球兩億名糖尿病患者帶來福音，將來不僅可免去一天打三次針的麻煩與痛苦，也方便攜帶藥劑。消息一出，英國國家廣播公司、美國福斯電視網及蘋果日報等國內外媒體爭相報導，讓病患和家屬燃起新的希望。

## 如何讓蛋白質藥物逃過胃液和酵素的分解消化？

這項研究於二〇〇六年參與奈米國家型計畫，之前經過兩、三年的醞釀與準備，如同其他的科學研究，從發想到完成，也是步步艱難。

「我們從一開始就想研究口服蛋白質的技術，這並不是突然發現的。但真正要做什麼，一開始不清楚，都是靠後來一步步摸索得來的，往往因為一個發現，就繼續發展下去。」

備受肯定的口服胰島素技術發想，源於生活經驗。「我們日常生活中接觸最多的藥物投遞方式，就是口服，有些是一種藥一個藥錠，有些則是像感冒藥康得六百，一個膠囊裡面包含許多小顆粒。採口服方式的，都是穩定性高、分子較小的藥物。但是現在比較新的藥物，有不少都是所謂的大分子藥物，也就是蛋白質，因為分子量很大以及結構問題，無法口服而經由小腸吸收，只能藉由其他途徑。」宋信文表示，除了口服外，日常生活中另一種普遍的藥物投遞方法就是打針，不過即便是大人，也不太願意選擇針劑治療，如果有選擇，當然還是希望選擇口服藥物。

具有醫學工程背景的宋信文，特別專攻「藥物制放」這個子領域，亦即以工程方式解決無法以口服投遞藥物的問題。「例如胰島素是分子量很大的蛋白質，無法由小腸吸收，所以我們研究一種異於傳統給藥的方式，使用一些材料，幫助藥物的吸收和投遞。」宋信文說，這正是所謂「生醫材料」的一個領域，除了比較常聽到的另一個領域，即製作人工血管、人工瓣膜或者美容時墊高鼻樑的材料等，「藥物制放」則是研發有別於傳統口服的藥物投遞方式，包括鼻腔吸入的氣喘藥、撒隆巴斯之類的皮膚貼劑，甚至將癌症的標靶藥物送到目標組織的載具等等，都需要研究適當的材料幫助控制和施放藥物。

口服胰島素的概念，基本上是運用奈米微粒去包裹胰島素，並使這種微粒會隨著環境的酸鹼程度改變形狀，而後釋出藥物。這類奈米微粒，主要都是用來包裹蛋白質之類的藥物，這是因為我們體內最主要消化蛋白質的地方是胃部，「胃壁會分泌鹽酸幫助消化，還有蛋白酶把蛋白質分解成小分子。」宋信文解釋，胰島素若經過胃酸破壞、酵素切割的話，就失去效果了，所以必須設想一個方法，能夠使胰島素避開胃酸和酵素的破壞，順利到達小腸。但就算蛋白質到了小腸，又因分子太大，而且是親水性的分子，無法受到小腸吸收，「我們人體的細胞膜是屬於疏水性的，所以親水性的大分子無法直接通過細胞膜。」

## 以奈米材料包裹藥物，把胰島素巧妙運送到血液內

遇到難關就得一個一個解決，宋信文的研究團隊試想：「能不能從細胞與細胞之間的通道（paracellular pathway）通過呢？」但是細胞與細胞之間又有類似閘門一樣的蛋白質掌管通道，稱為「緊密連結蛋白」（tight junction），因此必須把這種蛋白質打開、讓藥物通過，再讓蛋白質關起來恢復原狀。這是非常大的挑戰。

甲殼素（chitin）就是打開這個開關的鑰匙。「人們對甲殼素可能不陌生，會在廣告中聽到吃完大餐之後趕快吃甲殼素，因為它可以吸附油脂，到達小腸後，油脂就不會受到小腸吸收，而是讓甲殼素帶著通過腸道，排出體

外，於是可以減肥。」由過去研究得知，甲殼素有一種衍生物「幾丁聚醣」（chitosan）可以把細胞與細胞之間的「緊密連結蛋白」打開；一旦移除幾丁聚醣，緊密連結蛋白又會重新關起來。於是宋信文的研究團隊決定用幾丁聚醣這種高分子材料，當做包裹胰島素所用的奈米材質之一。

不過幾丁聚醣分子帶有正電，無法只用幾丁聚醣來包裹藥物，因此研究團隊花費一番工夫，找到另一個帶負電的高分子材料「聚麩胺酸」（poly-γ-glutamic acid, γ-PGA），「我們將負電分子的水溶液倒進正電分子的水溶液裡，攪拌後，兩種分子會抓在一起，成為奈米尺度的小顆粒，」宋信文詳細解釋，在這混和的過程中，也將蛋白質藥物放進去，於是兩種分子抓在一起的時候，也會將藥物抓進去，形成包裹藥物的奈米小顆粒。「我們把胰島素用螢光分子做標示，在顯微鏡下觀察，可以看到幾丁聚醣把緊密連結蛋白打開，然後看到一顆一顆的螢光小顆粒通過細胞與細胞之間，表示真的有用。」

接下來，研究團隊以糖尿病的老鼠做實驗，測試包了胰島素的口服奈米微粒是否可以降低血糖濃度。糖尿病患者因為胰島素分泌不足，無法將血液中的糖分代謝吸收，因此必須施打針劑胰島素讓血糖降低。「一般的做法是三餐之前都要打針，大概吃飯之前半個小時打針，所以每天都要打三次，要吃消夜的話還要打第四次，真的是很痛啊。」宋信文說，皮下注射的胰島素是直接進入血液內，因此效果很快，可以讓血糖立刻降低，但代謝也快，胰島素濃度很快就下降，所以三餐都要施打。「我們研發的口服胰島素則是包在奈米微粒裡面，奈米微粒的組成與構型示意圖。宋信文提供。

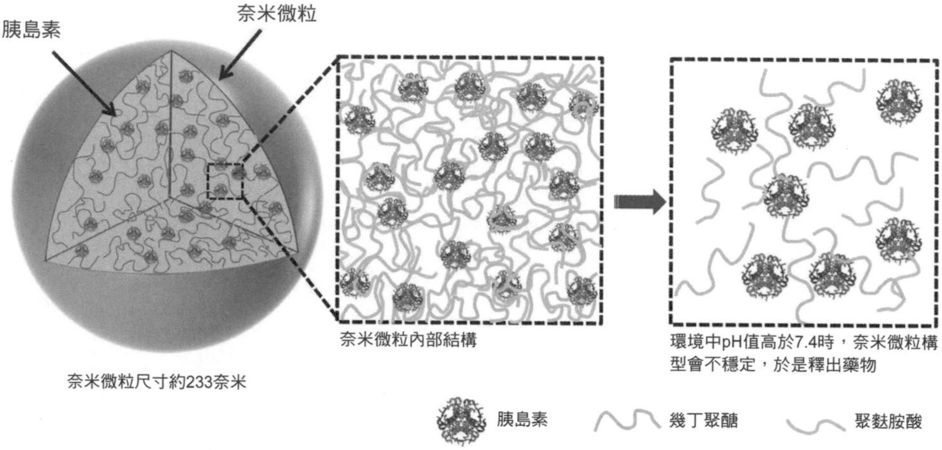


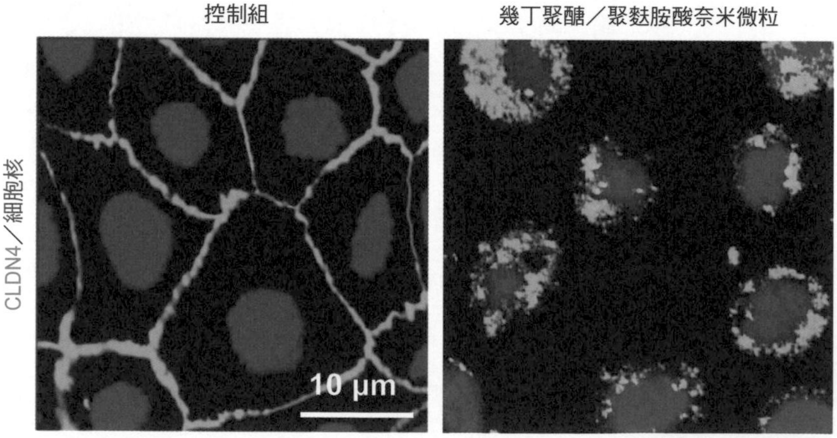


綠色是細胞之間的緊密連接蛋白，藍色是細胞核。右圖可以看到幾丁聚醣奈米微粒使緊密連接蛋白朝細胞質內收縮，因而開啟細胞之間的通道。宋信文提供。

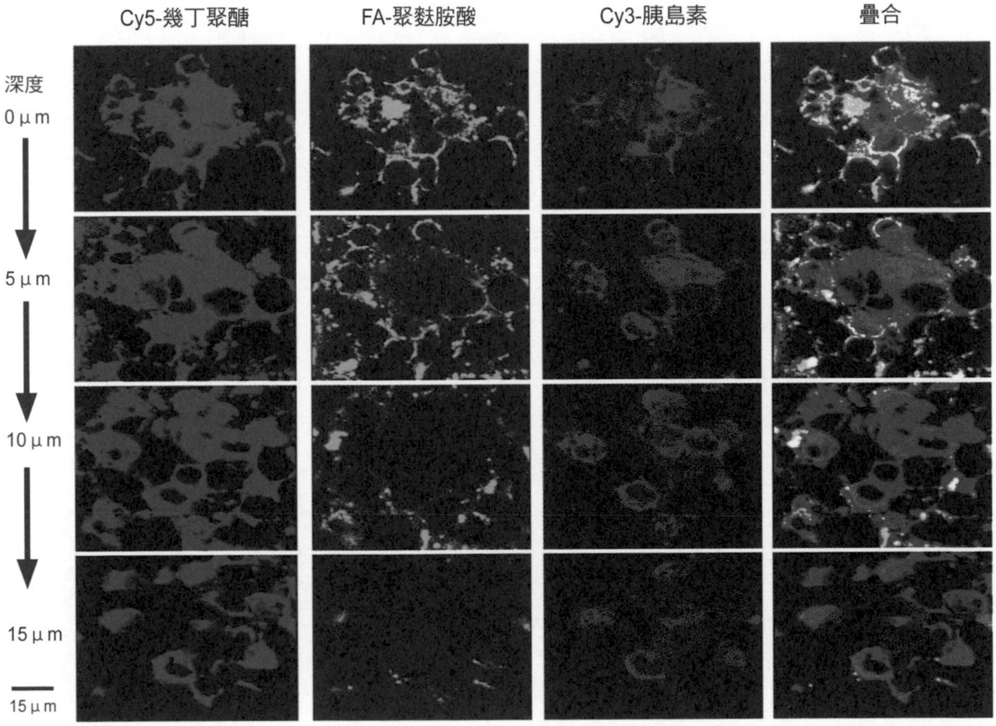


運用共軛焦顯微鏡，觀察帶有螢光標定的奈米微粒作用於人類腸細胞的情形。第一橫排是上皮細胞的表層，最右上圖可見到奈米微粒的所有成分重疊在一起，形成白色小點，表示奈米微粒仍保持穩定。隨著觀察深度增加（第二到第四橫排），白色小點漸漸消失，但仍可看到胰島素的紅色螢光訊號出現在細胞間隙。宋信文提供。

透過口服的方式，要先經過食道、胃再到小腸，然後通過小腸黏膜細胞之間的通道吸收進體內，再擴散到血液中，所以胰島素吸收的速度比較慢，不過作用的時間拉得比較長。」

## 醫學工程等於是醫學和材料工程之間的橋梁

口服胰島素若能成功問世，不啻為生物醫學領域的一大成就，可以大大減輕病患的負擔。而除了胰島素之外，宋信文的研究團隊也嘗試研究其他蛋白質、醣類分子和核酸分子的口服方式，例如也靠施打針劑治療骨質疏鬆症的抑鈣素（calcitonin），還有無法口服、只能靜脈注射的血栓治療藥劑肝素（heparin）等。對宋信文來說，這正是醫學工程必須達到的成果。

「醫學工程的發展只有十五到二十年的歷史，是一個比較新的工程領域。」宋信文大學時代念的是化工系，到美國讀研究所時，醫學工程才剛開始發展，全美國不過三個研究所，現在起碼有一百五十到兩百所左右了。醫學工程，顧名思義是如橋梁一般，連結了醫學和工程，而宋信文的專長是其中的生醫材料，「日常生活中接觸得比較多的，像是人工心臟、人工血管、人工骨骼、洗腎機等等，基本上設計這些材料的人，很明顯的不是醫學背景的人，而是具有工程背景。」

既是作為醫學和材料工程間的橋梁，跨領域溝通和合作也就是必須的。例如除了研究新的藥物制放管道，宋信文也研究生物組織層級的醫學工程，「這也一定要和醫師合作，做出來的東西才有意義，所以當然要跨領域。」目前宋信文與台中榮民總醫院心臟外科主任張燕合作，希望能讓心肌梗塞患者壞死的心肌組織保有心臟原本的功能。心臟最主要的功能就是收縮、舒張，像一個幫浦，把血液打到我們的全身，輸送養分和氧氣。但是心肌梗塞之後，心肌細胞壞死，就失去作為幫浦的功能了，「所以我們想讓壞死的心肌細胞能再保有一些收縮、舒張的能力，主要是打入幹細胞，改善心肌細胞的功能，但是要把幹細胞打進去，就要用到一些特殊的材料才能達成。」目前宋信文研發出各種材料，像是細胞片、細胞球體、多孔性球體等各種形式，希望能找到最好的幹細胞注射方式。

「我們是工程的背景，原本生物學讀得不多，所以一邊做研究，一邊要學習生命科學相關知識。」宋信文表示，他的學生會去生命科學系學習基礎生物課程，有時也得懂得一些病理知識，「工學院的我們到底懂什麼呢？其實就是化學，所有的材料都和化學相關；我們還得懂一些工程援例，因為像是人工血管、人工瓣膜這些生醫材料，在製造過程當中需要一些工程方面的實務經驗。所以醫學工程當然是個跨領域的研究範疇。」

但不同領域之間，溝通上難免有困難。「理工背景的人講求的是邏輯，就是想要了解為什麼是這樣、這件事情為什麼會發生、問題在哪裡、如何去解決等，都有一套思路，不是亂槍打鳥。」宋信文回想和醫師合作的經驗中，醫師的訓練過程比較講求實際應用，較不重視邏輯推理，也較少熱中於創新，「但研究就是要做創新的東西，不可能著力於課本或文獻上早已有的東西，那在研究上沒有什麼價值。」不過兩方的合作，可以讓研究導向的主題激盪出實際的應用方向，是雙方都很期待的收穫。

而與生物科學家的合作，同樣也有需要磨合的地方。宋信文認為，醫學工程的最終目的是要有產品可以應用，在乎的是應用價值，而生物科學專業領域則是著重於研究，可能研究生涯的三、四十年期間，觀看的都是細小之處。「比方說一個細胞，他們會深入追問，為什麼會有這樣的行為表現、為什麼有些東西會致癌、為什麼正常的細胞會變成癌細胞等等，他們一輩子可能都在研究這個過程，這麼微小的範圍，但是裡面有很多的學問。」醫學工程學者則不會看這麼細的東西，只想看到最後的結果，宋信文笑著舉例，他認為做標靶治療時，只要能區別癌細胞和正常細胞就好了，「但生物科學家會抱怨，怎麼都不重視細節？都沒有了解其中的過程？而我們看他們做的東西，則是覺得怎麼都看不到應用的價值？」這是教育訓練方式不同所致，合作過程中必須彼此體諒，找到最大的共通點。

## 以奈米技術投送藥物，提高藥效並降低副作用

奈米時代來臨後，宋信文認為，在生醫材料領域中，比較能夠應用奈米技術

藉由正子斷層掃描以及放射性顯影劑（左圖是$^{68}$Ga、右圖則是$^{18}$F-FDG），可觀察到口服奈米微粒投遞的胰島素能夠有效受到身體吸收，進入血液循環系統（M、K、B），並促進葡萄糖受到肌肉細胞（FL、HL）利用，達到控制血糖的效果。宋信文提供。

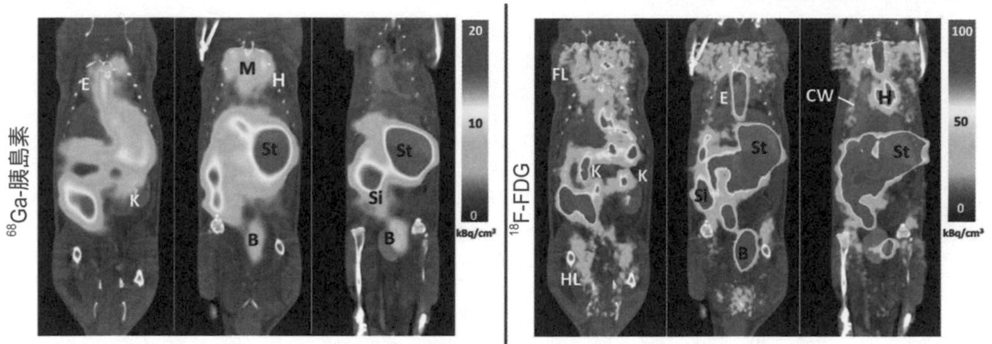


後腹腔（retroperitoneum）→腹腔（abdomen）　　後腹腔 → 腹腔

St:胃　Si:小腸　E:食道　K:腎臟　B:膀胱　M:縱隔膜及大血管　FL:上肢　HL:下肢　CW:胸腔壁　H:心臟

的便是藥物制放，例如癌症的標靶治療是一個值得投入的領域。「若要提升標靶治療的效果，就會牽涉到藥物制放的方式，例如在載具的表面接上一些能夠認得癌細胞的化學分子，讓這些分子去辨識癌細胞，所以這些載具微粒通常做成奈米尺寸。」

一般的化療藥物都是小分子，經過靜脈注射後會跑遍全身，所有健康細胞都會受到影響，但真正投遞到癌組織的藥量只剩下一點點。標靶治療則利用癌組織的一個特性：癌組織長得很快，是因為新生血管的細胞間隙比較大，養分和氧氣很容易傳入組織，所以癌細胞長得很快。「於是我們做的標靶治療，是將藥物包裹在相對大的奈米微粒內。它們經過正常的血管壁的時候，細胞之間的縫隙顯得太小了，無法通過，但是癌組織新生血管的細胞間隙夠大，奈米微粒可以進去。這樣的好處是，我們的藥物制放系統在正常的微血管裡放不出來，只有到了癌組織才可以釋放出來，也就不會影響正常細胞了。」

在口服奈米藥物的研究方面，宋信文常常對學生說，很希望能做出全世界第一個口服胰島素技術；這當然還可以應用於其他蛋白質藥物，但一般大眾比較容易接觸到糖尿病，口服胰島素可以造福的患者非常多。宋信文表示，隨著人類壽命的延長，人老到某個程度後，糖尿病的比例提高很多；目前全世界的糖尿病患約有兩億名，隨著高齡化社會來臨，未來十年病患人數還可能加倍。

這項技術受到國內外許多藥廠的矚目，「目前我們技轉給美國的奈米巨碩醫學公司（Nanomega Medical），與他們合作。」宋信文說，研究團隊現在大概擁有三十項專利，還有一些項目正在申請。然而，申請到專利並不表示研究成果真的能受到應用，畢竟所有藥品的開發都需要經過重重考驗，才能確定不會對人體造成負面影響，開發新藥物到上市的時程往往超過十年。儘管上市遙遙無期，但經由媒體披露的研究成果激勵人心，對病患來說還是一線希望，

宋信文個性低調，即使研究成果獲得極大矚目，他還是盡量避免曝光，連國內媒體採訪都推派研究助理出面。他說他不是故作清高，沒有做太多宣傳，也只是不希望讓病患太早抱著幻想，例如他就對那位七歲病童的媽媽感到很抱歉與無奈。對於研究者來說，研究的目標不是貪圖什麼利益，「最大的期望就是我們發展的技術除了能夠發表學術論文，還希望將來能夠應用在臨床上，對這麼多的病人有貢獻，這就是我們最大的期望和願望了。」

第四章

# K12教育計畫

未來的十多年間，奈米科技研究將會達到最高峰，而十多年後的碩博士研究人才，現在人在哪裡？答案是正在接受十二年國民教育的中小學生！因此，培養奈米人才的步伐，要從十二年國教開始打下良好根基……

# 全球首創的尖端科學國民教育計畫

撰文／黃奕瀠

「從尋找專家以及規劃人才培育這一點來看，奈米國家型科技計畫和過去任何一個國家型計畫都不同，因為基礎面的供給更深遠。」回想起奈米計畫規劃之初，便將人才培育納入其中，台灣大學應用力學研究所教授李世光如此評論。

二〇〇二年奈米國家型計畫啟動前，總主持人吳茂昆找了許多專家預提計畫，李世光也參與其內，分析各方專家的意見。當時李世光便發覺，奈米計畫有別於生技醫藥等其他國家型計畫，從初始看來就是一個對人類社群、對國家有著基礎面影響的研究計畫；當時一些擔任顧問的國外學者便說，台灣是全球率先推動大型奈米科技研究計畫的國家之一，「他們說，這樣的計畫一直往前走，會發現很快就對產業界有創新的貢獻，但更多的回饋是對社會基礎層面所產生的影響。」

## 未來的研究人才，要從現在的小學生開始培養

不過，真正最深層、最重要、最基礎的衝擊和貢獻，可能要到十年、二十年之後才顯現出來，然而一般國家型計畫的推動會有時程的限制，也許侷限在三、五年到十年左右要結案，必須在幾年之間看到逐步的成果，因此奈米計畫的思考方式應該要不同於過往的國家型計畫，要多思考其長程的影響。

既然奈米科技的影響層面要拉長到十年、二十年來看，李世光不免反問：「那麼，未來在那個時候參與研究的第一線基礎人員，現在會在哪裡？」換句話說，十到十五年後，教授手下參與研究的第一線人員，或許是二十二歲的碩士班一年級學生，他們現在不就是小學六年級的學生嗎？依此類推，二十五年後的第一線研究者又在哪裡呢？答案自然是正準備要生出來，李世光於是開玩笑說：「如果要培養一個科學人才，搞不好得從胎教做起呢。」

因此，像這樣影響深遠的大型國家型科技計畫的人才培育和教育對象，只在大學和研究所推動新課程、跨領域學程等等是不夠的，因為這樣做並沒有拉到最基礎的影響層面去看；若要奠定真正的基礎，得要順著時間軸往前推，真正往下紮根才行，「必須從小學、國中直到高中的十二年教育開始奠定基礎，這就是K12教育計畫想法的由來。」

這是前所未有的發想，原因是高中以下的教師和學生從未接觸過最尖端的國家型科技研究計畫，而專長於科技研究的專家學者對基礎教育也很陌生，畢竟高中到小學的教育語言、訓練方式，乃至師生溝通的方法和教案規劃，與大學和研究所教育完全是不同的思考和方向，對雙方來說都是一個巨大的挑戰。

## 一步一腳印，由教授把知識教給中小學老師

K12計畫從二〇〇二年八月啟動，擔任第一棒主持工作的是台灣大學應用力

學研究所教授吳政忠。吳政忠找來當時擔任清華大學動機系教授、現為台大機械系教授的楊鏡堂參與規劃工作，楊鏡堂笑說：「結果一到場，才知不只是參與規劃，而是直接分派任務。」其實楊鏡堂一聽說要把國家型計畫延伸到基礎教育，也覺得這樣的實踐和思考很有意義，「大學的學問很難推廣到社會上、傳遞給一般民眾認識，於是成為所謂的象牙塔，」因此大家聊一聊就覺得很值得推動。於是，這些科學家憑著彼此的交情和一股使命感，應允投入。

前一年才剛辦完全國中學生力學競賽的吳政忠，因為這個經驗接觸不少高中老師，接下這份重責大任也就相當自然，但他也感到茫然：「因為一切都從零開始，我們站在真正的原點。」吳政忠心想，如果要把奈米科技的知識轉化成K12教育計畫的教案，由中小學老師來教給學生，一定比大學教授有效得多，但問題是中小學老師不懂奈米科技，因此必須先舉辦研習會，邀請研究奈米科技的教授們傳授相關知識與經驗。

吳政忠當時的助理林宜靜回憶：「因為完全沒有前例可循，在推動科學普及教育這方面，對教授和對我們來說都很陌生，只好先在北部試行，一一拜訪學校，高中、國中和國小都有。」他們摸索著進行前導計畫，因為承辦力學競賽的關係，以拜訪當時接觸過的建國中學、北一女等學校校長作為起點，再請校長推薦老師；國中則是挑選規模較大的仁愛國中和敦化國中，國小則找歷史悠久的東門、敦化、中正國小等。

當時吳政忠的小孩就讀東門國小，他親自與溫明正校長深談，後來參與很深的王素慧老師就是這樣加入團隊的。最後總共有六十四位種子老師列入名單，真正參加的老師有四十位，眾人抱持著不妨一試的心情舉辦研習會，決心把奈米科技知識教給這些老師們學習、理解。

「前導計畫開始的半年間，我們舉辦七次研習會，請了專家學者來教老師們，包括台灣奈米研究的先驅，像是中研院物理所的鄭天佐院士、台大化學系的牟中原教授、工研院的資深研究人員等。研習會結束後，隔年三月預計舉行『全國奈米教學研討會』，我對老師們說，講員是誰呢？就是你們。」吳政忠說，老師們一聽大為驚慌，自覺不行，每個人都想退出，先前各校的校長沒有提及這件事是玩真的。

身為前導計畫主持人的吳政忠必須要穩住陣腳，他鼓勵大家：「從來沒有人做過這樣的計畫，要相信你們的能力與我的判斷，既然沒有人做過，只要努力創新、努力闖闖看，無論如何，結果都會是最好的。」

不過即使是聽專家解說，老師們也不容易聽懂，K12計畫小組建議他們上網找資料，而且不要只看中文資料。「事實上，這些老師都很優秀，他們找的資料和大學教授找的也差不多，有些教授如果不是真的做過某方面的奈米研究，對那方面的知識也沒有這些老師多。」吳政忠表示，透過網路資料的自我學習，老師們慢慢發現開始可以和教授學者交流，彼此的常識大部分是一樣的，因而讓這些K12的種子老師培養了對新科技知識的自信。

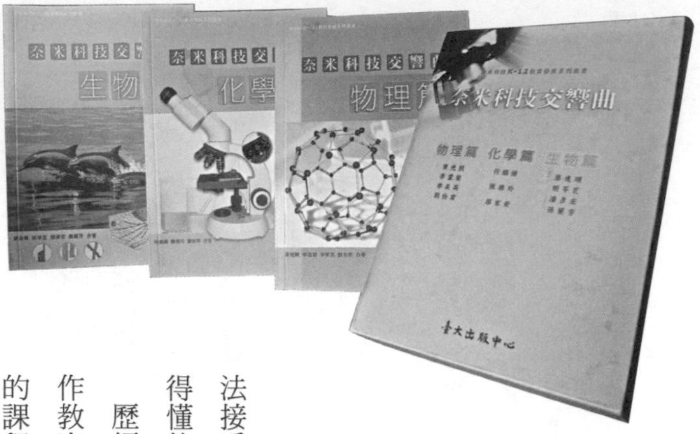


由建中和北一女老師們合寫的《奈米科技交響曲》，將種子教師所吸收的知識轉化為深入淺出的教材，並交由台大出版中心出版，是奈米知識轉移的重要典範。教育部顧問室奈米科技人才培育計畫提供。

## 絞盡腦汁，將科學新知轉化為有趣教材

在吳政忠眼裡，最精采的過程便是第一年期間，因為這像是一種「典範轉移」，成果極為豐碩。台北市東門國小老師王素慧說，初期的種子教師們會舉辦發表會，大家分別展示自己製作的教材，從中可以看出不同學年的老師採取不同的教育方式。「像高中老師是以Powerpoint為主，從網路找來很多資料製作成生動的教材，但那樣的東西拿到小學，小學生是沒有辦法接受的，我們則會以實驗為主。」王素慧說，把知識轉換成對方聽得懂的內容，就是最大的挑戰和趣味所在。

歷經半年的研習和奈米教學研討會之後，這批種子教師開始嘗試製作教案，把他們學習到的奈米知識，轉化成各年齡層小朋友能夠吸收的課程，於是由建中和北一女老師們合寫的《奈米科技交響曲》、敦化國小製作的《小奈小米驚奇之旅》動畫等，還有許多相關創作和延伸的應用教材，都在這一年完成，讓奈米教育顯得非常活潑。

「這些教材讓學生簡單了解什麼叫做奈米、介紹尺度的觀念等等，即使略顯粗糙，但是很令人感動，因為這些教材所用的字眼、所提出的觀念、所用的語言等，都是小朋友可以接受的。」李世光說，每次出國演講，如果有機會介紹K12計畫，他都會拿敦化國小的《小奈小

米驚奇之旅》動畫作為範例，引起許多國家的迴響，很多知名的研究計畫領導者看了都非常感動，因此後來不但請專業動畫師重新製作、翻譯成英文和日文並配音，還授權翻譯成泰文版。「結果，台灣的K12教育計畫變成全世界科研計畫主持人最感興趣的元素之一，因為沒有其他國家這樣做，台灣是最早開始做的，成果受到許多認可。」李世光說，計畫總主持人吳茂昆從一開始規劃的時候就很認同，領導著計畫往前跑，而吳政忠後來找到幾位教授共同參與、腦力激盪，奠定良好的基礎，是K12教育計畫能夠順利推動的關鍵人物。

前導計畫的推動初期，建中和北一女的老師們身負重任，林宜靜表示，因為他們等於是全台灣高中的指標，常常不能只是把教學工作做好，也得吸收額外知識和訊息，「可是他們都是有家庭的人，還要兼顧原本的工作，加上面對的是求知慾很強的學生，一路走來是很辛苦的。」幸好這些學校的校長都很支持K12計畫，才能讓老師們願意繼續加入。

台北市敦化國小老師們製作的《小奈小米驚奇之旅》動畫，同樣是K12教育計畫知識轉移的重要範例，動畫並配有中、英、日文發音，廣泛傳播至國際科技教育界。教育部顧問室奈米科技人才培育計畫提供。

北一女中物理老師李美英便說，當時多虧有特教組組長于曉平分攤很多行政工作，讓參與的老師們能夠專心備課，才能執行計畫長達六年之久，建中就沒有這麼幸運，只參與一年就結束了。「于曉平不是學科學的，但是她非常認真，後來她自己都變成奈米專家了，現在她轉而擔任台中教育大學的副教授，還一直推動奈米教育計畫，受到當時經驗影響很深。」

於是，二〇〇二年八月一開始，有四十位台北市的中、小學教師參加研習會，而後在隔年三月的全國奈米研習營中，他們扮演種子教師的角色，講解奈米科學給全國聚集而來的老師聽，後來參加的老師們也受到激發，心想「他們可以，我應該也可以」。研習會相當成功，獲得頗大迴響，奈米教育的種子開始散發出去了。

由知名漫畫家阿推繪製的《奈米超人》3D彩色漫畫，同樣由台大出版中心出版，書中附上3D眼鏡，帶領讀者體驗奈米立體世界，非常精彩有趣。教育部顧問室奈米科技人才培育計畫提供。

## 複製成功經驗，推行至全台三一九鄉鎮

二〇〇三年，計畫小組決定在全國五個區域正式展開K12計畫，五個區域分別是北區（北北基宜）、中北區（桃竹苗）、中南區（中彰投雲嘉）、南區（南高屏）和東區（花東），分別由北區的台大應用力學研究所教授劉佩玲、中北區的清華大學機械系教授楊鏡堂（現任台大機械系教授）、中南區的中興大學材料系教授薛富盛、南區的成大航太系教授胡潛濱、東區的東華大學研發長林法正（現任中央大學電機系教授）擔任各區主持人，而研究資源和支援學校分別是台灣大學、清華大學、中興大學、成功大學和東華大學。往後的三年直到二〇〇五年，這組主持人全心全意投入K12計畫，奠定了非常深厚的基礎，也是整個計畫運作得最順暢的三年。

先前在台北市運行的前導計畫，這時轉而在各區複製實施，因此各區主持人又要重複先找校長、再找老師的模式。中北區主持人楊鏡堂教授的助理吳思瑩回憶，當時一上班就猛打電話直到下班，簡直像個業務員，「但得到的答案幾乎都是拒絕，因為老師們原本的課務就很重了，如果要進修還得找人代課，而且學校不見得支持，甚至沒有假等等原因。」

「我的助理會問我何時有空，只要我有空檔，就把拜訪國中小校長的行程列進去，我時常發現自己的時間都填滿了。」擔任中北區主持人的楊鏡堂表示，K12計畫沒有系統性的經驗，但什麼經驗都沒有也有好處，他們走的每一條路都是新的路。

當時負責聯繫各地學校老師的五區主持人助理群，包括吳思瑩和林宜靜，後來都超越了原本的助理任務，角色非常吃重。吳政忠很感謝當時參與計畫的幾位助理，「我那時候的專任助理，還有李世光、楊鏡堂等人的助理，早就不是只有打打字、印東西而已，而是三百一十九個鄉鎮都要聯繫、發公文，完全是專案經理的角色，」他們的認真態度決定了自己不只是助理，而是做著管理工作，「五區的助理群可說是K12計畫的幕後英雄，那群年輕人建立了很深的合作情誼，一直有聯絡，他們本身也是一個傳奇。」

負責中區的中興大學材料系教授薛富盛認為，吸引中小學老師接受培訓課程並不容易，因為吸收新知識這個誘因太低，「找這些老師來，我們沒有支付鐘點費，他們來上課還要自費找代課老師。」不過，他也是親自走訪台中一中、台中女中、光復國中、東湖國中、國光國小、東湖國小、信義國小等學校校長，希望校長支持老師參加奈米研習營。後來，這些老師每週三都到中興大學上課。「事實上，他們得到了專業領域的知識成長，覺得很有意義，彼此之間還建立了交流平台。」

南區主持人的成大航太系教授胡潛濱則回憶，一開始拜訪國中小學校長時，校長們都覺得這是不可能的任務，因為奈米似乎是太遙遠的事情，「他們會說，老師都不容易接受了，中小學生怎麼可能接受？」但計畫小組認定這是世界未來的趨勢走向，必須從基礎紮根做起，因此非常需要種子教師的幫忙，好不容易才說服了老師和家長。

「學生到了大學再改變觀念已經來不及了，最好是從小學、國中、高中就慢慢灌輸正確的科學概念，等到大學就可以省很多力氣。」但是楊鏡堂發現，這樣的想法有時候還是拚不過升學主義，遭到校長直接拒絕，「因為這樣的學習對升學率沒有幫助。」

## 東部教育資源較少，種子教師反應卻最熱烈

比較特別的則是東區，主持人林法正當時擔任東華大學研發長，本來就負責將大學資源與中小學教育結合在一起，很自然便接手K12計畫。「很多區的主持人都抱怨一些指標性國中小學根本不理他們，但在花蓮沒有這個現象，因為

花東資源相對少，所以一提到這個新的教育計畫，中小學都很高興。」林法正說，這和他們用對策略也很有關係，例如當時的東華大學教務長張瑞雄（現任台灣觀光學院校長）與花東地區校長們很熟，東華師資培育中心的羅寶鳳和張子貴則是和老師們很熟，尤其花東地區很狹長，他們常常在台九線上車子一開就是一百多公里，專程到一些很偏遠的學校去拜訪，校長、老師都很歡迎他們，有助於計畫的推展。

林法正表示，花東的老師們必須千里迢迢到東華大學上課，相當辛苦，但是他們非常熱情，參與度很高，很願意學習奈米科技方面的新知、編輯新的教材，提升偏遠地區的教育水準。「其實花東學校的老師很少，數理老師有時候一個學校只有一、兩名，不像西部的學校往往有十多名數理科老師，可以互相支援，所以花東的老師如果參加K12計畫，等於所有業務都在一個人身上。」不過令人感動的是，這些老師依然從頭到尾參與，沒有放棄，而且做出許多成果，包括教材、手冊、光碟、海報等等，林法正很為他們感到驕傲。

林法正感慨地說，任職東華大學的那幾年，他看到很多大學教授其實沒有熱情，反觀花東地區的中小學，經費相對於西部少很多，但是老師們的熱忱完全不一樣，「你看到因為東區奈米科技發展中心的K12計畫給了一點點經費，每個學校大概只有十幾二十萬，他們就能夠做出這麼多成果，我敢說絕對沒有輸給其他地區。」林法正很欣慰地表示，不僅參與的教授和老師們都很有成就感，也覺得對整個花東地區的教育資源做出很大的貢獻。

## 老師的學習熱忱帶動計畫向前推進

計畫助理吳思瑩認為，參與的老師們本身就比較有熱誠、願意學習，後來也是靠這些老師把計畫撐起來。「要把一個新的科學知識領域轉譯成學生能聽得懂的內容，其實很困難。我自己有教育背景，很清楚若是教綱不改，便不會有老師和學生願意參加，因為不考試的科目就沒有人要學習。」吳思瑩說，幸好有些學校的校長和教務主任相當支持，也願意支援這些老師，讓他們方便來參加這個計畫，「其實學校行政系統的支持真的是滿重要的。」

於是，擔任二〇〇三到〇五年K12計畫總主持人的吳政忠，交棒給下一任主持人胡潛濱時，全國五個區域總共已訓練了兩千名種子教師了。

林宜靜後來發覺，參與K12計畫其實對這些高中老師也有間接的幫助，「以往他們做科展研究時，比較像是孤軍奮戰，必須自行尋找想法和資源。但參與這個科普教育計畫後，他們就比較知道，大學有更多的資源可以提供協助。」

北一女中生物老師胡苓芝便說，K12計畫對老師的教學很有幫助，因為進修奈米知識的關係，講到課本裡相關的題材時就很有感覺，可以講得比較深入，也比較知道要找什麼補充資料給學生。「例如高三課程講到生殖的時候介紹驗孕棒的原理，因為是奈米金粒子的應用，就可以把奈米的觀念帶進來，所以學習這些跨領域的東西，可以增加一點教材的來源。」胡苓芝說，本來覺得進修有壓力，但發現教學相長，後來就學得愈來愈認真了。

薛富盛為這些老師的參與而感動。「他們來參加這個計畫，沒有明顯的誘因，不會增加鐘點費也不會得到升遷機會。他們絕對是基於一股熱忱。」他認為，二〇〇三年前後的奈米熱潮，可能是推動老師們好奇心和興趣的原因，當時媒體天天報導相關新聞，不免讓人好奇奈米科技究竟是什麼。

「第一期計畫結束後，我們做了一些問卷，詢問老師們的動機，答案幾乎都是想要了解什麼是奈米科技。」薛富盛說，他們或許是基於對科學的好奇，然而奈米科技不只是一時的熱潮，目前還在研究發展中，若要真正落實人才培育或移轉到產業界，其實還有很長一段路要走，因此這個教育計畫應是長遠的理想，而這一點對於大學教授來說，也是一種全新的經驗和期待。

## 教學創意日益多元，將科技新知轉化為活潑教材

無論什麼樣的教育計畫，教材還是基本，K12計畫也不例外，執行至今的十年間累積了一百多種相關教材。舉例來說，楊鏡堂擔任中北區主持人時，曾委託新竹中學的十位老師撰寫奈米補充教材《N世代寶典：進入奈米世界的武功祕笈》，可以和正式課程銜接在一起。「我們寫的《N世代寶典》有三本，分別是生物篇、物理篇、化學篇，都是高中老師寫的，因為他們寫的才符合高中生的口味。」二〇〇七年楊鏡堂擔任K12計畫總主持人時，又找了一群高中老師組成團隊，製作統一的教材，包括適用於高中、國中到國小的內容；隔年他

將主持人的棒子交接給下一任主持人薛富盛時，清點了一下K12相關教材，約莫有一百多本，現在一定更多了。

「一開始，我們原本想做統一的教材，但做得有些不順，於是先辦講座，把知識傳授給老師們，後期才處理教材的部分。」吳思瑩說，他們也安排實際操作實驗，但老師人數多，實驗場地有限，因此要分批進行，「那時我還設計出時間表，像是玩大地遊戲一樣，分組跑不同的地點，規定每十五分鐘要出現在哪裡等等。」

儘管實作實驗能提高中小學老師們的興趣，但因資源有限，也要聯繫各個實驗室配合出借，同時還得設計實驗內容，難度相當高。「幸虧教授們都相當配合，只是要設計出適合老師們的實驗內容並不容易，除此之外還得準備材料、找研究生帶實驗等等，相當辛苦，」吳思瑩細數需要克服的許多細節，「因此老師們做實驗的時間很趕。」不過，實作比較容易獲得迴響，並讓老師們產生新的想法，進而設計出學生容易了解的課程或教材。

## 新竹的電子顯微鏡活動是很有代表性的奈米實作項目

「新竹有幾位國中自然科老師，還有新竹女中的幾位老師，他們都非常熱心。新竹高中的老師更是幫了很大的忙，連退休的自然科老師都來加入。」吳思瑩難以忘懷老師們的熱心和研究精神，舉例指出，其中一位剛退休的老師影響了整個新竹高中老師的想法與帶學生的方式，由於是大老級的老師出面召集，其他人都會跟著做，「老師們都很忙，但還是付出很多時間，編輯適合高中生閱讀的教材。」

多年來，新竹女中生物老師劉月梅的投入精神非常令人敬佩。劉月梅從一開始自己寫計畫申請活動經費、舉辦演講，漸漸發現參觀實驗室、實作活動對學生的吸引力更大，進而開始設計各種奈米實驗，與清華大學的科學資源合作，有些題目作為一般教材，有些發展成科展主題，帶領許多學生走入奈米世界，影響深遠。

劉月梅與清大遠距遙控電子顯微鏡合作，先是觀察水生植物、食蟲植物的奈米結構，讓學生親眼見到奈米結構著名的「蓮葉效應」等等，後來讓學生自己選擇想要觀察的標本，提前一週送到清大，等樣品準備好之後，學生就可以在電腦前遠距操控電子顯微鏡，以各種角度觀察，非常受到學生歡迎。

以前新竹地區很少有科學方面的營隊，這群奈米教師在假日舉辦活動後，新竹女中、新竹中學和實驗中學對科學有興趣的學生都很踴躍參加，彼此可在營隊中一起做實驗和交流討論，因此在奈米活動的學習過程中，學生的角色從被動變成主動，而且女生和男生不同的思路又可讓科學討論變得更豐富有趣。劉月梅說，因為遠距遙控電子顯微鏡非常受歡迎，後來不只讓資優班學生參加，他們也安排在大演講廳做展示，不再受限於實驗空間的問題，許多普通班學生也有機會參與。

由於這個教案非常成功，國科會後來設置了「遠距遙控電子顯微鏡教學網」，不但收集許多奈米結構的電顯照片，讓更多老師可以取用這些資源方便教學，也繼續提供顯微鏡出借服務，希望能激發更多教學點子與學習熱忱。

「透過遠端電子顯微鏡的觀察，學生實際接觸了以後，不但擴展視野，也讓科學知識往前跨了一步，思路也變得和原本只學課程的時候很不一樣。」劉月梅說，學生受到的影響從考試成績未必看得出來，但是接觸這種實作的課程後，看得出來她們非常快樂。

## 善用網路，建立新科技的傳播模式

而設計出基本課程教材後，老師們還得學著將教材數位化，讓其他老師和學生都能夠參考學習。楊鏡堂回憶，當時做了一個學習地圖，也就是透過圖形來學習，以前沒有人這樣做。例如點選「奈米」，便會打開相關頁面，然後點選其下的其他分項繼續學習。當時擔任楊鏡堂助理的吳思瑩解釋：「學習地圖類似學習架構一般，一層一層展開，每一層又有分支散開，但每個點又可以互相串連，宛如一個交錯縱橫的構造，也就是所有主題之間連結成上下左右的關聯性。」然而這牽涉到許多專有名詞和定義，當時奈米科技又是很新的知識，即使是教授們也難以做出清楚定義和分割，於是製作起來相當困難，吳思瑩必須協助解決這個問題。「那時想到，若可結合圖書館的資源來做連結，找到相關的資訊與參考書目，或許就能解決問題。」

因為這個想法，促使新竹的老師們動念製作「奈米辭典」，也是利用圖書館架設好的平台、介面及搜尋方式來完成，讓大家能上網點閱，甚至還發展出互動式的功能。「不過如何清楚定義名詞還是問題，會產生很多爭議。」吳思瑩說後來的解決方式是找了幾位老師來討論，製作成類似維基百科的模式，不但可以結合清華大學的資源，還可隨時修改、更新。

將奈米演講製作成串流檔，也是大家互相學習分享的好方法。「某位專家前來演講後，我們找研究生整理講稿，再送回去給演講者修改，最後將整理好的講稿放在網路上，既有文字又有影音檔，提供更多人瀏覽參考。」楊鏡堂說，他們甚至把每個演講都做成學習地圖，做好就送上網路。

「在此之前，台灣還沒有這麼大膽的經驗，將最先進的科技推介給從事最基礎教務的教育者。」K12計畫運作兩、三年後，吳政忠的心得是，這麼一個網絡，應該變成「傳播新科技」的網絡模式，而經過這樣第一次的挑戰後，無論何種科技，種子教師都可以將之轉化成K12的適合教材。

楊鏡堂回憶，有一位培英國中的女老師把電視節目的搶答模式引用到課堂上，透過比手畫腳，設計一系列遊戲讓學生搶答，師生都玩得很高興，也學到很多東西。「這不是正課，我們那時候只向校長要了一個學期五堂課。當時還只是初步嘗試，所以教法很粗略，但非常有趣。」

## 教學相長，寓教於樂，師生激發出教育火花

楊鏡堂說，他現在很喜歡接觸中小學生，雖然他們橫衝直撞，但是帶來大人缺乏的活力。「原本我們以為自己是在『教導學生』，後來才發覺，學生反而教大人不少點子，」因為學生的知識基礎還沒有打穩，常會反問為什麼這個不行、那個也不行，「結果學生看似亂講的十個點子之中，說不定會發現其中兩個是絕妙的點子，激發出教學相長的火花。」

胡潛濱也觀察到，為了製作教材，老師要和學生互動，出乎意料的是，反應最熱烈的是小學生。「我們原本認定高中生最能接受所謂的奈米科技，小學生應該是最不能接受的才對。後來推敲原因才了解，台灣升學壓力太大，國中生、高中生為了升學，沒有時間額外學習新東西，而且他們的老師也是一樣，教學的時候都是以升學為第一優先考慮，如果額外花時間在無關升學的地方，則他們原本的本業、輔導學生升學的時間就會減少。」

楊鏡堂不免感嘆中學老師非常辛苦，學生要學的東西太多，不太可能加課程，而輔助教材除了成績好的學生以外，對大部分學生來說都沒用，例如建中和北一女老師們合寫的《奈米科技交響曲》，原本是希望當作輔助教材，但實在沒有時間教，幸虧對其他老師來說是很好的參考資料。

北一女中物理老師黃光照便表示，大學指考和學測每一年會有一題現代科技，奈米、半導體、雷射、核磁共振、超導等都包含在內，用意是很好，因為

這些科技是未來的研究和生活趨勢，但由於不一定考哪個領域，學生的學習壓力很大。「特別是高中課綱一直在調整，有時候高一上現代科技，有時是高二或高三，而新科技像奈米，很多是包含生物、機械等的統合學門，老師們必須花很多時間消化吸收，其實是滿辛苦的。」黃光照說，現在則是刪除了現代科技這一章，因此老師們會先把考試要考的內容上完，視情況再於課程中融入新科技部分；但有時候根本上不完，所以如果課綱不調整，老師即使想多給學生一些新知也很難執行。

因此楊鏡堂認為，在現有的教育體制下，只要能夠寓教於樂、給學生簡單的概念，就很足夠了。「我們以為奈米科技這個題材好像很深奧，好像很不容易懂，但是經過培訓過程，小學老師付諸很大的心力，看起來都有辦法把很難的東西解釋得很簡單，讓小朋友了解，甚至能夠動手做。」東門國小的王素慧老師說，由於奈米尺度看不見，所以要用看得見的東西做比喻，例如奈米只是一個長度單位，而且表面積的效應很大，要了讓小朋友想像這種看不見的尺度的物理和化學變化，可以舉例比較木塊和木屑，問他們哪一種狀態比較容易燒起來？小朋友一定會說木屑，類似這樣用大小比例的關係來說明。

王素慧老師說，為了解釋費曼說奈米科技就像是「底下還有很大的空間」，他們設計一個教案，在一個空罐子裡面先放滿小石頭，再放入沙子填滿細小空間，最後再倒水又可以填補其餘空間，就是用這種實驗，把概念轉換成教材，讓小朋友理解。

設計出這些精彩教案後，東門國小的奈米行動小組將教材放在網路上，提供其他學校老師參考。王素慧印象最深的是，他們曾經教小朋友認識奈米馬桶，學生知道奈米很小，只有十的負九次方公尺，「他們的反應是什麼呢？『馬桶那麼小，怎麼上廁所啊？』老師都笑翻了。」王素慧說小朋友的反應實在很可愛，想像空間很大，而引起小朋友的興趣後，再與他們討論，真正的奈米馬桶是把奈米尺寸的釉料粉體塗在馬桶表面，髒污不會停留，小朋友就認識了。

胡潛濱也舉例，老師們聽了一些教程後，發現可以把奈米碳球、奈米碳管這類奈米結構做成分子模型，如同一些化學分子的模型，小孩子不見得會深究結構的意義，但他們會覺得很好玩，當作玩具一樣，其實就產生了潛移默化的影響。「那時候我自己的小孩也很小，連我都覺得模型很好玩，會拿回去對小孩子說，你們自己來組合看看。」

胡潛濱表示，後來小學的教學成品滿多的，到現在都還持續舉辦一些相關的夏令營活動，很多動手做的教學遊戲是與高雄科學工藝博物館合作。

吳政忠也說，K12教育計畫並不是要讓孩子清楚了解奈米是什麼，而是讓他們知道世界上有這麼小的東西，再提供一些例子，讓他們建立基礎概念就好，這等於是墊高一般民眾對科技的認知，有些天真的孩童甚至會東想西想，自行發揮到生活教育中。「這正是台灣現在最缺乏的，」吳政忠直言，高中之前的學生學了許多物理、化學、生物等生硬的知識，但科技和生活的關係是什麼，學校從來沒有教，學生到了大學也沒有創造力，「這對台灣產業要轉成創新、研發之路是很不利的，因此我們希望藉由K12教育計畫產生一些改變。」

## 工程學者的教育之路，意外打破傳統教育框架

回首來時路的種種，楊鏡堂說，當初究竟該怎麼開始執行計畫才好，大家都不知道，「我們每年都有一個歲末的研討會，每次聚會，大家都說明年不會做了，但開完研討會後，大家興沖沖回去，說又有新點子。」來自五區的專家學者在聚會中不停腦力激盪，每次都在茫然中談出許多新點子，「真的是山窮水盡的時候又是柳暗花明。」楊鏡堂形容，那像是坐雲霄飛車的感覺，常常在糧草用完了、不知道下一步要怎麼辦時，都有及時雨。

「吳政忠老師很有遠見，『設計』我們幾個人變成各區主持人，我覺得他是特別挑選我們，因為我們這些人的個性都很不服輸，點子又很多。」楊鏡堂認為大家的共通點就是想法多，能提出許多方案，每半年、一年都有新的東西互相分享，因而非常期待每年年末的聚會。

這些學者的投入，是K12計畫成功的原因。在吳政忠眼裡看來，工程科技相關學者平時很少做科普教育，當時他們也都想知道奈米是什麼，出於這種動機而加入K12計畫，也發揮了不同於一般教育方式的創新能力，比較不受原本教育框架的影響，「畢竟沒做過，初生之犢不畏虎嘛。」他設想，若是交由師範體系的專家負責，或許想法就不會這麼開放，「但這也是有點誤打誤撞。」

林宜靜觀察，這些擔任計畫主持人的學者教授在教學和研究之餘，還要撥出時間投入科普教育，發揮很大的無私精神，「他們全都是國科會傑出研究獎的得主，同時在科普教育方面付出很多。如果沒有這些師長先帶領大家跨出這一步，高中、國中、國小的老師們會無所適從。而對教授們來講，也是學習到新科技的傳播方式。」但這些K12的學者教授們也會自問：「做這個計畫的最終目的到底是為了什麼？好像有看不到終點的感覺。」林宜靜認為，教育之所以是所謂的「百年樹人」，正是因為沒有所謂的終點，必須持續不斷努力，教給下一代，對學生漸漸產生一些影響，「現在比起我們當年開始執行計畫的時候，已經多了很多奈米科技開發出來的材料和實際應用，已經開始發酵了。」

## 台灣奈米教育領先全球，未來更要結合生活與人文教育

美國、日本、歐盟、韓國、中國等國都推動大型的奈米整合研究計畫，不過台灣是第一個同步推動基礎教育的地方，過程中產生的一些出版品也翻譯成多種語言，許多國家都向台灣學習。「這個啟示就是，要想在全世界拚第一，就要突破框架。」吳政忠認為，不需要跟著先進國家後頭爬樓梯，因為那樣只會一直跟在別人後頭。就像過去台灣產業主要是接單代工，如果要超越，則一定要創新，要建造自己的梯子。

執行K12教育計畫期間，先後訓練出來的中小學種子教師曾赴國外交流，他

們的寶貴經驗帶給美國、日本、韓國、泰國、越南、香港甚至阿拉伯聯合大公國的老師們許多啟發，例如楊鏡堂曾帶隊到美國亞歷桑那州立大學，雙方簽訂奈米教育交流計畫，「他們認為台灣的特色是呈現出非常完整的系統，包羅萬象，非常活潑。」曾擔任北區主持人和前瞻人才培育中心主持人的台大應力所教授沈弘俊，印象特別深刻的是與吳茂昆院士一起帶中小學老師去阿布達比，在當地高中辦了兩天的教學活動，包括演講和實作課程，引發很大回響；另外一次帶奈米教材去日本奈米展，幾乎所有國家參展者都到攤位來索取資料，因為先進國家的奈米計畫偏向研究或產業，所以台灣的奈米教育領先全球。

「我們也是一直在學習，從自己的工程學到科學，再學到人文層面，和社會接觸。」吳政忠始終感覺答案似乎在後面，不是在前面，「前頭只是一個過程，只要每個演進過程都保持學習力，就知道原來世界是這個樣子。」但吳政忠反思，過往的工程科技講究專業效率，卻失去創新能力，沒有辦法往前推進，真正的答案就是科技失去與生活的連結，所以他認為只有科學專業已經不夠了，還要加入社會科學的部分，做科學與工程研究的人也要懂得說故事，讓科技與生活產生更基礎、更深層的連結，才能將思考層面往前一步推進。

東門國小的王素慧老師便提到，老師們設計教案時，也會探討科技的優點與缺點，於是奈米科技不會只限於自然科，也可以在社會科提到這個部分。「除此之外，人類的想像力永遠比科技進步得快，所以我們在語文科讓小朋友想像奈米科技的應用，可以編故事寫作文，而藝術和人文方面也可以讓小朋友設計奈米科技的標誌，或者幫廠商設計防止仿冒的奈米標章等。」王素慧說，各方面課程都可以融入奈米科技，就看老師們如何用心設計。

在過去的台灣，各管各的領域、彼此沒有合作，似乎是常見的生態；參與過K12教育計畫後，吳政忠發現，台灣的教育也像是代工業，只教導學生做一些小東西或解答家庭作業，結果學生無法處理大問題，不會從無到有、自己做假設直到解決問題做出成果。他認為這種現象需要改變，需要喚醒更多老師的創造力，大家一起思考更有趣的教學方式，讓下一代培養出跳脫框架的思考模式。北一女中生物老師胡苓芝便笑說：「雖說我們這批老師是種子教師，但老師畢竟已經老了，老老人去接受教育，目的是要講給學生聽，希望讓學生得到靈感，產生不同的思考方向，學生才是真正的種子。」這段話是K12教育計畫最好的注解。

## 從基礎紮根，培養對科技新知的企圖心與無畏精神

談到K12教育的未來發展，薛富盛認為，推動的困難處在於現行教育的課程大綱。「由於奈米科學本身的特性，物理、化學、生物、地球科學都可以和奈米有關，所以現在都採取融入方式教學，只在相關的課程提到一部分，卻無法在正式課綱中有單獨的、大的篇幅來談奈米。」他指出，現在中小學學生已經負擔過重，難以在現有的課綱中又切入奈米，所以課程大綱需要重新檢討。

胡潛濱也說，將奈米教育紮根到中小學，百分之百是非常好的構想，但很現實的問題是學生的課業壓力非常大，「要把這樣的東西加進課程裡，卻沒有減掉什麼不合時宜的學問，這樣的教育是失敗的，孩子們怎麼忍受得了？結果變成中學的時候忍耐下來，到了大學就大解放，這樣是不對的。」執行K12計畫到現在，胡潛濱不時回過頭思考，教育方式一定要考慮到孩子們的壓力，「所以現在奈米教育在小學生之間還是很熱烈，但是到國高中就淡化了，中學生的反應愈來愈冷淡不是沒有道理的，這是課綱思慮不周的問題。」

「美國等先進國家，目前也正在檢討所謂的STEM教育。」薛富盛解釋，S代表Science（科學），T代表Technology（技術），E是Engineer（工程），M是Math（數學），美國政府正試圖把奈米科技教育放進整個STEM教育體系裡面，「因為新興科技出現，舊的課綱已經不適用，未來必須有賴從事科學教育的專家學者幫忙思考、調整才行。」

對於這點，曾擔任北區主持人的劉佩玲則樂觀許多，她認為，正因為奈米教育不是正規課程的一部分，老師們不必擔心學生吸收到多少，有比較大的自由度可以發揮，「他們想盡辦法，用非常生動的方式，引發學生對這個主題的好奇心，這是奈米K12計畫最棒的一點。」

吳政忠參與K12教育計畫之後，有個很深的感觸。「傳授奈米科技知識並不是最終的目的，最終目標是要驅使這批年輕的K12老師，讓他們擁有自我學習、終身學習的能力，而且不怕新科技，並把這樣的精神傳遞給他們的學生。」吳政忠說，這些教師和中小學生逐漸對新知識培養出企圖心和無畏懼感，超越了奈米教育計畫原來的設想；畢竟，老師若能具備科普知識、跨越新的科學知識難題，將這樣的想法傳遞給學生，往長遠看，對社會的貢獻與影響才會是最深遠的。

# 致謝

（依照姓名筆劃排列）

## 《奈米科技最前線》規劃諮詢委員

王玉麟　中央研究院原子與分子科學研究所特聘研究員
王　瑜　台灣大學化學系特聘研究講座
牟中原　台灣大學化學系教授
何怡帆　行政院國家科學委員會自然處副處長
吳政忠　台灣大學應用力學研究所特聘教授
李世光　台灣大學應用力學研究所特聘教授
李定國　中央研究院物理研究所特聘研究員兼所長
張嘉升　中央研究院物理研究所研究員
陳貴賢　中央研究院原子與分子科學研究所研究員兼副所長
謝達斌　成功大學口腔醫學科暨研究所特聘教授兼所長
蘇宗粲　工業技術研究院材料與化工研究所所長

## 特別感謝

以下人士接受訪問或提供珍貴資料，在此致上最深謝意。

王玉麟　中央研究院原分所特聘研究員
王俊凱　台灣大學凝態科學研究中心研究員
王素慧　台北市東門國小自然科教師
王　瑜　台灣大學化學系特聘研究講座
王興宗　交通大學榮譽退休教授
江安世　清華大學講座教授、腦科學中心主任
牟中原　台灣大學化學系教授
吳思瑩　楊鏡堂教授前任助理、現任清大總務處文書組行政助理
吳政忠　台灣大學應用力學研究所特聘教授
吳茂昆　東華大學校長
宋信文　清華大學化工系講座教授、生物醫學工程研究所所長
宋清潭　工研院材化所所長室特別助理、台灣奈米技術產業發展協會秘書長
李世光　台灣大學應用力學研究所特聘教授
李美英　台北市第一女子高級中學物理教師
沈弘俊　台灣大學應用力學研究所教授
林正良　工業技術研究院材化所副所長
林奇宏　陽明大學微生物及免疫學研究所教授、台北市政府衛生局局長
林宜靜　吳政忠教授前任助理
林法正　中央大學電機系講座教授
果尚志　清華大學物理系教授
段家瑞　工業技術研究院量測技術發展中心主任
胡苓芝　台北市第一女子高級中學生物教師
胡潛濱　成功大學航空太空工程學系講座教授
韋光華　交通大學材料科學與工程學系特聘教授
荊鳳德　交通大學電子工程學系特聘教授
張啟生　工業技術研究院量測技術發展中心
張煥正　中央研究院原分所研究員
張嘉升　中央研究院物理所研究員
陳力俊　清華大學校長暨材料工程學系教授
陳哲陽　工業技術研究院材化所
陳貴賢　中央研究院原分所研究員兼副所長
黃光照　台北市第一女子高級中學物理教師
黃炳照　台灣科技大學講座教授、永續能源中心主任
楊鏡堂　台灣大學機械系終身特聘教授
葉晨聖　成功大學化學系特聘教授
廖家榮　台北市建國高級中學化學科教師
劉月梅　國立新竹女子高級中學生物教師暨教學組組長
劉佩玲　台灣大學應用力學研究所特聘教授
鄭友仁　中正大學機械工程學系教授兼副校長
薛富盛　中興大學材料科學與工程學系教授兼工學院院長
謝達斌　成功大學口腔醫學科暨研究所特聘教授兼所長
蘇宗粲　工業技術研究院材料與化工研究所所長

國家圖書館出版品預行編目(CIP)資料

奈米科技最前線：材料、光電、生醫、教育四大領域,台灣奈米科技研究新勢力／李名揚,黃奕瀠,王心瑩著. -- 初版. -- 台北市：遠流, 2013.08
面； 公分. -- (大眾科學館)

ISBN 978-957-32-7261-8(平裝)

1.奈米技術

440.7 102015492

大眾科學館 46

# 奈米科技最前線

材料、光電、生醫、教育四大領域，台灣奈米科技研究新勢力

The Frontiers of Nanotechnology in Taiwan

策劃單位／中央研究院物理研究所　行政院國家科學委員會　奈米國家型科技計畫
總策劃／吳茂昆
策劃執行／陳淑美、曾煥基、錢恩才、張民傑

編輯製作

採訪撰稿／李名揚、黃奕瀠、王心瑩
資料收集／錢恩才、申慧媛
圖片攝影／王心瑩（除受訪者提供以外）
主編／王心瑩
編輯／陳懿文
美術設計／陳春惠
封面設計／王志弘
企劃經理／金多誠
科學叢書總編輯／吳程遠
出版一部總編輯暨總監／王明雪

出版發行

發行人／王榮文
出版發行／遠流出版事業股份有限公司
台北市100南昌路二段81號6樓
郵撥：0189456-1
電話：02-2392-6899　傳真：02-2392-6658
著作權顧問／蕭雄淋律師
法律顧問／董安丹律師
2013年8月31日　初版一刷
行政院新聞局局版臺業字第1295號
新台幣售價420元（缺頁或破損的書請寄回更換）

ISBN 978-957-32-7261-8
YL 遠流博識網　http://www.ylib.com　Email: ylib@ylib.com